Alguns elogios a *Foco roubado*

"Johann Hari escreve divinamente. Ele é um especialista em contar histórias e também um investigador incansável de um dos maiores problemas do mundo: a destruição sistemática de nossa atenção. Leia este livro se quiser cuidar da sua mente."

Susan Cain
Autora de *O poder dos quietos* e *O lado doce da melancolia*

"Graças a este livro brilhante, pude conhecer melhor a mim mesma e a meus semelhantes. É uma leitura que ensina e diverte, com histórias que vão atrair qualquer leitor e, em seguida, fazê-lo questionar as próprias ideias. Fez com que eu mudasse meus hábitos para muito além de apenas desligar o celular. *Foco roubado* é um livro muito importante, todo mundo deveria ler."

Philippa Perry
Autora de *O livro que você gostaria que seus pais tivessem lido*

"Uma análise envolvente sobre por que perdemos a capacidade de concentração e como podemos recuperá-la. Este livro vai fazer você pensar e repensar durante muito depois que terminar."

Adam Grant
Autor de *Pense de novo* e *Originais*

"Pare o que estiver fazendo e leia este livro. Uma investigação profundamente em basada em pesquisas, perturbadora e ainda assim esperançosa sobre a crise primordial de nosso tempo: nossa capacidade cada vez menor de focar no que realmente importa."

Rutger Bregman
Autor de *Humanidade*

"Acho que esta leitura é exatamente do que o mundo precisa agora. Espero que todos comprem o livro. Garanto que valerá o seu tempo e certamente o seu foco."

Oprah Winfrey
Apresentadora de TV

"Com uma voz única, Johann Hari aborda os profundos perigos que a humanidade enfrenta com relação à tecnologia da informaçã
devemos fazer para proteger a nós mesmos, nos

"Uma investigação altamente original e abrangente sobre as causas de nossa epidemia de falta de atenção. Escrito com a prosa incisiva que é a marca registrada de Johann Hari, o livro mostra a busca incansável por evidências científicas e é recheado de momentos reveladores. *Foco roubado* é um alerta necessário e revigorante para todos nós."

Dr. Gabor Maté
Autor de *The Myth of Normal* [O mito do normal]

"Um livro brilhante sobre um dos temas mais importantes do nosso tempo."

Dr. Rangan Chatterjee
Médico, apresentador de TV e escritor best-seller

"Um livro necessário, um milagre de clareza e profundidade, um aviso ressonante baseado em sólidas pesquisas, um apelo à ação verdadeiramente inspirador. Leia e chore; depois enxugue os olhos e tome uma atitude."

Emma Thompson
Atriz

"Excelente. *Foco roubado* é uma investigação lindamente pesquisada e argumentada sobre o colapso da capacidade humana de prestar atenção. Uma história que muitos de nós sentimos que precisa ser contada, mas cujas causas e consequências são difíceis de apontar e articular sem adivinhação, preconceito ou ideologia. Hari não apenas consegue isso e muito mais, mas o faz com o ritmo, o brilho e a energia do melhor escritor de suspense. Não me lembro de ter lido um livro que me fez gritar 'É isso mesmo!' tantas vezes."

Stephen Fry
Ator

"Não conheço ninguém que pense de forma mais profunda ou mais holística sobre a nossa crise coletiva de atenção do que Johann Hari. E esta é uma crise que devemos abordar se quisermos enfrentar qual quer uma das outras emergências prementes que lidamos como espécie, seja ecológica, seja social. O que significa que este livro não poderia ser mais vital. Por favor, sente-se e concentre-se na leitura."

Naomi Klein
Escritora e ativista

"Um guia visionário, sistêmico, revolucionário e prático para criar o novo mundo. Por meio de uma pesquisa incansável e de insight geniais, Johann Hari certamente conquistou o meu foco. Um livro que mudou a minha vida!"

Eve Ensler
Autora de *Os monólogos da vagina*

"Hari é um contador de histórias inacreditável. Este livro pode mudar a sua vida."

Steven Bartlett
Empresário e apresentador de TV

"Se quiser recuperar a sua atenção e o seu foco, você precisa ler este livro notável. Johann Hari desvendou as razões de por que estamos nesta crise e mostra como sair dela. Todos nós precisamos ouvir esta mensagem."

Arianna Huffington
CEO da Thrive Global

"Uma jornada fascinante pela nossa mente que mostra como estamos sendo manipulados com efeitos devastadores. É um assunto que afeta a todos nós e esta obra seminal será um dos livros que vai definir a nossa era. Saia das redes sociais, desligue a TV e o smartphone e faça apenas uma coisa: leia este livro."

Dr. Max Pemberton
Médico e colunista do jornal britânico *Daily Mail*

"Sites e aplicativos de renome se esforçam para nos distrair porque esse é o segredo para a lucratividade. Quando olhamos para nossas telas, essas empresas ganham dinheiro; quando não olhamos, eles perdem. Com certeza, este livro é um chamado à ação."

The Washington Post

"Uma nova abordagem sobre o foco e a atenção. Você vai aprender muito com este livro, que apresenta dados e pesquisa de maneira acessível, mesclando-os com histórias e anedotas pessoais. Ou seja, vai prender sua atenção."

The Wall Street Journal

"Este é um livro para aqueles (todos nós?) que sentem que estamos gastando muito tempo olhando para o celular e perdendo a capacidade de nos concentrar."

Financial Times

"Outros livros sobre nosso relacionamento com a tecnologia tendem a se fixar na responsabilidade pessoal, enfatizando a importância do autocontrole, mas *Foco roubado* vai além e examina o ecossistema que criou o problema."

San Francisco Chronicle

"O livro traz uma visão impressionante da angústia ocasionada por nosso vício nas idiotices da internet. Se você tem filhos, por favor, leia este livro."

The Spectator

"Se você for ler apenas um livro sobre como o mundo moderno está nos deixando loucos, leia este livro."

The Telegraph

JOHANN HARI

FOCO ROUBADO

Os ladrões de atenção da vida moderna

TRADUÇÃO
Luis Reyes Gil

2ª edição
3ª reimpressão

VESTÍGIO

Título original: *Stolen Focus: Why You Can't Pay Attention*

DIREÇÃO EDITORIAL
Arnaud Vin

EDITORA RESPONSÁVEL
Bia Nunes de Sousa

PREPARAÇÃO DE TEXTO
Natália Chagas Máximo

REVISÃO
Luanna Luchesi

CAPA E PROJETO GRÁFICO
Diogo Droschi

DIAGRAMAÇÃO
Christiane Morais de Oliveira

Dados Internacionais de Catalogação na Publicação (CIP)
Câmara Brasileira do Livro, SP, Brasil

Hari, Johann
Foco roubado : os ladrões de atenção da vida moderna / Johann Hari ; tradução Luis Reyes Gil. -- 2. ed. ; 3. reimp. -- São Paulo : Vestígio, 2025.

Título original: Stolen Focus: Why You Can't Pay Attention
ISBN 978-65-6002-004-7

1. Redes sociais 2. Saúde mental 3. Tecnologia - Aspectos psicológicos 4. Vício em internet I. Título.

23-152447 CDD-150.1

Índice para catálogo sistemático:
1. Redes sociais : Psicologia 150.1

Tábata Alves da Silva - Bibliotecária - CRB-8/9253

A **VESTÍGIO** É UMA EDITORA DO **GRUPO AUTÊNTICA** 

São Paulo
Av. Paulista, 2.073 . Conjunto Nacional
Horsa I . Salas 404-406 . Bela Vista
01311-940 . São Paulo . SP
Tel.: (55 11) 3034 4468

Belo Horizonte
Rua Carlos Turner, 420
Silveira . 31140-520
Belo Horizonte . MG
Tel.: (55 31) 3465 4500

www.editoravestigio.com.br
SAC: atendimentoleitor@grupoautentica.com.br

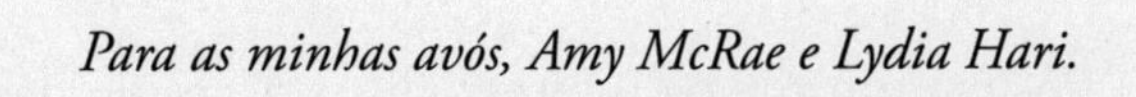

Para as minhas avós, Amy McRae e Lydia Hari.

Postei num site da internet clipes de áudio das pessoas que citei neste livro – assim, enquanto lê, você pode ouvir as nossas conversas. O link é: **www.stolenfocusbook.com/audio**.

Introdução
Andando por Memphis

Aos 9 anos, meu afilhado manifestou uma obsessão por Elvis Presley. Foi algo breve, mas de uma intensidade maluca. Cantava "Jailhouse Rock" no limite da voz, imitando aqueles trechos em voz grave e os trejeitos de quadris do Rei. Não tinha ideia de que aquele estilo ganhara uma dimensão meio cômica, então entregava-se a isso com aquela sinceridade comovente de um pré-adolescente que acredita estar arrasando. Nas pausas curtas que fazia antes de voltar a cantar, queria saber tudo ("Tudo! Tudo!") sobre o Elvis, e então eu tagarelava de novo aquela história inspiradora, triste e tola.

Elvis nasceu em uma das cidades mais pobres do Mississippi – um lugar muito, muito afastado, eu contava. Veio ao mundo com seu irmão gêmeo, que morreu minutos depois. Elvis foi crescendo, e a mãe dizia que se cantasse para a lua toda noite o irmão ouviria sua voz, então ele cantava e cantava. Começou a se apresentar em público quando a televisão engatinhava – e, de repente, numa rajada fulminante, ficou mais famoso do que qualquer um havia sido antes. Aonde quer que Elvis fosse, as pessoas gritavam, até que seu mundo virou um show de horrores. Isolou-se então em um casulo que ele mesmo construiu, no qual curtia suas posses, que agora ocupavam o lugar da liberdade perdida. Comprou para a mãe um palácio, que chamou de Graceland.

Eu fazia um voo rasante no resto da história – o declínio no vício, o suor e as caretas enquanto se retorcia no palco em Las Vegas, a morte aos 42 anos. Meu afilhado, que chamarei aqui de Adam – também mudei alguns detalhes para evitar identificá-lo –, toda vez que me perguntava de que jeito a história terminava, eu mudava de assunto e fazia ele cantar "Blue Moon" em dueto comigo. "*You saw me standing alone*", ele cantava com sua vozinha, "*without a dream in my heart. Without a love of my own.*"

Uma vez Adam olhou para mim muito sério e perguntou: "Johann, você me levaria a Graceland um dia?". Sem pensar, concordei. "Promete? Sério mesmo?", e eu assenti. E não pensei mais no assunto, até que tudo deu errado.

Dez anos mais tarde, Adam estava perdido. Largara a escola aos 15 anos e literalmente passava quase todas as horas em que estava acordado dentro de casa, meio entediado, passando de uma tela a outra – no celular, rolando a sequência infindável de mensagens do WhatsApp e do Facebook, ou no iPad, no qual via uma miscelânea de YouTube e pornografia. Em certos momentos, eu ainda conseguia vislumbrar nele alguns traços daquele garotinho alegre que cantava "Viva Las Vegas", mas era como se aquela pessoa tivesse se partido em fragmentos menores, desconexos. Ele tinha dificuldade de conversar por mais que alguns minutos sobre um mesmo assunto antes de voltar rápido para uma tela ou mudar bruscamente de tema. Parecia zunir à velocidade do Snapchat, para algum lugar onde nada que fosse estático ou sério pudesse alcançá-lo. Era um garoto inteligente, digno, bom – mas era como se nada conseguisse ganhar alguma tração na sua mente.

Durante a década em que Adam se tornou adulto, essa fratura era aparente – vários de nós viam isso. A sensação de estar vivo no início do século 21 consistia nessa sensação de que a nossa capacidade de prestar atenção – de ter foco – estava sofrendo rachaduras e se partindo. Eu sentia isso acontecendo em mim – comprava pilhas de livros e olhava para eles de relance, sentindo a maior culpa, enquanto postava, era o que eu dizia a mim mesmo, *só este último* tweet. Ainda leio muito, mas a cada ano que passava eu sentia que ler era como subir uma escada rolante que desce. Acabava de fazer 40 anos, e onde quer que minha geração se reunisse, lamentávamos a perda de nossa capacidade de concentração, como se ela fosse um amigo que um dia sumiu no mar e nunca mais foi visto.

Então, uma noite em que nós dois estávamos em um sofá grande, cada um de olho grudado na sua telinha barulhenta, olhei para Adam e senti um grande pesar. Não era mais possível a gente continuar vivendo assim, disse a mim mesmo – não dá mais.

– Adam – falei baixinho. – Vamos para Graceland.

– O quê?!

Lembrei a ele a promessa que havia feito alguns anos antes. Ele nem sequer se lembrava daqueles dias de "Blue Moon", nem da minha promessa, mas pude ver que a ideia de quebrar aquela rotina anestesiante acendera algo dentro dele. Olhou bem para mim e perguntou se era a sério.

– Estou falando sério – eu disse –, mas tem uma condição. Eu pago para a gente viajar 6.500 quilômetros. Vamos para Memphis e Nova Orleans, podemos viajar por todo o Sul, para onde você quiser. Só que não vou fazer isso se, quando a gente chegar, a única coisa que você vai fazer é ficar de olho grudado no celular. Tem que me prometer que vai deixar ele desligado, exceto à noite. Precisamos voltar à realidade. Reconectar com alguma coisa que seja importante para nós.

Ele jurou que faria isso, e algumas semanas depois decolamos do aeroporto de Heathrow, em Londres, para a terra do blues do Delta.

Quando você chega aos portões de Graceland, não há mais nenhum ser humano que cumpra a função de mostrar-lhe o lugar. Você recebe um iPad e coloca aqueles fones de ouvido, e o iPad lhe diz o que fazer – vire à esquerda, vire à direita; siga adiante. Em cada sala, o iPad, com a voz de algum ator esquecido, conta a você alguma coisa sobre a sala em que você está, e uma foto dela aparece na tela. Então nós dois ficamos andando por Graceland, desacompanhados, olhando para o iPad. À nossa volta canadenses e coreanos e todo um grupo da ONU, pessoas com rosto inexpressivo, olhando para baixo, sem enxergar nada ao redor. Ninguém olhava nada por muito tempo, exceto as telas. Fiquei vendo aquelas pessoas enquanto andávamos, e minha tensão só aumentava. De vez em quando alguém tirava os olhos do iPad e eu sentia um fio de esperança, e tentava um contato visual, um aceno, dizer, "Ei, somos os únicos que olham em volta, somos os únicos que viajaram milhares de quilômetros e decidiram realmente ver as coisas que estão à nossa frente" – mas toda vez que isso acontecia, via que eles haviam interrompido o contato com o iPad só para pegar o celular e tirar uma *selfie*.

Quando chegamos à Jungle Room [a "Sala da Selva"] – o lugar favorito de Elvis na mansão –, o iPad estava tagarelando alguma coisa e um homem de meia-idade, em pé ao meu lado, virou para dizer algo à esposa. À nossa frente, havia os grandes vasos de plantas artificiais que Elvis comprou para transformar aquela sala na sua selva artificial. Aquelas plantas *fake* ainda estavam ali, tristes, meio caídas. "Querida", ele disse, "isso é incrível. Veja." Ele colocou o iPad perto dela e começou a deslizar o dedo pela tela. "Se você arrastar para a esquerda, aparece a Jungle Room à esquerda. E se arrastar para a direita, aparece a Jungle Room à direita." A mulher olhou, sorriu, e começou a deslizar o dedo pelo seu iPad.

Fiquei olhando para eles. Rolavam a tela, indo e voltando, para ver as diferentes dimensões da sala. Eu me inclinei para a frente. "Mas, senhor", eu disse, "há uma maneira tradicional de fazer a mesma coisa e que vocês poderiam usar. Chama-se girar a cabeça. Afinal, estamos aqui. Estamos na própria Jungle Room. Vocês não precisam vê-la na tela. Podem vê-la sem intermediações. Aqui. Vejam." Acenei com a mão para a sala, e as folhas verdes *fake* se agitaram um pouco.

O homem e a esposa se afastaram de mim alguns centímetros. "Olhem em volta!", eu disse, num tom de voz um pouco mais elevado do que era minha intenção. "Não estão vendo? Estamos *aqui*. Estamos *realmente aqui*. Vocês não precisam ver na tela. *Nós estamos na própria Jungle Room*." Eles saíram rapidinho da sala, olhando para trás e sacudindo a cabeça como quem diz "quem é esse doido?", e senti que meu coração batia mais acelerado. Virei-me para Adam, pronto para rir, para compartilhar com ele aquela ironia, para aliviar minha raiva – mas ele estava em um canto, com o celular escondido debaixo do paletó, dando uma olhada no Snapchat.

Ele quebrou sua promessa em todas as etapas da viagem. Quando o avião tocou o solo de Nova Orleans duas semanas antes, pegou o celular na mesma hora, enquanto ainda estávamos nas poltronas do avião. "Você prometeu não usar", eu disse. Ele replicou: "Eu quis dizer que não ia ligar para ninguém. E obviamente não posso ficar sem usar o Snapchat e sem mandar mensagens de texto". Ele disse isso com uma honestidade meio perplexa, como se eu tivesse pedido para ele prender a respiração por dez dias. Fiquei observando em silêncio o garoto rolar a tela do celular na Jungle Room. Uma enxurrada de gente passava por ele, também olhando fixo para suas telas. Eu me senti muito sozinho, como se estivesse em pé no meio de um milharal deserto do Iowa, a quilômetros de outro ser humano. Avancei até Adam e arranquei o celular da mão dele.

– A gente não pode viver desse jeito! – eu disse. – Você não sabe mais o que é estar presente! Está jogando sua vida fora! Você tem medo de perder alguma coisa – é por isso que checa sua tela o tempo todo! Mas é fazendo isso que você *garante* que vai perder as coisas! Você está desperdiçando a única vida que tem! Acaba não vendo as coisas que estão *bem na frente do seu nariz,* as coisas que você queria ver desde que era garotinho! Nenhuma dessas pessoas está vendo! *Olhe pra elas!*

Eu falava bem alto, mas no seu i-solamento de iPhone, a maioria das pessoas à nossa volta nem sequer percebia isso. Adam arrancou seu celular de volta da minha mão, disse (não sem uma ponta de razão) que eu estava me comportando como um doido, e saiu pisando duro. Passou lá fora pelo túmulo do Elvis e enveredou por aquela manhã de Memphis.

Passei horas andando à toa entre os vários Rolls-Royce de Elvis, exibidos no museu anexo, e finalmente encontrei Adam de novo ao cair da noite no Heartbreak Hotel, do outro lado da rua, onde a gente estava hospedado. Ele sentara junto à piscina, que tinha o formato de uma guitarra gigante e, enquanto se ouvia Elvis cantar num *looping* ininterrupto naquele cenário, Adam me pareceu triste. Tive consciência, então, ali sentado com ele, que, assim como ocorre com as raivas mais vulcânicas, minha raiva dele – que havia aflorado ao longo daquela viagem – era na realidade uma raiva de mim mesmo. Aquela incapacidade dele de focar, sua dispersão constante, a incapacidade das pessoas lá em Graceland de enxergarem o lugar para o qual haviam viajado, era algo que eu sentia crescer dentro de mim. Estava sofrendo a mesma fratura que eles. Perdendo também minha capacidade de estar presente. E odiando isso.

– Sei que tem alguma coisa errada – Adam disse baixinho, segurando firme o celular. – Mas não tenho ideia de como corrigir. – E voltou a escrever mensagens.

Eu havia tirado Adam de Londres para fugir da nossa incapacidade de focar – e acabei descobrindo que não há como fugir, porque o problema está em toda parte. Viajei ao redor do mundo para pesquisar este livro e quase não tive um momento de trégua. Mesmo quando dei um tempo na minha pesquisa para ver alguns dos lugares mais famosos do mundo por sua tranquilidade e silêncio, o problema estava ali aguardando por mim.

Uma tarde, me sentei junto à Lagoa Azul, na Islândia, um grande lago infinitamente calmo de águas geotermais, que borbulham à temperatura de uma banheira de água quente mesmo quando cai neve ao redor. Enquanto contemplava os flocos de neve caindo e dissolvendo-se suavemente no vapor que se erguia, notei que à minha volta havia um monte de gente segurando paus de *selfie*. Tinham colocado os celulares em capas à prova d'água e estavam ali, frenéticos, posando e postando. Várias pessoas transmitiam ao vivo pelo Instagram. Fiquei imaginando que o lema dessa nossa era deveria ser: *Tentei viver, mas me dispersei*. Esse pensamento foi interrompido por um alemão todo malhado, com cara de *influencer*, e que gritava no fone da câmera: "Aqui estou eu, na Lagoa Azul, aproveitando bem a vida!".

Outra vez fui ver a *Mona Lisa* em Paris, e só serviu para descobrir que agora ela fica permanentemente escondida atrás de uma muralha de gente, como naqueles amontoados do rúgbi. É gente de todas as partes da Terra, empurrando-se para poder avançar, e cada um que chega vira-se imediatamente de costas para ela, tira uma *selfie* e volta batalhando para abrir caminho no meio daquele bolo de gente. No dia em que estive ali, fiquei mais de uma hora observando aquela multidão a distância. Ninguém – uma única pessoa – olhou para a *Mona Lisa* por mais de alguns segundos. O sorriso dela não parece mais um enigma. A impressão é que ela está olhando para nós, empoleirada lá na Itália do século 16, e perguntando: "Por que vocês simplesmente não olham pra mim como faziam antes?".

Isso parecia ter a ver com uma sensação ainda mais ampla que vinha se instalando em mim havia vários anos – e ia bem além dos maus hábitos dos turistas. Como se nossa civilização tivesse sido coberta com um pó de mico, e que passávamos o tempo tendo cacoetes, espasmos e saracoteios em nossas mentes, incapazes de dar atenção às coisas que realmente importam. Atividades que exigem formas de concentração mais demoradas – como ler um livro – estão em queda livre há anos. Depois da minha viagem com Adam, li a obra de um cientista, um dos maiores especialistas do mundo em força de vontade, o professor Roy Baumeister, da Universidade de Queensland na Austrália. Fui entrevistá-lo. Ele estuda a ciência da força de vontade e da autodisciplina há mais de trinta anos e é responsável por alguns dos mais famosos experimentos já realizados nas Ciências Sociais. Quando me sentei diante desse homem de 66 anos, expliquei que pretendia escrever um livro sobre as razões pelas quais perdemos nosso senso de focalização e como podemos resgatá-lo. Olhei para ele cheio de expectativa.

Ele disse que era muito curioso que eu levantasse esse assunto com ele. "Sinto que meu controle sobre a minha atenção é mais fraco do que costumava ser", contou. Ele era capaz de passar horas sentado, lendo e escrevendo, mas agora "parece que minha mente pula muito mais de uma coisa para outra". Explicou que havia pouco tinha constatado que "quando começava a me sentir desconfortável, jogava um pouco de videogame no celular e achava isso divertido". Imaginei-o deixando de lado seu enorme corpo de realizações científicas para jogar Candy Crush Saga. Ele disse: "Vejo que talvez não esteja conseguindo sustentar a concentração como costumava fazer antes". Acrescentou: "Estou quase cedendo a isso e vou começar a me sentir mal por fazê-lo".

Roy Baumeister é nada menos que o autor de um livro intitulado *Willpower* [Força de vontade] e tem estudado esse assunto mais do que qualquer outra pessoa viva. Pensei: se até ele está perdendo a capacidade de focar, será que tem alguém que esteja conseguindo escapar disso?

Por muito tempo, tentei me tranquilizar, dizendo a mim mesmo que essa crise era apenas ilusória. Gerações anteriores também sentiram que sua atenção e seu foco estavam piorando – podemos ler a respeito de monges medievais que há quase um século queixavam-se de estar tendo problemas de atenção. À medida que os seres humanos envelhecem, passam a focar menos e acham que esse é um problema que afeta o mundo inteiro e que também afetará a geração seguinte, em vez de ser algo restrito às próprias mentes deficientes.

A melhor maneira de certificar-se disso seria se os cientistas viessem fazendo há anos uma coisa muito simples: testes de atenção com pessoas aleatórias, repetindo o mesmo teste por anos e décadas para detectar quaisquer mudanças. Mas ninguém fez isso. Essa informação de longo prazo nunca foi coletada. Existe, porém, outro jeito que a meu ver poderia nos levar a uma conclusão razoável. Enquanto pesquisava para escrever este livro, descobri que há todo tipo de fatores, cientificamente comprovados, que reduzem a capacidade de prestar atenção das pessoas. Há forte evidência de que muitos desses fatores têm aumentado nas últimas décadas – às vezes de forma dramática. Em contrapartida, encontrei apenas uma tendência que pode ter melhorado nossa atenção. E foi por isso que acabei me convencendo de que esta é de fato uma crise, e uma crise urgente.

Também aprendi que é preocupante a evidência que indica para onde essas tendências estão nos levando. Por exemplo, um pequeno estudo[1] propôs investigar a frequência com que um aluno de faculdade norte-americano médio presta atenção de fato a alguma coisa, e então os cientistas colocaram um *software* de rastreamento nos computadores desses estudantes e monitoraram o que faziam em um dia típico. Descobriram que, em média, um estudante muda de tarefa a cada 65 segundos. O tempo médio em que fica focado em qualquer coisa é de apenas 19 segundos. Se você é um adulto e está tentado a se sentir superior, espere um pouco. Outro estudo, de Gloria Mark,[2] professora de informática da Universidade da Califórnia em Irvine – que eu entrevistei – observou por quanto tempo em média um adulto que trabalha num escritório permanece na mesma tarefa. Três minutos.

Empreendi então uma viagem de quase 50 mil quilômetros para descobrir como podemos recuperar nosso foco e nossa atenção. Na Dinamarca, entrevistei o primeiro cientista que, junto a sua equipe, demonstrou que nossa capacidade coletiva de prestar atenção está de fato encolhendo rapidamente. Depois tive contato com cientistas ao redor do mundo que têm descoberto por quê. No total, entrevistei mais de 250 especialistas – de Miami a Moscou, de Montreal a Melbourne. Minha busca por respostas levou-me a uma combinação maluca de lugares, de uma favela no Rio de Janeiro, onde a atenção fragmentou-se de maneira particularmente desastrosa, a um remoto escritório em uma pequena cidade da Nova Zelândia onde encontraram uma maneira radical de recuperar o foco.

Passei a acreditar que temos uma compreensão profundamente equivocada do que está realmente acontecendo com a nossa atenção. Durante anos, toda vez que não conseguia focar ficava com raiva e culpava a mim mesmo. Pensava: "Você é um cara preguiçoso, indisciplinado, precisa criar jeito". Ou então punha a culpa no celular, me enfurecia com ele e desejava que nunca tivesse sido inventado. A maioria das pessoas que conheço reage da mesma forma. Mas aprendi que o que acontece na realidade é algo mais profundo que uma falha pessoal ou que os efeitos de uma única nova invenção.

Comecei a ter vislumbres desse particular quando fui a Portland, Oregon, entrevistar o professor Joel Nigg, um dos principais especialistas mundiais em problemas de atenção em crianças. Ele disse que, para ajudar a compreender o que estava acontecendo, talvez fosse útil comparar o aumento de problemas de atenção com o aumento nas nossas taxas de obesidade. Cinquenta anos atrás, havia pouca obesidade, mas hoje ela é endêmica no mundo ocidental. E não é porque de repente tenhamos ficado gulosos ou autoindulgentes. Ele disse: "A obesidade não é uma epidemia médica – é uma epidemia social. Por exemplo, temos uma comida de má qualidade, por isso as pessoas engordam". Nosso modo de vida mudou dramaticamente – nosso suprimento de comida mudou, e construímos cidades nas quais é difícil caminhar ou andar de bicicleta – e essas mudanças no nosso ambiente provocaram mudanças em nossos corpos. Algo similar, disse ele, pode estar acontecendo com as mudanças na nossa atenção e no nosso foco.

Ele contou que depois de passar décadas estudando esse assunto acreditava que era preciso verificar se estaríamos desenvolvendo uma "cultura patogênica da atenção" – um ambiente no qual conseguir um foco sustentado e profundo é extremamente difícil para todos e que exige que você nade contra a corrente para consegui-lo. Há evidência científica para muitos dos fatores de escassez da atenção, disse, e em alguns casos as causas estão na nossa biologia, mas que precisamos também questionar: "Será que nossa sociedade está levando as pessoas a esse ponto com essa frequência porque temos uma epidemia [que está sendo] causada por aspectos específicos que são disfuncionais em nossa sociedade?".

Mais tarde perguntei: se um dia eu o colocasse no comando do mundo e ele *quisesse* acabar com a capacidade de prestar atenção das pessoas, o que faria? Ele pensou um momento e respondeu: "Provavelmente o que a nossa sociedade está fazendo agora".

Encontrei forte evidência de que o declínio de nossa capacidade de prestar atenção não é primariamente uma falha pessoal minha, ou sua, ou do seu filho. É algo que está sendo feito a todos nós. E sendo feito por forças muito poderosas. Essas forças incluem as Big Tech, isto é, as grandes empresas de tecnologia que dominam o mercado, mas também vai além delas. É um problema sistêmico. A verdade é que você está vivendo em um sistema que despeja ácido na sua atenção todos os dias, e estão lhe dizendo que a culpa é sua e que deve modificar seus hábitos, e enquanto isso a atenção do mundo vai se consumindo. Ao examinar essas questões, compreendi que existe uma lacuna em todos os livros que li a respeito de como melhorar seu foco. Uma lacuna imensa. Eles, no geral, deixam de falar sobre as reais causas de nossa crise de atenção – que residem principalmente nessas forças maiores. Com base no que aprendi, concluí que existem doze forças profundas em ação que estão causando danos à nossa atenção. Passei a acreditar que só seremos capazes de resolver o problema a longo prazo se tivermos uma compreensão dessas forças – e então, juntos, poderemos evitar que continuem fazendo isso conosco.

Há medidas concretas que podemos tomar individualmente para reduzir o problema, e ao longo deste livro você aprenderá como levá-las adiante. Sou muito favorável a que assumamos nossa responsabilidade pessoal a esse respeito. Mas preciso ser honesto com você, de uma maneira que receio que outros livros anteriores sobre o assunto não foram. Essas mudanças funcionam só até certo ponto. Resolvem uma parte do problema. São valiosas. Eu mesmo as adoto. Mas, a não ser que você tenha muita sorte, não lhe permitirão escapar da crise de atenção.

Problemas sistêmicos exigem soluções sistêmicas. Precisamos assumir nossa responsabilidade por esse problema, com certeza, mas, ao mesmo tempo, temos também que assumir uma responsabilidade coletiva para lidar com esses fatores mais profundos. Existe uma solução real – que de fato tornará possível começarmos a curar nossa atenção. Ela requer que reestruturemos radicalmente o problema, para poder em seguida partir para a ação. E acredito ter entendido como podemos começar a fazer isto.

Existem, penso eu, três razões cruciais pelas quais vale a pena você fazer essa jornada comigo. A primeira é que uma vida cheia de dispersões se torna, no nível individual, algo menor do que poderia ser. Se você não é capaz de prestar atenção sustentada, não consegue as coisas que deseja alcançar. Você quer ler um livro, mas é distraído pelos toques de notificações do celular e pelas paranoias das mídias sociais. Quer passar umas horinhas com o seu filho sem ser interrompido, mas fica checando o e-mail ansiosamente para ver se seu chefe lhe mandou alguma mensagem. Quer montar um negócio próprio, mas sua vida em vez disso fica diluída em uma nuvem confusa de postagens do Facebook que só servem para você sentir inveja e ansiedade. Embora não seja sempre por sua causa, parece que nunca há quietude suficiente – um espaço que seja tranquilo, claro – para que você pare e pense. Um estudo do professor Michael Posner da Universidade do Oregon[3] descobriu que se estamos focados em alguma coisa e somos interrompidos, leva em média 23 minutos para recuperarmos o mesmo estado de foco. Outro estudo com funcionários de escritório nos Estados Unidos[4] descobriu que a maioria deles *nunca* consegue uma hora de trabalho ininterrupto em um dia típico. Se isso se estende assim por meses e anos, acaba comprometendo sua capacidade de entender quem você é e o que quer. Deixa você perdido dentro da própria vida.

Quando fui a Moscou entrevistar aquele que é hoje o mais importante filósofo do mundo na área da atenção, dr. James Williams – que trabalha com Filosofia e Ética da Tecnologia na Universidade de Oxford –, ele me contou: "Se quisermos fazer algo importante em qualquer domínio – em qualquer contexto de vida –, precisamos ser capazes de dar atenção às coisas certas [...] Se não conseguirmos isso, será de fato difícil fazer seja lá o que for". Disse que se quisermos compreender a situação em que estamos no momento, é útil imaginar, por exemplo, que você está guiando um carro, e alguém joga um balde enorme de lama no seu para-brisa. A partir de agora, você vai enfrentar um monte de problemas – corre o risco de ter seu retrovisor arrancado, ou de se perder, ou de chegar atrasado ao seu destino. Mas a primeira coisa que precisa fazer – antes de se preocupar com qualquer desses problemas – é limpar o para-brisa. Até que faça isso, você nem sequer sabe direito onde está. Precisamos lidar da mesma forma com nossos problemas de atenção antes de querer alcançar qualquer outra meta perene.

A segunda razão pela qual precisamos pensar nesse assunto é que a quebra da atenção não causa problemas apenas para nós como indivíduos – está causando uma crise na nossa sociedade inteira. Enquanto espécie, enfrentamos uma série de perigos, como se fossem fios que, ao tropeçarmos neles, detonassem bombas ou outras armadilhas como alçapões – caso, por exemplo, da crise climática –, e, diferentemente de gerações anteriores, na maioria das vezes não estamos à altura de resolver nossos maiores desafios. Por quê? Em parte, penso eu, porque, quando a atenção se rompe, a solução de problemas também fica comprometida. Resolver grandes problemas exige um foco sustentado de muitas pessoas ao longo de vários anos. A democracia requer a capacidade de uma população de prestar atenção por tempo suficiente para identificar seus reais problemas, distingui-los de fantasias, propor soluções e responsabilizar seus líderes caso falhem em implantá-las. Se perdemos isto, perdemos nossa capacidade de ter uma sociedade que funcione plenamente. Não acho coincidência que essa crise em prestar atenção esteja acontecendo ao mesmo tempo em que assistimos à pior crise da democracia desde a década de 1930. Pessoas que não são capazes de ter foco são mais atraídas para soluções autoritárias simplistas – e têm menor probabilidade de ver com clareza que estão falhando. Um mundo cheio de cidadãos privados de atenção, que só ficam indo do Twitter para o Snapchat, será um mundo de crises em cascata, sem que sejamos capazes de tomar pé de nenhuma delas.

A terceira razão pela qual precisamos pensar profundamente a respeito do foco é para mim a que traz maiores esperanças.

Se compreendermos o que está acontecendo, poderemos começar a mudar isso. O escritor James Baldwin – que na minha opinião é o maior escritor do século 20 – afirmou: "Nem tudo que é enfrentado pode ser mudado, mas nada pode ser mudado sem ser enfrentado".[5] Essa crise é obra humana e só poderá ser resolvida por nós.

▽

Quero lhe contar desde já como reuni o material que vou apresentar neste livro e por que selecionei as evidências que selecionei. Na minha pesquisa, li um volume muito grande de estudos científicos e depois entrevistei os cientistas que, a meu ver, reuniram as evidências mais importantes. Tipos diferentes de cientistas têm estudado a atenção e o foco. Um grupo é de neurocientistas, e você saberá o que disseram. Mas as pessoas que fizeram a maior parte do trabalho a respeito de por que a atenção e o foco estão mudando são cientistas sociais, que analisam como as mudanças no nosso modo de vida nos afetam, como indivíduos e grupos. Eu mesmo estudei Ciências Sociais e Política na Universidade de Cambridge, onde tive treinamento rigoroso sobre como ler os estudos que esses cientistas publicam, como avaliar a evidência que apresentam e – espero – como fazer perguntas exploratórias a respeito.

Esses cientistas costumam divergir entre eles a respeito do que está acontecendo e por quê. Não é que a ciência seja precária, mas os humanos são extremamente complexos, e é de fato difícil medir algo tão complicado como aquilo que afeta nossa capacidade de prestar atenção. Isso obviamente representou um desafio para mim na hora de escrever este livro. Se você fica esperando que surja uma evidência perfeita, terá que esperar a vida inteira. Precisei seguir adiante, fazendo o melhor possível, com base nas melhores informações que temos – e, ao mesmo tempo, ser consciente de que essa ciência é falível, frágil e precisa ser tratada com cautela. Portanto, tentei dar a você em cada estágio deste livro a noção de que a evidência que ofereço é controversa. Em alguns tópicos, o assunto foi estudado por centenas de cientistas, que chegaram a um amplo consenso quanto à correção dos pontos que vou propor. Isso, obviamente, é o ideal, e sempre que possível procurei cientistas que representem um consenso em seu campo, para extrair minhas conclusões sobre o terreno firme de seus conhecimentos. Mas há algumas outras áreas nas quais apenas um punhado de cientistas estudaram a questão que eu queria compreender, portanto, a evidência sobre a qual posso me apoiar é menos consistente. Há alguns poucos tópicos em que cientistas de prestígio têm fortes divergências a respeito do que está de fato acontecendo. Nesses casos, já fui alertando de antemão e tentei apresentar uma gama de pontos de vista sobre a questão. Em cada estágio procurei extrair minhas conclusões das evidências mais sólidas que consegui achar.

Tentei sempre abordar esse processo com humildade. Não sou um especialista em nenhuma dessas questões. Sou um jornalista lidando com especialistas, e testando e expondo o conhecimento deles da melhor maneira que posso. Se quiser mais detalhes sobre esses debates, faço um mergulho mais profundo nas pesquisas nas mais de 400 notas que coloquei no site do livro, onde discuto os mais de 250 estudos científicos nos quais me apoiei para escrever este texto. Às vezes também usei minhas experiências para ajudar a explicar o que aprendi. Meus casos anedóticos individuais obviamente não são evidências científicas. Falam de algo mais simples: as razões pelas quais eu quis tanto saber as respostas a essas questões.

Quando voltei da minha viagem a Memphis com Adam, estava chocado comigo. Um dia passei nada menos que três horas lendo e relendo as mesmas primeiras páginas de um romance, perdendo-me em pensamentos dispersivos a cada leitura, como se estivesse chapado, e pensei – não dá para continuar assim. Ler ficção sempre foi um dos meus maiores prazeres, e perder isso seria como perder um membro. Então anunciei aos meus amigos que iria tomar uma medida drástica.

Achei que isso estava acontecendo comigo porque não era suficientemente disciplinado como indivíduo e porque havia sido abduzido pelo meu celular. Então, na época, achei que a solução era óbvia: tinha que ser mais disciplinado e banir o celular. Fui à internet e reservei um pequeno quarto junto à praia de Provincetown, na ponta do Cabo Cod. Anunciei triunfalmente a todos: vou ficar ali três meses, sem celular e sem computador que possa se conectar on-line. Chega.

Já deu. Pela primeira vez em vinte anos vou ficar off-line. Conversei com meus amigos sobre o duplo sentido da palavra "ligado" [em inglês *wired*]. Significa estar em um estado hipermental, maníaco, e também estar conectado on-line. Pareciam-me coisas associadas, definições gêmeas. Estava farto de ficar ligado. Precisava clarear a cabeça. Então fiz isso. Pulei fora. Gravei uma mensagem avisando que estaria fora do ar nos próximos três meses. Abandonei aquela agitação na qual vinha vibrando havia vinte anos.

Tentei partir para essa extrema desintoxicação digital sem quaisquer ilusões. Sabia que esse descarte total da internet não seria uma solução de longo prazo para mim – não tinha intenção de me juntar aos Amish e abrir mão para sempre de toda tecnologia. Mais que isso, sabia que essa abordagem não poderia ser uma solução de curto prazo para a maioria das pessoas. Venho de uma família da classe trabalhadora – minha avó, que me criou, limpava banheiros; meu pai era motorista de ônibus – e dizer a eles que a solução para seus problemas de atenção era largar o emprego e morar em uma cabana junto ao mar seria uma ofensa maldosa: eles literalmente não teriam como fazer isso. Eu consegui porque achei que se não fizesse isso perderia alguns aspectos cruciais da minha capacidade de pensar em profundidade. Fiz no desespero. E fiz porque senti que se me desvencilhasse de tudo por um tempo voltaria a ser capaz de vislumbrar as mudanças que todos nós poderíamos fazer de uma maneira mais sustentável. Essa radical desintoxicação digital ensinou-me um monte de coisas importantes – incluindo, como verá, os limites das desintoxicações digitais.

Ela começou uma manhã de maio, quando parti para Provincetown, com o brilho das telas de Graceland ainda me assombrando. Achava que o problema estava na minha própria natureza dispersiva e na nossa tecnologia, e estava prestes a abrir mão de meus dispositivos – liberdade, ó liberdade! – por muito e muito tempo.

Força nº 1:
O aumento da velocidade, da mudança de tarefas e da filtragem

– Não entendo o que você está pedindo – insistia o vendedor em uma loja Target de Boston. – Estes são os telefones mais baratos que vendemos. Eles têm uma internet superlenta. É isso o que você quer, não é?

– Não – respondi. – Quero um telefone que não consiga acessar internet de jeito nenhum. – Ele ficou estudando o verso da caixa, parecia confuso.

– Este aqui é bem lento. Talvez consiga baixar seu e-mail, mas não vai...

– E-mail também é internet – retruquei. – Vou ficar fora três meses, e estou fazendo isso de propósito, para ficar totalmente off-line.

Meu amigo Imtiaz já havia me dado seu velho laptop quebrado, que fazia anos que não conseguia mais conexão com a internet. Parecia ter vindo direto do *set* de filmagem da série *Jornada nas Estrelas*, a versão original, como um vestígio de alguma visão abortada do futuro. Decidi que iria usá-lo para finalmente escrever o romance que vinha planejando havia anos. Agora, o que eu precisava era de um telefone para que pudesse ser encontrado, em caso de emergência, pelas seis pessoas às quais deixaria o número. E precisava poder dispensar qualquer tipo de opção de internet, assim, se acordasse às 3 horas da manhã e, de repente, minha determinação falhasse e eu tentasse me conectar, não teria como fazê-lo, por mais que tentasse.

Quando explicava meu plano para as pessoas, obtinha uma das três reações a seguir: a primeira era como a do vendedor da Target, pareciam não conseguir processar direito o que eu estava dizendo. Pensavam que eu queria reduzir meu uso da internet. Achavam tão bizarra a ideia de ficar completamente off-line que eu precisava explicar isso várias vezes. "Você está dizendo que quer um telefone que não tenha *nenhuma* internet?", ele indagava. "E por que você iria querer isso?"

A segunda reação – a mesma que aquele sujeito teve em seguida – era uma espécie de pânico. "E o que você vai fazer se surgir uma emergência?", ele perguntara. "Não me parece certo." Eu replicara então – que tipo de emergência poderia exigir que eu estivesse online? O que poderia acontecer? Não sou o presidente dos Estados Unidos – não preciso expedir ordens se a Rússia invadir a Ucrânia. "Qualquer coisa", ele dissera. "Pode acontecer qualquer coisa." Eu ficava explicando às pessoas da minha idade – tinha 39 anos então – que todos havíamos passado metade da vida sem celular, portanto não seria tão difícil assim imaginar voltar à maneira de viver que havíamos tido por tanto tempo. Ninguém parecia ficar muito convencido.

E a terceira reação era de inveja. As pessoas começaram a fantasiar o que fariam com todo aquele tempo que gastavam no celular se esse tempo fosse de repente liberado. Começavam listando o número de horas que a opção Tempo de Tela da Apple dizia que eles gastavam por dia no celular. Para um norte-americano médio são três horas e quinze minutos.[6] Nós tocamos nossos celulares 2.617 vezes a cada vinte e quatro horas.[7] Às vezes, as pessoas mencionavam com nostalgia algo que adoravam fazer, mas haviam abandonado – tocar um pouco de piano, por exemplo – e ficavam com o olhar perdido.

Não consegui nada na Target. Por ironia, precisei encomendar on-line o que parecia ser o último celular sem acesso à internet que restava nos Estados Unidos. É chamado de Jitterbug. É projetado para pessoas muito idosas e cumpre também o papel de um dispositivo médico de emergência. Abri a caixa e ri quando vi aqueles botões gigantes e pensei que haveria uma vantagem adicional: se eu desmaiasse, ele me conectaria imediatamente com o hospital mais próximo.

Despejei em cima da cama do hotel tudo o que trouxera comigo. Havia checado todas as coisas rotineiras que costumam exigir que eu use o celular para fazer, e comprei objetos para substituir cada uma delas. Então, pela primeira vez desde a adolescência, comprei um relógio. Um despertador. Desenterrei meu velho iPod e coloquei um monte de audiolivros e *podcasts*; corri o dedo pela tela, lembrando o quanto aquele dispositivo me parecera futurista ao comprá-lo doze anos antes; agora parecia algo que Noé poderia ter levado na arca. Vi o laptop quebrado do Imtiaz – agora transformado de verdade em um processador de texto no estilo da década de 1990 – e ao lado dele uma pilha de romances clássicos que fazia algumas décadas que intencionava ler, como *Guerra e paz*, o primeiro da pilha.

Peguei um Uber para deixar meu iPhone e meu MacBook com uma amiga que mora em Boston. Hesitei antes de colocá-los em cima da mesa na casa dela. Apertei um botão no celular para pedir um carro que me levasse até o terminal de barcos, e então desliguei-o e me afastei depressa, como se ele pudesse sair correndo atrás de mim. Senti uma ponta de pânico. *Não estou pronto para isso*, pensei. Então, de algum lugar do fundo da minha mente, me lembrei de algo que o escritor espanhol José Ortega y Gasset disse: "Não podemos postergar viver para quando estivermos prontos... A vida nos é disparada à queima-roupa".[8] Se não fizer isso agora, pensei, não farei nunca, e vou acabar deitado no leito de morte checando quantos *likes* consegui no Instagram. Subi no carro e evitei olhar para trás.

Anos antes, eu aprendera com cientistas sociais que, quando se trata de vencer algum tipo de hábito destrutivo, uma das ferramentas mais eficazes que temos é o chamado "pré-compromisso". Ele aparece também em uma das mais antigas histórias humanas que sobreviveram, a *Odisseia*, de Homero. Homero conta que havia um trecho de mar no qual os marinheiros sempre morriam, e por uma estranha razão: é que viviam no oceano duas sereias – uma mistura singularmente atraente de mulher e peixe – que com seu canto atraíam os marinheiros para que as seguissem no oceano. Então, quando estes mergulhavam atraídos para uma aventura sexual marinha, afogavam-se. Um dia, porém, o herói da história – Ulisses – concebeu uma maneira de vencer essas tentadoras criaturas. Antes que o navio se aproximasse do trecho marítimo das sereias, ordenou que os membros da tripulação o amarrassem ao mastro, bem firme, mãos e pés. Não conseguia se mover. Quando ouviu o canto das sereias, por mais que Ulisses desejasse mergulhar no mar, não teve como.

Eu já havia usado essa técnica, quando tentava perder peso. Costumava comprar um monte de alimentos com carboidratos e dizia a mim mesmo que seria forte o suficiente para comê-los bem devagar e com moderação. Só que acabava devorando-os às 2 horas da manhã. Então parei de comprar. Às 2 da manhã, jamais me disporia a sair da cama e ir até uma loja de conveniência para comprar Pringles. O eu que existe no presente – neste momento – quer ir atrás das suas metas mais profundas, quer ser uma pessoa melhor. Mas você sabe que é falível e pode muito bem ceder à tentação. Então você se apega a versão futura de você. Limita suas escolhas. Amarra-se ao mastro.

Houve uma pequena gama de experimentos científicos para ver se isso de fato funcionava, pelo menos no curto prazo. Por exemplo, em 2013, uma professora de Psicologia chamada Molly Crockett – entrevistei-a em Yale – colocou um bando de homens no laboratório e dividiu-os em dois grupos. Todos iriam enfrentar um desafio. Disseram a eles que poderiam, se quisessem, ver imediatamente uma foto mais ou menos sexy, mas que se fossem capazes de esperar sem fazer nada durante um breve tempo, poderiam ver uma foto supersexy. O primeiro grupo foi instruído a usar sua força de vontade, e a se disciplinar naquele momento. Mas ao segundo grupo foi dada a chance de, antes de entrar no laboratório, fazer um "pré-compromisso" – expressar em voz alta a decisão de que iriam se controlar e esperar, a fim de poder ver a foto supersexy. O que os cientistas queriam saber era se os homens que haviam assumido o pré-compromisso iriam se conter mais, e por mais tempo, do que os homens que não haviam assumido. O que se viu é que o pré-compromisso foi muito bem-sucedido[9] – tomar a clara decisão de fazer alguma coisa e prometer mantê-la tornou os homens significativamente melhores em se conter. Nos anos seguintes, os cientistas demonstraram o mesmo efeito em uma ampla gama de experimentos.[10]

Minha viagem a Provincetown foi uma forma radical de précompromisso e, do mesmo jeito que a façanha de Ulisses, também começou em um barco. Assim que a balsa para Provincetown partiu, olhei para trás, na direção do porto de Boston, com a luz de maio refletida na água. Acomodei-me na parte de trás da embarcação, perto de uma bandeira dos Estados Unidos, molhada e tremulando ao vento, e fiquei vendo a espuma do oceano borrifando atrás de nós. Depois de uns quarenta minutos, Provincetown começou a surgir no horizonte, quando o pináculo do Monumento aos Peregrinos ficou visível.

Provincetown é uma faixa de areia, longa e exuberante, onde os Estados Unidos se projetam no oceano Atlântico. É a última parada, o final de estrada. Segundo o escritor Henry David Thoreau, você pode ficar ali e sentir os Estados Unidos inteiro às suas costas. Senti uma leveza inebriante e, quando a praia apareceu entre a espuma das ondas, comecei a rir, sem saber bem por quê. Estava quase bêbado de exaustão. Tinha 39 anos, e trabalhava sem pausa desde os 21. Praticamente nunca tirei férias. Fiquei me entupindo de informações em todas as minhas horas de vigília, a fim de me tornar um escritor mais produtivo, e começava a achar que meu modo de vida era um pouco parecido com o processo pelo qual, em uma fazenda, um ganso é obrigado a comer grandes quantidades para que transformem seu fígado em patê de *foie gras*. Nos cinco anos anteriores, viajara quase 130 mil quilômetros, pesquisando, escrevendo e falando a respeito de dois livros. Todos os dias, o dia todo, eu tentava absorver mais informações, entrevistar mais gente, aprender mais, falar mais, e agora me via saltando de um tópico a outro, de maneira maníaca, como um disco que riscou de tanto usar, e achando difícil reter o que quer que fosse. Vinha me sentindo cansado há tanto tempo que tudo o que queria era descobrir como escapar disso.

Quando as pessoas começaram a desembarcar, ouvi um toque de "nova mensagem" soar em algum lugar do barco e instintivamente procurei meu celular no bolso. Senti uma ponta de pânico – cadê meu celular? – e então me lembrei, e ri.

Nessa hora, me lembrei da primeira vez na vida que vi um celular. Eu tinha uns 14, 15 anos – portanto foi em 1993 ou 1994 – e estava no andar de cima do ônibus 340, em Londres, voltando para casa da escola. Um homem de terno falava alto em um objeto que, na minha memória, se parecia com um pedaço de esterco de vaca. Todos que estávamos no andar de cima viramos para olhar o homem. Ele parecia curtir estar sendo notado, e começou a falar mais alto ainda. Isso durou um tempo, até que outro passageiro disse a ele: "Amigo?", "Sim?", "Você é um babaca". E todos nós no ônibus quebramos a regra número um do transporte público em Londres. Olhamos uns para os outros e sorrimos. Lembro que no início do celular essas pequenas rebeliões vinham acontecendo em toda Londres. Todos viam isso como uma invasão absurda.

Uns cinco anos mais tarde, quando fui para a universidade, enviei meu primeiro e-mail. Tinha 19 anos. Escrevi umas poucas frases, cliquei em "enviar" e esperei para ver se sentia alguma coisa. Não brotou nenhuma empolgação.

Queria entender por que tanto rebuliço com a novidade do e-mail. Se tivessem me dito que dentro de vinte anos uma combinação dessas duas tecnologias, celular e e-mail – que de início pareciam antipáticas e entediantes – iria virar algo dominante na minha vida a ponto de eu ter de pegar um barco e fugir, teria achado que tinham enlouquecido.

Tirei minha mala do barco e peguei um mapa que havia impresso da internet. Fazia anos que não ia a lugar nenhum sem o Google Maps, mas felizmente Provincetown tem uma única rua comprida, portanto literalmente há apenas duas direções a indicar – pegar à esquerda ou pegar à direita. Eu tinha que pegar à direita, até o escritório do corretor imobiliário de quem eu alugara meu quinhão de uma casa de praia. A Commercial Street corre pelo meio de Provincetown, e fui andando pelas elegantes lojas da Nova Inglaterra, que vendem lagostas e adereços sexuais (não na mesma loja, obviamente – esse é um nicho que até Provincetown descartaria). Lembrei-me de que havia escolhido aquele lugar por algumas razões. Um ano antes, passara um dia ali, vindo de Boston, para visitar meu amigo Andrew, que passa todos os verões ali. Provincetown é uma mistura de aldeia pitoresca do Cabo Cod, no tradicional estilo da Nova Inglaterra, com um reduto de sexo. Por longo tempo foi uma cidade pesqueira de classe trabalhadora, povoada por imigrantes portugueses e seus filhos. Depois, vários artistas se mudaram para cá, e virou um enclave boêmio. Mais tarde, tornou-se um destino gay. Hoje, nos velhos chalés de pescadores, vivem agora homens cujo único emprego é se vestir de Úrsula, a vilã de *A pequena sereia*, e cantar canções sobre sexo oral para os turistas que lotam a cidade no verão.

Escolhi Provincetown porque achei charmosa, mas não complexa – imaginei (talvez com um pouco de arrogância) ter compreendido sua dinâmica essencial nas minhas primeiras vinte e quatro horas ali. Estava determinado a ir para um lugar que não fosse instigar demais minha curiosidade jornalística. Se tivesse escolhido (digamos) Bali, sei que logo tentaria descobrir como funcionava a sociedade balinesa, e iria entrevistar pessoas, e não demoraria para voltar à minha mania de absorver informações. Queria um purgatório bonito, onde eu pudesse descontrair, e nada mais.

O corretor da imobiliária, Pat, levou-me de carro até a casa de praia. Era perto do mar, uns quarenta minutos de caminhada até o centro de Provincetown – na verdade, quase na cidade vizinha de Truro. Era uma casa básica de madeira, dividida em quatro apartamentos. O meu era o de baixo à esquerda. Pedi a Pat que removesse tudo que fosse moderno – para a eventualidade de eu, em um acesso de loucura, comprar algum dispositivo com conexão à internet – e que tirasse todos os pacotes de tv a cabo do televisor. Eu tinha dois quartos. Atrás da casa, havia um pequeno caminho de cascalho, e no final dele, esperando por mim, o oceano, vasto, aberto e quente. Pat desejou-me boa sorte, e eu estava sozinho.

Desempacotei meus livros e comecei a folheá-los. Não consegui engatar na leitura do primeiro que peguei. Deixei-o de lado e fui caminhar em direção ao mar. Era o começo de temporada em Provincetown, e havia apenas umas seis pessoas que eu pudesse ver, qualquer que fosse a direção em que olhasse, estendendo-se por quilômetros. Senti então uma repentina certeza – você tem esse tipo de sentimento poucas vezes na vida – de que havia feito mesmo a escolha certa. Passara tempo demais fixando meu olhar em coisas que eram muito rápidas e efêmeras, como um *feed* de Twitter. Quando você fixa o olhar em coisas aceleradas, sente-se meio abstraído, pilhado, pronto para ser capturado, a não ser que se mexa, acene e grite. Agora me vejo olhando para uma coisa muito velha e muito permanente. Esse oceano estava aqui muito antes de mim, pensei, e continuará aqui muito depois de minhas preocupações terem sido esquecidas. O Twitter faz a pessoa sentir que o mundo inteiro está obcecado por ela e por seu pequeno ego – que ama você, odeia você, está falando de você *neste exato momento*. O oceano faz você sentir como se o mundo estivesse dedicando-lhe uma indiferença suave, fresca e acolhedora. Nunca vai discutir com você, não importa o quanto grite alto.

Fiquei ali um longo tempo. Havia algo de chocante para mim em ficar tão quieto – estático, em vez de rolando. Tentei me lembrar da última vez em que havia ficado assim. Caminhei em direção a Provincetown junto ao mar com meu jeans arregaçado. A água estava quente e meus pés afundavam um pouco na areia. Peixinhos passavam nadando e em volta das minhas pernas brancas. Vi caranguejos enterrando-se na areia à minha frente. Então, depois de uns quinze minutos, notei algo tão estranho que fiquei olhando fixo; quanto mais fixava o olhar, mais confuso eu ficava. Havia um homem em pé no meio da água, saindo do meio do oceano. Não estava em um barco, nem em cima de algum dispositivo flutuante que eu pudesse ver. Mas estava bem adentrado no mar, em pé, bem ereto e firme. Achei que na minha exaustão, talvez eu tivesse começado a alucinar. Acenei para ele; ele acenou de volta; e então virou-se e ficou com as palmas das mãos estendidas, voltadas para a água. Ficou ali um longo tempo, e eu também, observando-o. Então começou a andar na minha direção, aparentemente sobre a água.

Ele viu minha expressão de perplexidade e explicou que, quando a maré sobe em Provincetown, ela cobre a praia – mas o que você não consegue ver é que a areia embaixo é irregular. Abaixo da superfície da água há bancos e elevações de areia, e se você anda por elas, quem olha tem a peculiar impressão de que você está andando sobre as águas. Eu veria este homem com frequência depois disso, com o passar das semanas e meses, em pé no meio do Atlântico, as palmas abertas, quieto e imóvel por horas. Isso, pensei comigo, é o oposto do Facebook – ficar perfeitamente quieto, olhando para o oceano, com as mãos espalmadas.

Mais tarde fui à casa do meu amigo Andrew. Um dos cachorros dele correu para me receber. Fomos caminhar e jantamos juntos. Andrew fizera um longo e silencioso retiro no ano anterior – sem telefone, sem conversas – e disse que curtia essa sensação de bem-estar, porque ela não dura muito. Disse que quando você coloca suas distrações de lado, começa a ver do que é que estava se distraindo. "Ah, Andrew, você também gosta de fazer drama, hein?", brinquei, e nós dois rimos.

Mais tarde, dei uma volta a pé pela Commercial Street, passei pela biblioteca, pelo prédio da prefeitura, o monumento à AIDS e pela confeitaria, e pelas *drag queens* distribuindo filipetas para os shows delas à noite, até que ouvi uma cantoria. Em um barzinho, o Crown and Anchor, havia pessoas em volta de um piano, cantando canções de musicais. Entrei. Junto àqueles estranhos, cantamos a maioria das canções da trilha de *Evita* e *Rent*. De novo, senti o impacto de uma grande diferença – ficar com um grupo de estranhos cantando com eles, ou interagir com grupos de estranhos por meio de telas. O primeiro grupo dilui seu senso de ego; o segundo aplica murros e cutucadas em você. A última canção que cantamos foi "A Whole New World" ["Um mundo ideal"].

Voltei a pé para a minha casa de praia, sozinho, às 2 horas da manhã. Fiquei pensando na diferença entre aquela luz azul brilhante que gastei tanto tempo da minha vida olhando, e que mantém você sempre alerta, e a luz natural que me envolvia, que parecia dizer: o dia acabou; agora descanse. A casa de praia estava vazia. Não havia mensagens de texto ou de voz nem e-mails me aguardando – ou, se houvesse, eu não teria conhecimento por três meses. Deitei na cama e caí no sono mais profundo de que consigo me lembrar. Acordei quinze horas mais tarde.

Passei uma semana nessa névoa de descompressão, sentindo-me quase entorpecido, uma mistura de exaustão e quietude. Eu me sentava em cafés e conversava com estranhos. Dei uma volta pela biblioteca de Provincetown e pelas suas três livrarias e escolhi mais alguns livros que pretendia ler. Comi tantas lagostas que, caso um dia a espécie evolua e ganhe consciência, serei lembrado como seu Stálin, um destruidor em escala industrial. Percorri a pé todo o caminho que levava ao local em que os primeiros peregrinos chegaram em solo norte-americano, há quatrocentos anos. (Eles deram umas voltas por ali, não descobriram muita coisa e navegaram um pouco mais, aportando em Plymouth Rock.)

Coisas estranhas começaram a borbulhar na minha consciência. Ficava ouvindo dentro da minha cabeça os versos iniciais de canções das décadas de 1980 e 1990, quando era criança, canções nas quais fazia anos que não pensava – "Cat Among the Pigeons" do Bros [banda inglesa], ou "The Day We Caught the Train", da banda Ocean Colour Scene. Sem Spotify, não podia ouvir essas músicas inteiras, então as cantarolava baixinho enquanto andava na praia. A cada quantas horas, brotava em mim uma sensação não familiar e então eu me perguntava: *O que é isso? Ah, sim. Tranquilidade*. Mas você apenas se livrou de dois pedaços de metal; por que isso cria uma sensação tão diferente? Era como se eu tivesse passado anos segurando dois bebês berrando de cólica no colo e agora eles tivessem sido entregues a uma babá, e seus berros e vômitos tivessem saído de cena.

Tudo desacelerou em mim. Normalmente, costumava acompanhar as notícias de hora em hora, o que significava um pinga-pinga constante de factoides que geravam ansiedade, fazendo com que tentasse juntar tudo em algo que fizesse algum sentido. Em Provincetown, não dava mais para fazer isso. Toda manhã, eu comprava três jornais e me sentava para lê-los – e ficava sabendo das últimas notícias apenas no dia seguinte. Em vez de uma rajada constante percorrendo toda a minha vida de vigília, obtinha um guia aprofundado, já selecionado, a respeito do que havia acontecido, e então eu podia voltar minha atenção para as outras coisas. Um dia, não muito depois da minha chegada, um homem armado entrou na redação de um jornal em Maryland e matou cinco jornalistas. Claro que eu, como jornalista, me senti particularmente afetado e, na minha anterior vida normal, teria recebido mensagens de texto dos meus amigos assim que o fato acontecesse e passaria várias horas acompanhando os desdobramentos pelas mídias sociais, absorvendo relatos truncados, indo aos poucos montando um quadro. Em Provincetown, no dia seguinte ao massacre, bastaram dez minutos para eu saber, com clareza, todos os detalhes trágicos que precisava saber, em letra impressa. De repente, jornais físicos – exatamente aquilo que o homem armado havia atacado – pareceram-me uma invenção muito moderna, e muito útil a todos nós. Compreendi que meu modo normal de consumir notícias induzia ao pânico; e que esse "novo" estilo me permitia ter um ponto de vista em relação ao fato.

Senti que alguma coisa estava acontecendo naquela primeira semana, que ia abrindo um pouco meus receptores – para mais atenção e mais conexão. Mas o que era isso? Só comecei a entender aquelas duas primeiras semanas em Provincetown – e por que me sentia daquele jeito – mais tarde, quando fui a Copenhague.

Os filhos de Sune Lehmann estavam pulando na cama dele, quando ele se deu conta – com uma pontada no estômago – de que havia algo errado. Toda manhã, seus dois meninos pulavam em cima dele e da esposa, gritando excitados e alegres por estarem acordados para um novo dia. É o tipo de cena que você pinta na sua mente e que deseja que se torne real quando imagina ser pai um dia. E Sune adorava seus filhos. Sabia que deveria ficar comovido pela alegria deles de acordar e sentirem-se vivos – mas toda manhã, sempre que apareciam, automaticamente ele estendia a mão, não para eles, mas para algo mais frio. "Eu estendia o braço e pegava meu celular para checar os e-mails!", ele me contou. "Mesmo diante daquelas criaturas incríveis, maravilhosas e doces pulando em volta da minha cama."

Toda vez que pensava nisso, ele sentia vergonha. Sune era um físico experiente, mas depois de um tempo percebeu que teria que investigar – na Universidade Técnica da Dinamarca, onde é professor do Departamento de Matemática Aplicada e Ciência da Computação – o que estava acontecendo não apenas na Física, mas com ele. "Estava obcecado pela maneira com que vinha perdendo minha capacidade de focar", ele contou-me. "Eu percebia que, de alguma forma, não era mais capaz de controlar meu próprio uso da internet." De repente, e meio inconscientemente, ele viu-se acompanhando os pequenos detalhes de eventos, como as eleições presidenciais dos Estados Unidos, pelas mídias sociais, hora após hora, sem propósito algum. Isso afetava não só seu papel como pai, mas como cientista. Ele disse: "Eu havia chegado à conclusão de que minha função, em certo sentido, era pensar um pouco diferente dos demais – mas estava em um ambiente que me fornecia simplesmente as mesmas informações que todos recebiam, e me fazia pensar exatamente como eles".

Sune teve a percepção de que a deterioração que experimentava em seu foco afetava também um monte de outras pessoas ao seu redor – mas ele sabia que em muitos estágios da história as pessoas haviam imaginado de igual maneira experimentar algum tipo de declínio social desastroso quando, na verdade, estavam apenas envelhecendo. É sempre tentador confundir seu declínio pessoal com o declínio da espécie humana. Sune – que na época estava perto dos 40 anos – questionou a si mesmo: "Sou um velho ranzinza ou o mundo está realmente mudando?". Então, junto a cientistas de toda a Europa, promoveu o maior estudo científico já conduzido para responder a uma questão-chave – será que o nosso espectro coletivo de atenção está de fato encolhendo?[11]

Como primeiro passo, esses cientistas listaram as fontes de informação que poderiam analisar. A primeira e mais óbvia era o Twitter. O site havia sido lançado em 2006 e Sune começou seu estudo em 2014 – portanto, tinham oito anos de dados para examinar. No Twitter, você consegue rastrear quais são os tópicos sobre os quais as pessoas estão conversando e por quanto tempo discutem. A equipe começou a fazer uma análise massiva dos dados. Por quanto tempo as pessoas falam sobre um determinado assunto no Twitter? Houve mudança na extensão de tempo em que elas focam, coletivamente, em um tópico específico? Será que, agora, elas falam dos tópicos que despertam obsessão nelas – as *trending hashtags* – por mais ou menos tempo em comparação com o passado recente? Eles constataram que, em 2013, um tópico ficava na lista dos cinquenta assuntos mais discutidos por 17,5 horas. Por volta de 2016, a média caiu para 11,9 horas. Isso sugeriu que todos nós, neste site, estávamos focando em qualquer coisa por um tempo cada vez mais curto.

Tudo bem, eles pensaram, isso é impactante, mas poderia ser apenas uma excentricidade do Twitter. Logo começaram a examinar toda uma gama de outros conjuntos de dados. Foram ver então o que as pessoas procuravam no Google – qual a taxa de rotatividade nisso? Analisaram as vendas de ingressos de cinema – por quanto tempo as pessoas continuam indo ao cinema para assistir a um filme depois que ele se torna um sucesso? Estudaram o Reddit – por quanto tempo os assuntos permanecem ali? Todos os dados sugeriram que, com o passar do tempo, estávamos focando menos em qualquer assunto individual. (A única exceção, de modo intrigante, era a Wikipedia, onde o nível de atenção em assuntos mantinha-se estável.) Em relação a quase qualquer conjunto de dados que examinassem, o padrão era o mesmo. Sune disse: "Examinamos um monte de sistemas diferentes... e vimos que em cada um deles há a tendência à aceleração". Está ficando "mais rápido alcançar um pico de popularidade", e em seguida há "uma queda também mais rápida".

Os cientistas quiseram saber há quanto tempo isso vinha acontecendo – e foi quando fizeram uma descoberta realmente reveladora.

Eles passaram a examinar o Google Books, que escaneou o texto integral de milhões de livros. Sune e sua equipe decidiram analisar livros escritos entre a década de 1880 e os dias de hoje usando uma técnica matemática – a expressão científica para ela é "detecção de n-gramas" –, que detecta a ascensão e queda de novas expressões e assuntos no texto. É o equivalente no passado de localizar as *hashtags*. Os computadores conseguem detectar novas expressões conforme elas surgem – pense, por exemplo, em *Harlem Renaissance* [renascimento do Harlem], ou *no-deal Brexit* [Brexit sem acordo] – e então medem por quanto tempo elas são discutidas, e com que rapidez desaparecem das discussões. Foi uma maneira de descobrir por quanto tempo as pessoas que vieram antes de nós falavam a respeito de um novo tópico. Quantas semanas ou meses levavam para se cansar e passar ao tópico seguinte. Quando examinaram os dados, viram que o gráfico era similar ao do Twitter. Década após década, por mais de 130 anos, os assuntos surgiam e desapareciam cada vez mais rápido.

Quando viu os resultados, Sune me contou que havia pensado: "Deus do céu, é verdade mesmo... Algo está mudando. Não se trata apenas do mesmo de sempre e sempre". Foi a primeira prova obtida no mundo de que o espectro de nossa atenção coletiva vem encolhendo. Fato crucial é que isso está acontecendo não apenas desde o surgimento da *web*, mas ocorreu durante toda a minha vida, a vida dos meus pais, e dos meus avós. Sim, a internet trouxe rápida aceleração da tendência – mas, o fato crucial é a descoberta feita por essa equipe científica de que esta não é a única causa.

Sune e seus colegas quiseram compreender o que estava impulsionando essa mudança, então construíram um complexo modelo matemático para tentar entender. É um pouco parecido com os sistemas que os cientistas da Meteorologia constroem para fazer uma boa previsão das mudanças climáticas. (Todos os detalhes técnicos de como fizeram isto, se você se interessar, estão na pesquisa que eles publicaram.) O modelo é concebido para descobrir o que você pode fazer com os dados para que cresçam e diminuam em taxas cada vez mais rápidas, de maneiras que lembrem o declínio na atenção coletiva que estavam documentando. O que descobriram é que existe um mecanismo que pode fazer isso acontecer todas as vezes. Você tem simplesmente que inundar o sistema de mais informações. Quanto mais informação você bombeia nele, menos tempo as pessoas conseguem focar em qualquer parte individual dele.

"É uma explicação fascinante das razões pelas quais essa aceleração está acontecendo", Sune comentou. "Hoje simplesmente há mais informação no sistema. Ou seja, se você pensa em como eram as coisas há cem anos, levava tempo para uma notícia circular. Se houvesse uma catástrofe de grande porte em um fiorde norueguês, eles teriam que ir do fiorde até Oslo, alguém precisaria escrever a respeito", e lentamente a notícia percorreria o globo. Compare isso com o massacre de 2019 na Nova Zelândia, quando um racista depravado começou a matar muçulmanos em uma mesquita e isso foi "literalmente transmitido ao vivo", de modo que qualquer um podia assistir, onde quer que estivesse.

Uma maneira de pensar nisso, afirmou Sune, é que no presente momento é como se estivéssemos "bebendo água de uma mangueira de bombeiros – isto é, chega coisa demais até nós". Estamos imersos por informação. Os números brutos disto foram analisados por outros dois cientistas, dr. Martin Hilbert da Universidade do Sul da Califórnia e dra. Priscilla López, da Universidade Aberta da Catalunha.[12] Imagine-se lendo um jornal de 85 páginas. Em 1986, se você somasse toda a informação veiculada a um ser humano médio – TV, rádio, leitura – ela equivaleria à informação de quarenta jornais por dia. Por volta de 2007, eles constataram que havia crescido ao equivalente a 174 jornais por dia. (Eu ficaria perplexo se me dissessem que isso não aumentou desde então.) O aumento no volume de informação é o que cria a sensação de que o mundo está acelerando.

De que modo essa mudança nos afeta? Sune sorriu quando perguntei. "Há esse aspecto da velocidade, que cria uma sensação incrível... Parte da razão pela qual nos sentimos absorvidos nisso é que se trata de algo impressionante, certo? Você sente que está conectado ao mundo inteiro, e que é capaz de saber e aprender qualquer coisa que aconteça a respeito de um assunto." Mas estamos dizendo a nós mesmos que somos capazes de ter uma expansão massiva na quantidade de informações à qual estamos expostos, e na velocidade com a qual ela chega a nós, sem custos. Isto é ilusório: "Isso causa exaustão". Mais importante, disse Sune, "é o que estamos sacrificando em profundidade em todas as dimensões... Profundidade exige tempo. E profundidade exige reflexão. Se você tem que acompanhar tudo e enviar e-mails o tempo todo, não sobra tempo para alcançar profundidade. A profundidade em relacionamentos também exige tempo. Exige energia. Exige períodos de tempo extensos. E exige compromisso. Exige atenção, certo? Todas essas coisas que exigem profundidade estão sofrendo. Estamos sendo trazidos cada vez mais para a superfície".

Havia uma frase no artigo científico de Sune, no resumo de seus achados, que ficou repercutindo na minha cabeça. Dizia que estamos, coletivamente, experimentando "um exaurimento mais rápido dos recursos de atenção". Quando li isto, entendi o que havia experimentado em Provincetown. Estava – pela primeira vez na vida – vivendo dentro dos limites dos meus recursos de atenção. Estava absorvendo a quantidade de informação que era realmente capaz de processar, de pensar a respeito e de contemplar – e não mais. A torneira das informações estava fechada. Em vez disso, eu bebericava água no ritmo que escolhia.

Sune é um dinamarquês sorridente, afável, mas quando perguntei como essas tendências vão se desenvolver no futuro seu corpo ficou tenso, e seu sorriso virou uma contração de lábios. "A gente vem acelerando há muito tempo, e com certeza estamos cada vez mais perto de nossos limites, sejam quais forem", disse. Essa aceleração, acrescentou, "não vai continuar indefinidamente. Há um limite físico para a rapidez com que as coisas podem se mover. Isso deve parar em algum ponto. Mas, de momento, não vejo nenhuma desaceleração".

Pouco antes de conhecê-lo, Sune viu uma fotografia de Mark Zuckerberg, o fundador do Facebook, em pé diante de uma sala com pessoas que usavam, todas elas, *headsets* de realidade virtual. Ele era o único ali na realidade real, olhando para elas, sorrindo, circulando altivamente por ali. Ao ver a foto, disse Sune, "Fiquei pensando, merda, isso é uma metáfora do futuro". Se não conseguirmos mudar o curso, Sune receia que iremos em direção a um mundo no qual "haverá uma classe de pessoas de elite muito conscientes" dos riscos à sua atenção e que vão encontrar maneiras de viver dentro de seus limites, e haverá o resto da sociedade com "menos recursos de resistir à manipulação, pessoas que viverão cada vez mais dentro de seus computadores, cada vez mais manipuladas".

Depois de chegar a essa conclusão, Sune mudou radicalmente seu modo de vida. Parou de usar todas as mídias sociais, exceto o Twitter, que ele checa apenas uma vez por semana, aos domingos. Parou de assistir à TV. Parou de obter notícias das mídias sociais; em vez disso fez uma assinatura de jornal. Agora lê muito mais livros. "Como sabemos, tudo o que tem a ver com autodisciplina não é algo que se corrige e então fica corrigido para sempre", disse. "Penso que a primeira coisa que temos que entender é que se trata de uma batalha ininterrupta." E me contou que foi útil para ele desencadear uma mudança filosófica na maneira de abordar a vida. "Em geral, a gente quer achar a saída mais fácil, mas o que nos deixa felizes é fazer uma coisa que seja um pouco mais difícil. O que está acontecendo com nossos celulares é que colocamos no bolso uma coisa que fica conosco o tempo todo e sempre nos oferece algo fácil de fazer, em lugar da coisa importante." Ele olhou para mim e sorriu. "Quis dar a mim mesmo uma chance de escolher algo mais difícil."

O estudo de Sune é pioneiro, portanto fornece apenas uma pequena base de evidências – mesmo assim, conforme fui mais fundo, encontrei duas áreas de investigação científica relacionadas que me ajudaram a entender isso melhor. A primeira delas vem, de maneira intrigante, de estudos que investigam se somos de fato capazes de aprender leitura dinâmica. Várias equipes de cientistas passaram anos pesquisando a respeito – será que podemos fazer com que humanos leiam as coisas realmente rápido? Eles descobriram que é possível – mas que sempre envolve um custo.[13] Essas equipes reúnem pessoas comuns e as fazem ler mais rápido que normalmente; com treino e com a prática, parece que isso funciona. Elas conseguem passar os olhos sobre as palavras mais rapidamente e retêm algo do que estão vendo. Mas se depois você testa o que leram, descobre que quanto mais rápido leem, menos entendem aquilo que foi lido. Maior velocidade significa menor compreensão. Os cientistas então estudaram leitores rápidos profissionais[14] e descobriram que, embora sejam obviamente melhores nisso que o restante de nós, acontece a mesma coisa. Isso mostra que há um limite para a rapidez com que humanos conseguem absorver informação, e ao tentar ultrapassar essa barreira você simplesmente diminui a capacidade de seu cérebro compreender. Os cientistas que investigaram o assunto descobriram também que, se você faz as pessoas lerem rápido, elas têm probabilidade bem menor de lidar com material complexo ou desafiador.[15] Começam a preferir relatos simplistas. Depois de ler isto, examinei de novo meus hábitos. Quando leio um jornal físico, costumo ser atraído para as histórias que ainda não entendi – digamos, por que razão houve um levante no Chile? Mas quando leio o mesmo jornal on-line, geralmente pulo essas histórias e clico nas mais simples, nas mais escaneáveis, relacionadas com aquilo que já conheço. Depois que percebi isso, fiquei especulando se de alguma maneira estamos cada vez mais fazendo uma leitura rápida da vida, pulando com pressa de uma coisa à outra, absorvendo cada vez menos.

Um dia, nesse meu verão sem internet, depois de ler lentamente um livro, de fazer uma refeição sem pressa e dar um passeio vagaroso pela cidade, fiquei pensando se na minha vida normal eu vinha sofrendo de algum tipo de *jet lag* mental. Quando você viaja de avião até um fuso horário distante, sente como se tivesse se movimentado muito rápido e ficado fora de sincronia com o mundo ao redor. O escritor britânico Robert Colville diz que estamos vivendo a "Grande Aceleração" e, como Sune argumentou, que não se trata apenas de nossa tecnologia estar mais rápida – praticamente tudo acelerou. Há evidência de que uma ampla gama de fatores importantes em nossas vidas realmente estão se acelerando: as pessoas falam de maneira significativamente mais rápida agora do que na década de 1950,[16] e em apenas vinte anos as pessoas passaram a caminhar 10% mais rápido nas cidades.[17]

Em geral, essa aceleração nos é apresentada com espírito de celebração – o *slogan* de publicidade original do BlackBerry era "qualquer coisa que valha a pena fazer vale a pena fazer mais rápido".[18] Internamente, no Google, o *slogan* não oficial da equipe é "se você não é rápido, tá ferrado".[19]

Mas há uma segunda maneira pela qual os cientistas têm aprendido que o fato de a sociedade pisar fundo no acelerador está afetando nossa atenção. Vem do estudo daquilo que acontece com o foco não quando aceleramos, mas, ao contrário, quando desaceleramos de propósito. Um dos principais especialistas nesse assunto é Guy Claxton, professor de

Ciências da Aprendizagem na Universidade de Winchester, que entrevistei em Sussex, na Inglaterra. Ele tem analisado o que acontece com o foco de uma pessoa se ela se envolve em práticas deliberadamente lentas, como ioga, tai chi ou meditação, segundo mostra uma ampla gama de estudos científicos, e tem comprovado que elas melhoram significativamente nossa capacidade de prestar atenção. Perguntei a ele por quê. Respondeu que "precisamos encolher o mundo para que se encaixe na nossa largura de banda cognitiva". Se você vai rápido demais, sobrecarrega suas capacidades, e elas se degradam. Mas, quando pratica mover-se a uma velocidade compatível com a natureza humana – e introduz isso na vida cotidiana –, começa a treinar sua atenção e seu foco. "É por isso que essas disciplinas deixam você mais inteligente. Não é porque você recita mantras ou usa túnicas cor de laranja." A lentidão, ele explicou, alimenta a atenção; a velocidade acaba com ela.

Em algum nível, em Provincetown, tive a sensação de que isso era verdade – então decidi tentar práticas lentas. Da primeira vez que fui ver meu professor de ioga, Stefan Piscitelli, disse a ele: "Isso vai ser como ensinar ioga a Stephen Hawking. Após sua morte". Expliquei que eu era um monte de carne imobilizada, destinada apenas a ler, escrever e, de vez em quando, caminhar. Ele riu e disse: "Vamos ver o que dá pra fazer". E assim, todo dia, durante uma hora, sob a orientação dele, movimentei meu corpo lentamente de maneiras que jamais havia feito antes. No início achei aquilo um tédio e tentei atrair Stefan a discutir um pouco de política e filosofia. Com delicadeza, ele sempre retomava a aula enquanto eu continuava tentando me mover, assumindo uma forma estranha de *pretzel* que eu nunca havia tentado antes. No final do verão, era capaz de ficar em silêncio por uma hora, com meus pensamentos. Depois, às vezes sob a orientação de Stefan, meditava por vinte minutos – uma prática que eu tentara em vários estágios da vida, mas que sempre abandonara. Senti uma espécie de lentidão espalhando-se pelo meu corpo. Senti que meu batimento cardíaco ficou mais lento, e que meus ombros – que normalmente ficam sempre tensionados – relaxaram.

Mas mesmo quando sentia o alívio físico dessa desaceleração, ela era sempre seguida por uma espécie de culpa borbulhante. Eu pensava – como é que vou explicar isso aos meus amigos pilhados, estressados, quando voltar para casa? Como é que nós todos podemos mudar de vida para nos sentirmos mais desse jeito? Como é que você desacelera em um mundo cada vez mais acelerado?

Comecei a me fazer uma pergunta óbvia. Se a vida acelerou, e ficamos sobrecarregados de informações, a ponto de sermos cada vez menos capazes de focar em qualquer coisa, por que nossa reação contrária a isso foi tão pequena? Por que não tentamos desacelerar as coisas até chegar a um ritmo em que pudéssemos pensar com clareza? Fui capaz de encontrar a primeira parte de uma resposta a essa questão – e é apenas a primeira parte – ao entrevistar o professor Earl Miller.[20] Ele é o ganhador de um dos principais prêmios de Neurociência no mundo, e estava trabalhando em pesquisa cerebral de ponta quando fui vê-lo em seu gabinete no Instituto de Tecnologia de Massachusetts (MIT). Ele me disse com franqueza que, em vez de reconhecer nossas limitações e tentar viver dentro delas, decidimos – em massa – cair em uma imensa ilusão.

Existe um fato crucial, disse ele, que todo ser humano precisa entender – e tudo mais que explicou deriva disto. "Seu cérebro só consegue produzir um ou dois pensamentos" por vez em sua mente consciente. É isso. "Somos muito, muito específicos." Temos "uma capacidade cognitiva muito limitada". Isso se deve à "estrutura fundamental de nosso cérebro", que não vai mudar. Mas em vez de reconhecer isso, foi o que Earl me disse, inventamos um mito. O mito é que somos realmente capazes de pensar em três, cinco, dez coisas ao mesmo tempo. Para fingir que as coisas são desse jeito, adotamos um termo que não se destinava a ser usado para seres humanos. Na década de 1960, cientistas da computação inventaram máquinas com mais de um processador, que de fato eram capazes de fazer duas coisas (ou mais) ao mesmo tempo. Eles chamaram esse poder de máquina de "multitarefa". Então pegamos esse conceito e decidimos aplicá-lo a nós mesmos.

Quando ouvi essa afirmação de Earl, de que nossa capacidade de fazer várias coisas ao mesmo tempo é uma ilusão, empaquei – ele não podia estar certo, pensei, porque eu mesmo tenho feito várias coisas ao mesmo tempo. E, na realidade, isso é bem frequente. Eis o primeiro exemplo que me veio à mente: costumo checar meus e-mails enquanto penso no próximo esboço do meu livro e planejo uma entrevista que pretendo fazer mais tarde no mesmo dia. Faço tudo isso sentado na privada. (Perdoe-me por colocar esta imagem na sua mente.) O que há de fantasioso nisto?

Alguns cientistas também estão do meu lado nesta minha primeira impressão intuitiva – acreditaram ser possível a pessoa fazer várias tarefas complexas simultaneamente. Então começaram a levar pessoas a laboratórios, instruindo-as a fazer várias coisas ao mesmo tempo, e monitorando como se saíam. O que os cientistas descobriram é que quando as pessoas acham que estão fazendo várias coisas ao mesmo tempo na realidade elas estão – como Earl explicou – "fazendo um simples malabarismo. Elas vão e voltam. Não percebem essa alternância porque o cérebro delas meio que encobre isso, para criar uma experiência ininterrupta de consciência, mas o que elas estão mesmo fazendo é passar de uma coisa à outra e reconfigurando seus cérebros momento a momento, tarefa a tarefa – [e] isso é possível, mas envolve um custo".

Ele explicou que existem três maneiras pelas quais essa alternância constante acaba degradando sua capacidade de focar. A primeira é chamada de efeito do custo da mudança.[21] Existe ampla evidência científica disso. Imagine que você está fazendo sua declaração de imposto de renda e recebe uma mensagem de texto, e dá uma lida rápida – só de relance, digamos cinco segundos – e então volta à sua declaração. Nessa hora, "Seu cérebro tem que se reconfigurar, para ir de uma tarefa a outra", disse ele. Você precisa se lembrar do que estava fazendo antes, e se lembrar do que pensou a respeito, "e isso leva um tempinho". Nessa situação, a evidência mostra que "seu desempenho cai. Você fica mais lento. Tudo em razão de alternar tarefas".

Portanto, se você checa suas mensagens de texto a toda hora enquanto tenta trabalhar, está não só perdendo os pequenos lapsos de tempo que gasta olhando as mensagens – está perdendo também o tempo que leva para voltar a focar, e que pode ser mais longo. Ele disse: "Se você gasta boa parte de seu tempo não exatamente pensando, mas passando de uma coisa à outra, isso é simplesmente desperdiçar tempo de processamento cerebral". Significa que, se o seu Tempo de Tela diz que você está usando seu celular quatro horas por dia, você está gastando mais tempo que isso em foco perdido.

Quando Earl fez esta afirmação, achei que deveria ser um efeito pequeno, um desvio minúsculo na sua atenção. Só que, ao ler a pesquisa relevante, vi que existem alguns dados científicos sugerindo que o efeito pode ser surpreendentemente grande. Por exemplo, um pequeno estudo encomendado pela Hewlett-Packard examinou o QI de seus funcionários em duas situações. Primeiro, testaram o QI quando não estavam sendo dispersados ou interrompidos. Depois aplicaram o teste de QI quando recebiam e-mails e telefonemas. O estudo revelou que a "distração tecnológica" – simplesmente por e-mails e ligações – fazia o QI dos funcionários cair 10 pontos. Para dar uma ideia da dimensão disso: no curto prazo, equivale ao dobro da derrubada no seu QI quando você fuma maconha.[22] Portanto, em termos de ser capaz de realizar seu trabalho, sugere que seria melhor você ir trabalhar depois de fumar um baseado do que ficar checando a toda hora suas mensagens de texto e de Facebook.

A pesquisa mostra que a partir daí a coisa piora. A segunda maneira pela qual alternar tarefas prejudica sua atenção é o que poderíamos chamar de efeito pisar na bola. Quando você passa de uma tarefa para outra, alguns erros, que de outro modo não aconteceriam, começam a se insinuar, porque – Earl explica – "seu cérebro é propenso ao erro. Quando você passa de uma tarefa para outra, ele precisa voltar atrás um pouco e acertar o passo, ver onde foi que largou a coisa" – e ele não consegue fazer isso com perfeição. Começam a acontecer falhas. "Em vez de dedicar um tempo crucial a um pensamento realmente profundo, você é levado a pensar de modo mais superficial, porque fica gastando um monte de tempo corrigindo erros e voltando atrás."

Depois há um terceiro custo em achar que você é multitarefa, um custo que só é notado a médio ou a longo prazo – e que podemos chamar de dreno de criatividade. É provável que você fique bem menos criativo. Por quê? "Veja bem, de onde é que vêm novos pensamentos [e] inovação?", Earl perguntou. Vêm de seu cérebro moldar novas conexões a partir do que você vê, ouve e aprende. Sua mente, se lhe for dado um tempo livre, sem dispersões, vai repensar automaticamente tudo o que absorveu, e começará a criar novos vínculos entre essas coisas. Tudo isso ocorre abaixo do nível da sua mente consciente, mas é nesse processo que "brotam novas ideias e de repente dois pensamentos que você achava que não tinham conexão se juntam em uma nova relação". Nasce uma nova ideia. Mas se você "gasta um monte desse tempo de processamento cerebral alternando e corrigindo erros", Earl explicou, está simplesmente dando ao seu cérebro menos oportunidades de "levar seus vínculos associativos a novos lugares e a [ter] pensamentos que sejam de fato originais e criativos".

Soube mais tarde de uma quarta consequência, baseada em um conjunto de evidências menor – que poderíamos chamar de efeito de diminuição da memória. Uma equipe da Universidade da Califórnia em Los Angeles (UCLA) instruiu pessoas a cumprirem duas tarefas ao mesmo tempo, e acompanhou-as para ver os efeitos. Comprovou-se que depois disso elas não conseguiam se lembrar tão bem o que haviam feito quanto as pessoas que haviam realizado apenas uma tarefa por vez.[23] Parece que isto se dá porque é necessário espaço e energia mental para converter suas experiências em memórias, e se você gasta sua energia em passar rapidamente de uma tarefa para outra, se lembrará e aprenderá menos.

Portanto, se você gasta seu tempo mudando de tarefa a toda hora, a evidência sugere que você será mais lento, cometerá mais erros, será menos criativo e se lembrará menos do que fez. Eu quis saber: com que frequência a maioria de nós se envolve em alternâncias desse tipo? A professora Gloria Mark, do Departamento de Informática da Universidade da Califórnia, Irvine,[24] que entrevistei, descobriu que o funcionário norte-americano médio dispersa-se em média uma vez a cada três minutos. Vários outros estudos mostram que uma porção maior de norte-americanos estão quase sempre sendo interrompidos e mudando de uma tarefa a outra.[25] O trabalhador de escritório médio gasta hoje 40% de seu tempo de trabalho acreditando erroneamente que está em "multitarefa" – o que significa que sofre todos esses custos em sua atenção e foco. Na realidade, esse tempo sem interrupções está ficando raro: um estudo revelou que a maioria dos funcionários de escritório nunca consegue ter uma hora inteira ininterrupta em um dia normal.[26] Eu precisei olhar essa cifra várias vezes até absorvê-la de fato: a maioria dos funcionários de escritório *nunca* consegue ficar uma hora inteira sem ser interrompido. Isso acontece em todos os níveis dos negócios – o CEO médio de uma empresa da Fortune 500, por exemplo, tem por dia apenas vinte e oito minutos sem interrupção.[27]

Sempre que se aborda esse problema na mídia, ele é descrito como "multitarefa" – mas acho equivocado usar esse velho termo de computação. Quando penso em multitarefa, vejo uma mãe sozinha da década de 1990 tentando alimentar seu bebê e ao mesmo tempo atendendo a uma chamada do trabalho e cuidando da comida que está no fogo. (Assisti um monte de séries ruins de comédia nos anos 1990...) Não imagino alguém atendendo uma ligação enquanto checa suas mensagens de texto. Usamos nossos celulares agora de maneira tão habitual que ninguém mais considera que realizar uma tarefa e ao mesmo tempo checar o celular seja multitarefa, não mais do que achamos que coçar a bunda enquanto estamos em uma ligação seja multitarefa. Mas é. O simples fato de ter o celular ligado e receber mensagens de texto a cada dez minutos enquanto tenta trabalhar já é uma forma de alternar tarefas – e esses custos começam a incidir para você também. Um estudo do Laboratório de Computação Humana da Universidade Carnegie Mellon reuniu 136 estudantes e submeteu-os a um teste. Alguns tinham que desligar o celular, e outros ficavam com ele e recebiam mensagens de texto intermitentes. Os que recebiam mensagens tiveram desempenho, na média, 20% inferior.[28] Outros estudos em cenários similares chegaram a resultados ainda piores, em torno de 30%.[29] Tenho a impressão de que quase todos nós que usamos *smartphones* estamos perdendo esses 20% a 30%, praticamente o tempo inteiro. É muito poder cerebral perdido para uma espécie.

Para entender o quanto de prejuízo isso significa, Earl sugeriu que eu simplesmente examinasse uma das causas de morte que cresce mais rápido no mundo: dirigir distraído. O neurocientista cognitivo, dr. David Strayer, da Universidade de Utah realizou uma pesquisa detalhada na qual pediu às pessoas que utilizassem simuladores de condução de veículos a fim de rastrear o quanto sua direção era segura quando estavam distraídas por algum dispositivo tecnológico – algo tão simples quanto seu celular recebendo mensagens de texto. Constatou-se que seu nível de comprometimento era "muito similar" a estarem bêbados.[30] Vale a pena ressaltar isso: distrações persistentes têm um efeito tão danoso na sua atenção na estrada quanto consumir álcool a ponto de ficar embriagado. A dispersão que temos em toda a nossa volta não é só incômoda, é mortal: um de cada cinco acidentes de carro deve-se agora a um motorista distraído.[31]

A evidência é clara, contou-me Earl: a única opção, se você quer fazer as coisas direito, é focar em uma coisa por vez. Conforme ficava sabendo de tudo isso, concluí que meu desejo de absorver um *tsunami* de informações sem perder minha capacidade de focar era como querer comer todo dia no McDonald's e continuar magro – um sonho impossível. O tamanho e a capacidade do cérebro humano não mudaram significativamente nos últimos 40 mil anos, Earl explicou, e não terá um *upgrade* tão cedo. No entanto, iludimo-nos a respeito desse fato. O dr. Larry Rosen, professor de Psicologia na Universidade do Estado da Califórnia, descobriu que o adolescente médio e o jovem adulto acreditam sinceramente que são capazes de acompanhar seis ou sete formas de mídia ao mesmo tempo.[32] Não somos máquinas. Não podemos viver segundo a lógica das máquinas. Somos humanos e funcionamos de outro jeito.

Quando soube desses fatos, entendi outra razão crucial de estar me sentindo tão bem em Provincetown – e tão restabelecido mentalmente. Pela primeira vez em muito tempo, permitia-me focar em uma coisa por vez por longos períodos de tempo. Sentia uma espécie de imenso ganho na minha capacidade mental – por estar respeitando os limites da minha mente. Perguntei a Earl se, em vista do que sabemos sobre o cérebro, era sensato concluir que os problemas de atenção realmente eram piores agora do que em alguns momentos do passado. Ele respondeu: "Sem dúvida". Segundo ele, criamos na nossa cultura "uma tempestade perfeita de degradação cognitiva, como resultado da dispersão".

Não era fácil admitir isso. Uma coisa é termos a impressão de que há uma crise. Outra é ouvir um dos principais neurocientistas do mundo dizer que estamos vivendo no meio de uma "tempestade perfeita" que está degradando nossa capacidade de pensar. "O melhor que podemos fazer agora", prosseguiu Earl, "é tentar livrarmo-nos dessas dispersões à medida do possível". A certa altura de nossa conversa, ele soou muito otimista, sugerindo que todos nós podemos alcançar progressos nisto, a partir do dia de hoje. Disse: "O cérebro é como um músculo. Quanto mais você usa certas coisas, mais forte fica a conexão, e melhor as coisas funcionam". Se está tendo dificuldades em focar, diz ele, tente ficar em uma única tarefa por dez minutos, e então permita-se ficar disperso por um minuto, e em seguida volte a passar mais dez minutos em uma tarefa exclusiva, e assim por diante. "Ao fazer isso, a coisa fica mais familiar, seu cérebro se dá cada vez melhor com este regime, porque você fortalece as conexões [neurais] envolvidas nesse comportamento. E não vai demorar para você conseguir fazê-lo por quinze minutos, vinte, meia hora, entende? ... Faça isso. Pratique... Comece devagar, mas pratique, e você conseguirá."

Para chegar a esse resultado, ele diz que você tem que se afastar – por períodos de tempo cada vez maiores – das suas fontes de distração. É um erro, segundo ele, "tentar a tarefa única com base na força de vontade –, porque é muito difícil resistir àquele tapinha no ombro que a informação lhe dá". Quando perguntei de que maneira nós, como sociedade, poderíamos encontrar um jeito de fazer isso, disse que ele não é sociólogo, e que eu teria que procurar essas respostas em outro lugar.

Nosso cérebro agora não está só sobrecarregado de tanta alternância – aprendi que também está sobrecarregado de outra coisa. Adam Gazzaley, professor de Neurologia, Fisiologia e Psiquiatria na Universidade da Califórnia, ajudou-me a entender isso quando me encontrei com ele em um café em São Francisco. Explicou que devemos pensar no cérebro como uma casa noturna, em cuja porta de entrada há um segurança. A função dele é filtrar a maioria dos estímulos que estão nos atingindo a cada momento – o barulho do trânsito, o casal que está discutindo na calçada do outro lado da rua, o celular que tocou no fundo da cafeteria – para podermos pensar com coerência em uma coisa por vez. A segurança é essencial: essa capacidade de filtrar a informação irrelevante é crucial para sermos capazes de alcançar nossas metas. E esse segurança é forte e sarado: é capaz de encarar briga com duas, quatro, talvez até seis pessoas que estejam querendo entrar todas juntas no seu cérebro. Ele é capaz de fazer muita coisa. A parte de seu cérebro que faz isso é conhecida como córtex pré-frontal.

Mas hoje, segundo Adam, nosso segurança vive uma situação sem precedentes. Além de ficar alternando tarefas como nunca fez antes, nosso cérebro também está sendo obrigado a filtrar as coisas mais freneticamente do que em qualquer outra época de nosso passado. Pense em algo tão simples quanto o barulho. Há ampla evidência científica de que se você está sentado em uma sala barulhenta, sua capacidade de prestar atenção se deteriora, e seu trabalho fica pior. Por exemplo, crianças em salas de aula barulhentas têm uma atenção pior do que as que estudam em salas de aula silenciosas.[33] No entanto, muitos de nós estão rodeados por altos níveis de ruído, trabalhando em escritórios abertos, dormindo em cidades populosas e digitando em nossos laptops em cafeterias lotadas de gente como aquela em que estávamos sentados naquela hora. A crescente poluição sonora é apenas um exemplo – vivemos rodeados por distrações que gritam e querem nossa atenção, e a atenção dos outros. Como resultado, disse Adam, o segurança precisa "trabalhar muito mais" para não deixar passar as dispersões. Está exausto. E há muito mais coisa querendo passar por ele e invadir sua mente – interferir no fluxo de seus pensamentos.

Com isso, boa parte do tempo ele não consegue mais filtrar como fazia antes. O segurança está sobrecarregado, e a casa noturna acaba ficando cheia de idiotas barulhentos que perturbam quem está lá querendo dançar. "Temos limitações fundamentais", Adam acrescentou. "Podemos ignorá-las, e fingir que somos capazes de fazer tudo o que desejamos – ou podemos reconhecê-las, e viver nossa vida de uma maneira melhor."

Nas minhas duas primeiras semanas em Provincetown, senti que finalmente havia conseguido sair da loucura. Tinha ido viver em um mundo de tarefa única que não me enfiava à força toda aquela pressão mental de alternar e filtrar tarefas. É assim que meu verão vai ser, pensei comigo. Um oásis de calma, um exemplo de como é possível viver de outro jeito. Comia *cupcakes* e ria com estranhos. Sentia-me leve, e livre.

E então aconteceu algo que eu não esperava. No décimo quarto dia acordei e minha mão imediatamente tateou na mesa de cabeceira procurando o celular, como fazia toda manhã desde que eu chegara. Encontrou apenas meu telefone mudo, no qual não havia mensagens, apenas a opção de avisar o hospital mais próximo caso eu sofresse uma queda. Eu conseguia ouvir o sussurro do oceano à distância. Virei-me e vi todos os livros que vinha desejando ler, esperando por mim. E tive uma sensação muito intensa – algo que não conseguia entender direito. E nessa hora, começou a pior semana que eu experimentara nos últimos anos.

Força nº 2:
A incapacitação do nosso estado de fluxo

No primeiro dia em que minha mente entrou em queda-livre, caminhei pela praia e vi a mesma coisa que vinha me incomodando desde Memphis. Quase todo mundo olhando para suas telas. As pessoas pareciam usar Provincetown apenas como cenário para *selfies*, raramente levantavam os olhos para ver o oceano ou se entreolhar. Só que, dessa vez, a vontade que senti não foi de gritar: "Vocês estão desperdiçando a vida, larguem esse maldito telefone". Mas, sim: "Me deem aqui esse celular! *É meu!*".

Toda vez que eu ligava meu iPod para ouvir um audiolivro ou um pouco de música, também precisava ligar meus fones com cancelamento de ruído, e eles diziam: "Procurando iPhone de Johann. Procurando iPhone de Johann". Era o *bluetooth* tentando se conectar, mas, sem conseguir, ele emitia em tom triste: "Impossível conectar". Era assim que corria a coisa. A filósofa francesa Simone de Beauvoir disse que quando se tornou ateísta sentiu como se o mundo tivesse ficado em silêncio. Quando fiquei sem meu celular, senti como se grande parte do mundo tivesse desaparecido. Ao final daquela primeira semana, sua ausência inundou-me de um pânico raivoso. Eu queria meu celular. Queria meu e-mail. E queria já. Toda vez que saía da casa de praia, instintivamente dava um tapinha no bolso para me certificar de que meu celular estivesse ali, e sempre sentia um pequeno estremecimento ao perceber que não. Era como se tivesse perdido uma parte do corpo. Olhei para minhas pilhas de livros, pensando ociosamente que, durante toda a minha adolescência e meus 20 e poucos anos, passara infindáveis dias deitado na cama, sem fazer nada a não ser ficar lendo direto. Mas em Provincetown, até aquele momento, eu vinha lendo de maneira ansiosa, hiperativa – ficava escaneando Charles Dickens do jeito que se escaneia um blog procurando alguma informação vital. Minha leitura era maníaca, extrativa. "Certo, entendi, ele é um órfão: mas o que você quer dizer com isso?" Eu conseguia perceber como era tola a minha atitude, mas não conseguia mudar. Não era capaz de desacelerar a mente do jeito que a ioga desacelerava meu corpo.

Meio perdido, dei de pegar meu telefone de emergência médica, ridiculamente grande, e ficar apertando aqueles botões enormes. Olhava fixo para ele, desconsolado. Veio-me à mente um documentário sobre a vida selvagem que eu assistira quando criança, de um pinguim cujo filhote morre. Mamãe pinguim ficava cutucando o filhote com o bico horas a fio, na esperança de que voltasse à vida. Mas, por mais que fuçasse nele, meu taludo Jitterbug não conseguia acessar a internet.

Ao meu redor, sempre via lembretes das razões pelas quais havia posto meu celular de lado. Sentei no Café Heaven, um lugar pequeno e encantador no Lado Oeste de Provincetown, e comi uns ovos Benedict. Na mesa ao lado, havia dois rapazes, na casa dos 20 e poucos anos, pela minha avaliação. Fiquei entreouvindo na maior cara de pau a conversa deles, enquanto fingia ler *David Copperfield*. Era evidente que haviam se conhecido em um aplicativo e que era a primeira vez que se viam pessoalmente. Havia algo na conversa deles que me pareceu estranho, e de início não consegui localizar bem o que era. Então compreendi que, na realidade, eles não estavam tendo uma conversa. O que rolava era que o loiro falava a respeito de si mesmo por uns dez minutos, mais ou menos. Depois o outro, de cabelo preto, falava de si também por uns dez minutos. E iam se alternando assim, um interrompendo o outro. Fiquei umas duas horas sentado perto deles, e não houve nenhum momento em que um dos dois fizesse ao outro alguma pergunta. A certa altura, o de cabelo preto mencionou que o irmão dele havia morrido havia um mês. O loiro nem sequer se dignou a seguir a praxe e dizer "Puxa, meus pêsames", simplesmente voltou a falar de si. Concluí que o que estavam fazendo era o equivalente a se encontrar e ficar lendo um para o outro sua atualização de *status* do Facebook.

Eu sentia que, aonde quer que fosse, estava rodeado por pessoas que transmitiam, mas não recebiam. O narcisismo, foi o que me veio à mente, é uma corrupção da atenção – o que ocorre quando sua atenção fica sintonizada apenas em você mesmo e em seu ego. Não digo isso com nenhuma pretensão de superioridade. Fico constrangido em dizer, mas naquela semana percebi do que é que sentia mais falta na internet. Na minha vida normal, todo dia – às vezes várias vezes por dia – eu ia até o Twitter e o Instagram para ver quantos seguidores tinha. Não olhava o *feed*, as notícias, o *buzz* – só minhas estatísticas. Se o número tivesse subido, ficava feliz – como um avarento obcecado por dinheiro checando o valor de suas ações e vendo que ficara um pouco mais rico do que no dia anterior. Era como se dissesse a mim mesmo, "Está vendo? Você tem mais seguidores. Você é importante". Não me interessava o conteúdo do que diziam. Só os números brutos e a sensação de que estavam crescendo.

Descobri também que começara a sentir pânico de coisas irracionais. Imaginava-me saindo de Provincetown e pegando a balsa de volta a Boston para ir à casa da minha amiga recuperar o celular e o laptop. E se não houvesse táxis no cais? Ficaria ali ilhado? Nunca mais recuperaria meu celular? Na minha vida já estive perto de várias adições, e sabia o que estava sentindo – aquele desejo que uma pessoa viciada tem pela coisa que consegue anestesiar sua incômoda sensação de vazio.

Um dia, deitei na praia tentando ler. Ajeitei umas algas marinhas secas e fofas como travesseiro e comecei a me repreender, irritado, por não conseguir relaxar, por não estar focado e não ter começado ainda o romance que tinha em mente escrever há tanto tempo. *Aqui está você, no paraíso*, dizia a mim mesmo; *dispensou o celular; agora ponha foco. Ponha foco, porra.* Lembro-me do momento em que, um ano mais tarde, entrevistei a professora Gloria Mark, que durante anos estudou a Ciência das Interrupções. Ela explicou que se você passa muito tempo sendo interrompido na sua vida diária, começa a se interromper mesmo quando está livre de quaisquer interrupções externas. Eu continuava olhando as coisas e pensando como iria descrevê-las em um tuíte, e imaginava o que as pessoas diriam ao responder.

Percebi que por mais de vinte anos havia enviado e recebido sinais de inúmeras pessoas, e feito isso o dia inteiro. Mensagens de texto, de Facebook, ligações telefônicas – eram pequenas maneiras pelas quais o mundo parecia dizer: estou vendo você, estou ouvindo você. Precisamos de você. Mande sinal de volta. Mande mais sinais. Só que agora a sinalização tinha parado e a sensação era de que o mundo me dizia – você não importa mais. A ausência desses insistentes sinais parecia sugerir uma ausência de sentido. Eu começava uma conversa com as pessoas – na praia, nas livrarias, nos cafés – e elas geralmente eram amistosas, mas as conversas pareciam ter uma temperatura social muito baixa em comparação com aquelas da internet que eu havia perdido. Nenhum estranho vai enchê-lo de coraçõezinhos e dizer que você é demais. Durante anos extraí grande parte do meu sentido na vida desses sinais tênues e insistentes da internet. Agora não estavam mais aí, e eu conseguia ver o quanto eram irrisórios e desprovidos de substância. Mas, mesmo assim, sentia falta.

Tinha agora que fazer uma escolha. Disse a mim mesmo: *Ao abrir mão deste mundo, você criou um vácuo. Se vai continuar longe dele, precisa preencher esse vácuo com alguma coisa.* Foi apenas na terceira semana – depois de me sentir péssimo – que comecei a encontrar um jeito de fazer isso. Encontrei uma maneira de sair do meu desânimo quando voltei a pesquisar um homem notável que inaugurou um novo campo da Psicologia na década de 1960, e cujo trabalho eu havia estudado ao longo dos anos. Ele introduziu um grande avanço – identificou como os humanos podem acessar os próprios poderes de focar de uma maneira que possibilite concentrar-se por longos períodos sem que isso seja sentido como um grande esforço.

Para entender como isso funciona, acho útil conhecer primeiro a história de como ele fez essa descoberta. Aprendi boa parte dessa história mais tarde, diretamente dele, ao visitá-lo em Claremont, na Califórnia. Começa com ele como um menino de 8 anos de idade, fugindo dos bombardeios nazistas no auge da Segunda Guerra Mundial, sozinho, em uma cidade do litoral da Itália.

Mihaly precisava fugir, mas não sabia para onde. A sirene de ataque aéreo fazia aquele familiar zumbido agudo, avisando a população da cidade que logo haveria aviões nazistas sobrevoando. Esses aviões iam da Alemanha para a África, e todos naquela cidade sabiam – até mesmo um garotinho como Mihaly – que se fossem impedidos de fazer a travessia devido ao mau tempo, tinham um plano B. Era despejar suas bombas ali mesmo, naquela pequena cidade. Mihaly tentou entrar no abrigo antiaéreo mais próximo, mas estava lotado. Teve então a ideia de entrar em um açougue próximo – ali dentro poderia se abrigar. A porta de aço estava abaixada. Um grupo de adultos conseguiu a chave e todos entraram às pressas.

Na escuridão, ficou evidente que havia algo pendendo do teto. Era carne dependurada. Mas viram que não se tratava de um animal – tinha outra forma. Quando conseguiram ver melhor no escuro, perceberam que se tratava dos corpos de dois homens. Reconheceram que eram os próprios açougueiros, pendendo dos ganchos de carne deles. Mihaly correu de novo, até o fundo da loja – e deparou-se com o corpo de um terceiro homem. Os três haviam sido considerados suspeitos de colaborar com os nazistas, e mortos em razão disso. A sirene de ataque aéreo ainda soava, e Mihaly ficou escondido ali, perto dos cadáveres.

Por horas, o menino teve a impressão de que o mundo adulto havia enlouquecido. Mihaly Csikszentmihalyi (pronuncia-se chiksent-mi-hai-li) nasceu em 1934 em Fiume, cidade italiana perto da fronteira com a antiga Iugoslávia. Seu pai era diplomata do governo húngaro na cidade, então o menino cresceu em uma rua de pessoas que normalmente falavam três ou quatro línguas. Era uma família cujos membros alimentavam grandes projetos, às vezes extravagantes: um de seus irmãos mais velhos foi a primeira pessoa a voar de parapente da Rússia até a Áustria. Mas quando Mihaly tinha 6 anos, a guerra começou, e, segundo me contou, "o colapso aconteceu". Não tinha mais permissão de brincar na rua, então inventou mundos para brincar dentro da própria casa. Encenava elaboradas batalhas com soldados de brinquedo, que duravam semanas, e planejava cada movimento daquela guerra fantasiosa. Passou muitas noites em abrigos de bombardeio extremamente frios, sentado debaixo de cobertores, em pânico. "Você nunca sabia ao certo o que estava acontecendo", ele relembrava. De manhã, quando soava o sinal de que o perigo havia passado, as pessoas saíam dali ordeiramente e iam trabalhar.

A Itália ficara perigosa demais, então a família levou-o a uma cidade litorânea, do outro lado da fronteira, denominada Opatija – mas não demorou para que a cidade ficasse sitiada por todos os lados. Membros *partisans* apareciam e matavam quem achassem suspeito de colaborar com os invasores, e, ao mesmo tempo, os nazistas prosseguiam com seus bombardeios aéreos. "Bem, não havia nada que fosse seguro", Mihaly contou. "Nunca encontrei um mundo estável no qual [pudesse] viver." Quando a guerra terminou, a Europa estava em ruínas, e a família dele perdera tudo. Receberam a notícia de que um dos irmãos dele havia sido morto em batalha, e o outro, Moricz, levado por Stalin a um campo de concentração na Sibéria. "Quando eu tinha 10 anos", relembrou anos mais tarde, "estava convencido de que os adultos não sabiam como era viver uma vida tranquila."[34]

Após a guerra, o menino e os pais acabaram em um campo de refugiados, segundo ele muito precário e sem perspectivas. Um dia, naquela vida em ruínas, Mihaly foi informado de que se juntaria a um grupo de escoteiros formado pelos garotos do campo, e começou a embrenhar-se na natureza com eles. Descobriu que se sentia mais vivo quando fazia algo difícil, como escalar uma encosta muito íngreme ou achava um jeito de transpor um despenhadeiro. Ele acredita que essa experiência foi o que o salvou.

Aos 13 anos, abandonou a escola, porque não via como toda aquela sabedoria adulta poderia ajudá-lo já que havia feito a Europa cair em um barranco. Arrumou um jeito de chegar a Roma e começou a trabalhar como tradutor naquela cidade destroçada e meio morta de fome. Queria voltar às montanhas, então passou um longo tempo poupando dinheiro para poder ir à Suíça. Aos 15 anos, conseguiu finalmente pegar um trem para Zurique, e enquanto aguardava transporte para os Alpes viu um anúncio de uma palestra sobre Psicologia. O palestrante era Carl Jung, o legendário psicanalista suíço, e embora Mihaly não se sentisse atraído pelo conteúdo das ideias de Jung, ficou empolgado com a ideia de conhecer de maneira científica como a mente humana funciona. Decidiu tornar-se psicólogo, mas descobriu que não havia faculdades de Psicologia na Europa. Soube, porém, que aquele assunto era tratado em um país distante, que ele só havia visto em filmes: os Estados Unidos.

Finalmente, após anos poupando, conseguiu ir até lá – e teve um choque desagradável ao chegar. A psicologia norte-americana estava dominada por uma grande ideia, que tinha como expoente um famoso cientista. Um professor de Harvard chamado B. F. Skinner, que se transformara em celebridade intelectual ao descobrir algo bastante estranho. Você pode pegar um animal que parece livre para tomar as próprias decisões sobre aquilo a que deve prestar atenção – digamos, um pombo, um rato ou um porco – e fazê-lo prestar atenção ao que você escolher, seja o que for. Pode controlar com segurança o foco do animal, como se fosse um robô que você tivesse criado para obedecer aos seus caprichos. Eis um exemplo de como Skinner fez isso, e que você mesmo pode tentar. Pegue um pombo. Coloque-o em uma gaiola.[35] Deixe-o ali até que ele fique com fome. Então introduza um alimentador de aves que libera sementes na gaiola quando se aperta um botão. Os pombos ficam muito tempo zanzando – e então espere até o pombo fazer um movimento qualquer que você tenha escolhido de antemão (digamos, erguer de repente a cabeça, ou abrir a asa esquerda), e, nesse preciso instante, libere algumas sementes. Em seguida, aguarde ele fazer o mesmo movimento aleatório, e dê-lhe de novo mais sementes.

Se fizer isso algumas vezes, o pombo não demorará a aprender que se quiser sementes, basta fazer aquele gesto pré-definido – e então passará a repetir muito esse gesto. Se manipular corretamente o pombo, o foco dele passará a ser regido pelo gesto que você escolheu para recompensá-lo. Ele vai erguer a cabeça ou esticar a asa esquerda obsessivamente. Quando Skinner fez essa descoberta, quis também descobrir: a que ponto você pode levar isso? O quanto pode programar elaboradamente um animal usando esses reforços? E descobriu que você pode levar isso bem longe. Pode ensinar um pombo a jogar pingue-pongue. Pode ensinar um coelho a pegar moedas e colocá-las em cofrinhos, ensinar um porco a passar o aspirador. Muitos animais vão focar em coisas muito complexas – e que para eles não fazem sentido –, desde que você os recompense bem.

Skinner convenceu-se de que tal princípio era uma explicação quase exaustiva do comportamento humano. Você acredita que é livre, que faz escolhas, que tem uma mente humana complexa capaz de decidir em que coisas deve prestar atenção – mas tudo isso é um mito. Você e seu senso de foco são simplesmente a soma total de todos os reforços que experimentou na vida. Seres humanos, segundo ele acreditava, não têm mentes – não no sentido de ser uma pessoa com livre-arbítrio, dona das próprias escolhas. Você pode ser programado da maneira que um hábil designer quiser. Anos mais tarde, os designers do Instagram perguntaram: Se reforçarmos nossos usuários por terem feito *selfies* – se lhes dermos coraçõezinhos e *likes* – será que começarão a fazer isso com obsessão, do mesmo jeito que um pombo estica obsessivamente a asa esquerda para conseguir mais sementes? Eles adotaram as técnicas essenciais de Skinner e as aplicaram a um bilhão de pessoas.

Mihaly viu que essas ideias reinavam na psicologia norte-americana, e que eram imensamente influentes também na sociedade do país. Skinner era um astro, chegou a ser capa da revista *Time*. Era tão famoso que, por volta de 1981, nada menos que 82% dos norte-americanos com nível superior sabiam quem ele era.

Para Mihaly, essa era uma visão sombria e limitada da psicologia humana. Evidentemente produzia alguns resultados – mas ele acreditava que deixava de lado a maior parte do que significa ser humano. Decidiu então explorar aspectos da psicologia humana que fossem positivos, nutridores e gerassem algo mais do que respostas mecânicas vazias. Mas eram poucos os norte-americanos na área da Psicologia que pensavam assim. Para começar, ele decidiu estudar algo que lhe pareceu ser uma das grandes conquistas dos seres humanos – a produção artística. Tinha visto muita destruição; então agora queria estudar a criação. Assim, em Chicago, convenceu um grupo de pintores a deixá-lo observar seus procedimentos ao longo de muitos meses, para tentar compreender os processos psicológicos subjacentes que levavam àquele tipo incomum de foco ao qual haviam escolhido dedicar a vida. Observou como aqueles artistas, todos eles, focavam em uma imagem e a examinavam com extrema meticulosidade.

Mihaly ficou impressionado por algo em particular – para o pintor, quando ele está no processo de criação, o tempo parecia não existir mais. Eles davam a impressão de viver uma espécie de transe hipnótico, uma forma profunda de atenção que raramente se vê em outras situações.

Então notou algo desconcertante. Depois que investiam todo o seu tempo na criação de suas pinturas, ao terminá-las, eles não ficavam olhando com ar triunfal o que haviam feito nem buscavam mostrá-las ou obter elogios pelo resultado. Quase todos simplesmente punham a pintura de lado e começavam a trabalhar na seguinte. Se Skinner estivesse certo – isto é, que os seres humanos fazem as coisas apenas para obter recompensas e evitar punições – isso não faria sentido. Você produziu a obra; agora, eis a recompensa, bem diante de você, para curti-la. Mas as pessoas criativas pareciam quase desinteressadas em recompensas; nem sequer o dinheiro interessava à maioria delas. "Quando terminavam", Mihaly declarou a um entrevistador tempos depois, "o objeto, o resultado, não importava mais."[36]

Ele queria entender o que na verdade motivava aquelas pessoas. O que tornava possível que ficassem focadas apenas em uma coisa por tanto tempo? Ficou claro para Mihaly que "o que era tão cativante na pintura era" algo relacionado ao "próprio processo de pintar".[37] Mas o quê? Para tentar entender melhor, Mihaly passou a estudar adultos que se envolviam em outras atividades – por exemplo, nadadores de longas distâncias, escaladores de rochas ou jogadores de xadrez. De início, examinou apenas não profissionais. Eles costumavam fazer coisas fisicamente desconfortáveis, cansativas, e até perigosas, sem nenhuma recompensa óbvia – e apesar disso adoravam fazer. Conversou com eles querendo saber como se sentiam ao fazer aquilo que os levava a aplicar aquele foco extraordinário. E notou que apesar de serem atividades muito diferentes, a descrição que essas pessoas faziam de como se sentiam era notavelmente similar. Uma expressão aparecia repetidas vezes. Diziam algo como: "Sou transportado pelo fluxo".[38]

Um alpinista contou-lhe mais tarde: "A mística de escalar rochas é escalar; você chega ao alto de um rochedo e fica feliz por ter concluído a escalada, mas na realidade desejaria que continuasse para sempre. A justificativa de escalar é escalar, como a justificativa da poesia é compô-la. Não se conquista nada exceto coisas em você... O ato de compor poesia é sua própria justificativa. Com a escalada é igual: é se reconhecer como um fluxo. O propósito de um fluxo é continuar fluindo, não é buscar um pico ou uma utopia, mas manter-se no fluxo. Não é subir, é continuar fluindo; você sobe para manter o fluxo".[39]

Mihaly tentou descobrir se aquelas pessoas estavam de fato descrevendo um instinto humano fundamental que até então não tivesse sido estudado pelos cientistas. Ele o chamou de "estado de fluxo" [*flow state*], que é quando você fica tão absorvido no que está fazendo que perde a noção de si mesmo e o tempo parece deixar de existir, e você flui com a própria experiência. É a forma de foco e atenção mais profunda que conhecemos. Quando ele começou a explicar às pessoas o que era esse estado de fluxo e perguntava se elas tinham alguma vez experimentado algo similar, 85% delas identificava e se lembrava de pelo menos uma vez em que havia se sentido assim – e com frequência diziam que tais momentos eram pontos altos em suas vidas. Não importava se tinham chegado a isso realizando uma cirurgia cerebral ou tocando uma guitarra ou cozinhando rosquinhas saborosas – descreviam seus estados de fluxo com fascínio. Ele viu-se relembrando seu tempo de criança, sentado no chão de uma cidade arrasada pela guerra, planejando elaboradas batalhas com seus soldadinhos de brinquedo, e depois aos 13 anos explorando as montanhas e colinas ao redor de seu campo de refugiados.

Estava descobrindo que se os seres humanos vão fundo do jeito certo, podem deparar-se com uma mina de foco dentro deles – um longo surto de atenção que flui e nos transporta por tarefas difíceis, de maneira indolor e, na realidade, prazerosa. Portanto, a questão óbvia é: onde perfurar para encontrar esse poço de petróleo? Como podemos produzir estados de fluxo? De início, a maioria das pessoas supõe que o alcançará simplesmente relaxando – você se imagina deitado à beira de uma piscina em Las Vegas bebericando um coquetel. Mas ao estudar isso, ele descobriu que, na verdade, relaxar raramente coloca você em um estado de fluxo. É preciso chegar por outro caminho.

Os estudos de Mihaly identificaram vários aspectos do fluxo, mas a meu ver – ao lê-los em detalhe – se você quer chegar lá, o que precisa saber pode ser resumido a três componentes essenciais. A primeira coisa que precisa fazer é definir claramente uma meta. Quero pintar esta tela; quero escalar esta rocha; quero ensinar meu filho a nadar. Você precisa tomar a decisão de persegui-la e deixar de lado suas outras metas enquanto fizer isso. O fluxo só pode instalar-se se você estiver em uma única tarefa – isto é, quando decide pôr de lado todo o resto e fazer uma coisa só. Mihaly descobriu que a dispersão e a multitarefa matam o fluxo, e que ninguém o alcançará se estiver tentando fazer duas ou mais coisas ao mesmo tempo. O fluxo requer todo o seu poder cerebral, aplicado a uma única missão.

Em segundo lugar, é preciso fazer algo que tenha sentido para você. Isso é parte de uma verdade básica a respeito da atenção: nós evoluímos para prestar atenção a coisas que fazem sentido para nós. Roy Baumeister, o destacado especialista em força de vontade que mencionei na introdução, definiu isso para mim: "Um sapo vai reparar muito mais em uma mosca que ele pode comer do que em uma pedra incomestível". Para um sapo, uma mosca faz sentido e uma pedra, não – portanto, presta facilmente atenção a uma mosca, e raramente presta atenção a uma pedra. Isso, diz ele, "está ligado ao design cerebral... Ele é projetado para prestar atenção nas coisas pelas quais se interessa". Afinal, "se o sapo ficar o dia interior sentado olhando as pedras vai morrer de fome". Seja qual for a situação, é mais fácil prestar atenção a coisas que façam sentido para você, e mais difícil ter interesse em coisas nas quais não se vê sentido. Se você tenta se convencer a fazer algo que não tem sentido para si, sua atenção vai se desviar disso com frequência.

Em terceiro lugar, também ajuda você fazer algo que esteja no limite de suas possibilidades, mas não além delas. Se a meta que escolhe é fácil demais de alcançar, você entra no piloto automático – mas se for difícil demais, você fica ansioso e se sente deslocado, e tampouco consegue fluir. Imagine uma alpinista com experiência e talento medianos. Se ela escalar um velho muro de tijolos do quintal dos fundos, dificilmente entrará no fluxo, porque é algo fácil demais. Mas, se o desafio for escalar a encosta do Monte Kilimanjaro, tampouco entrará no fluxo porque ficará ansiosa. O ideal para a alpinista é uma colina ou montanha que seja, idealmente, um pouco mais alta e mais difícil do que a que escalou da última vez.

Portanto: para encontrar o fluxo, é preciso eleger uma única meta; certificar-se de que ela faz sentido para você; e tentar ir até o limite da sua capacidade. Depois de ter criado essas condições e de alcançar o fluxo, conseguirá identificá-lo, porque é um estado mental distinto. Você sente que está totalmente presente no momento. Experimenta uma perda da autoconsciência. Nesse estado, é como se seu ego tivesse desaparecido e você se fundisse à tarefa – como se fosse a rocha que está escalando.

Quando conheci Mihaly, ele tinha 87 anos, e já passara mais de cinco décadas estudando estados de fluxo. Ele – junto a cientistas ao redor do mundo – acumulara um *corpus* robusto com amplas evidências científicas para mostrar que os estados de fluxo são uma forma real e profunda de atenção humana. Ele também vem demonstrando que quanto mais fluxo se experimenta, melhor você se sente.[40] Até a realização dessa pesquisa, a psicologia profissional nos Estados Unidos havia se concentrado em dois aspectos: em quando as coisas dão errado – quando se está mentalmente perturbado – ou então na visão manipuladora de B. F. Skinner. Mihaly defendeu uma "psicologia positiva": isto é, sugeriu que devemos primariamente focar em coisas que façam a vida valer a pena de ser vivida e encontrar maneiras de estimulá-las.

Essa divergência pareceu-me lançar as bases de um dos conflitos definidores da atualidade. Vivemos agora em um mundo dominado pelas tecnologias baseadas na visão de B. F. Skinner a respeito de como a mente humana funciona. O *insight* dele – de que você pode treinar criaturas vivas que desejem desesperadamente recompensas arbitrárias – domina nosso ambiente. Muitos de nós somos como aves em gaiolas que alguém levou a desempenhar uma dança bizarra para obter recompensas, e imaginamos que estamos escolhendo isso por nós mesmos – os homens que vi em Provincetown postando *selfies* obsessivamente no Instagram eram parecidos com os pombos de Skinner, só que com uma barriga tanquinho e um drinque na mão. Em uma cultura em que nosso foco é roubado por esses estímulos superficiais, a visão mais profunda de Mihaly tem sido esquecida: a de temos dentro de nós uma força que torna possível focar por períodos mais longos e extrair prazer nisso, e que nos torna mais felizes e saudáveis, bastando criar as circunstâncias adequadas para que flua.

Ao saber disso, compreendi por que razão, quando me sentia disperso a todo momento, não ficava apenas irritado – sentia-me diminuído. Em algum nível sabemos que, quando não estamos focados, não usamos uma das nossas maiores capacidades. Carentes de fluxo, tornamo-nos apenas pedaços de nós mesmos, e em algum lugar de nós temos a sensação do que poderíamos ter sido.

Quando Mihaly chegou a uma idade avançada, aconteceu algo estranho com ele. Ao término da Segunda Guerra Mundial, seu irmão mais velho, Moricz, fora enviado a um campo de concentração estalinista na Rússia, e era comum não se ter mais notícias das pessoas que desapareciam nesses *gulags*. Mas após vários anos de silêncio, quando todos o julgavam morto, Moricz reapareceu. Libertado finalmente em uma União Soviética que começava a distender seu rigor, ele batalhou para encontrar trabalho: os sobreviventes dos *gulags* eram vistos inerentemente como suspeitos. Acabou arrumando emprego como foguista nas ferrovias, apesar de ter vários diplomas de curso superior da Suíça. Não se queixou.

Quando Moricz tinha cerca de 80 anos, Mihaly foi a Budapeste, na Hungria, para reencontrá-lo. A capacidade de Moricz de encontrar fluxo havia sido cortada das maneiras mais brutais, mas Mihaly descobriu que, muito tardiamente, seu irmão conseguira, pela primeira vez, dedicar-se a algo que sempre amara. Era fascinado por cristais. Começou a colecionar essas rochas cintilantes e já conseguira exemplares de cada continente. Conhecia os negociantes, frequentava convenções, lia revistas sobre o assunto. Mihaly foi até sua casa, que parecia um museu de cristais do teto ao chão, com iluminação especial para realçar suas cintilações. Moricz entregou a Mihaly um cristal do tamanho do punho de uma criança e disse: "Estava procurando isto até ontem. Eram 9 horas da manhã quando coloquei sob o microscópio. Lá fora estava um dia de sol, como hoje. Fiquei girando a rocha, olhando todas as suas fissuras, intrusões, as dezenas de formações diferentes, dentro e em torno... e quando tirei os olhos dela, achei que uma tempestade estava se formando lá fora, porque estava tudo escuro... mas então percebi que não era o tempo que havia fechado, era o sol que havia se posto – eram 7 horas da noite!". Mihaly viu que aquele cristal de fato era magnífico, mas ficou pensando – dez horas?

Então compreendeu. Moricz aprendera a ler as rochas – a ver de onde provinham, e conhecer sua composição química. Era a oportunidade que lhe foi oferecida de usar suas aptidões. Para ele, era o que desencadeava um estado de fluxo. Durante toda a vida, Mihaly vinha aprendendo que os estados de fluxo podem nos salvar. Agora via isto no rosto do próprio irmão, alguém que passara fome no *gulag*, enquanto os dois mergulhavam naquele resplandecente cristal.

▽

Quanto mais estudava os estados de fluxo, mais Mihaly percebia outra coisa crucial a respeito deles. São extraordinariamente frágeis e facilmente perturbados. Escreveu: "Muitas forças, tanto dentro de nós quanto no ambiente, criam obstáculos" para o fluxo.[41] No final da década de 1980, ele descobriu que ficar olhando para uma telinha é uma das nossas atividades que, na média, oferece a quantidade mais baixa de fluxo.[42] (Ele advertiu que "rodeado por uma impressionante panóplia de dispositivos de recreação... a maioria de nós segue adiante entediado e vagamente frustrado".[43]) Mas quando refleti sobre isto em Provincetown, concluí que embora tivesse colocado de lado minhas telinhas, ainda cometia um equívoco básico. "Ter uma boa vida não é suficiente para remover o que há de errado com ela",[44] explicou Mihaly. "Também precisamos ter uma meta positiva; se não, por que seguir em frente?"

Em nossa vida normal, muitos de nós tentamos obter alívio da dispersão simplesmente desabando – buscamos nos recuperar de um dia sobrecarregado ficando estatelados diante da TV. Mas se você apenas corta a dispersão indo descansar – se não a substitui por uma meta positiva que esteja perseguindo – continuará sendo trazido de volta para a dispersão mais cedo ou mais tarde. O caminho mais poderoso para sair da dispersão é encontrar seu fluxo.

Assim, ao final da terceira semana em Provincetown, fiz a mim mesmo a seguinte pergunta – por que viera até ali? Não foi apenas para fugir do celular e daqueles reforços skinnerianos de constantes *likes*, retuítes e compartilhamentos. Viera até ali para escrever. Ler e escrever sempre haviam sido as principais fontes de fluxo na minha vida. Fazia tempo que alimentava a ideia de escrever um romance, e dizia a mim mesmo que um dia me dedicaria a isso, quando tivesse tempo. *Bem*, pensei, *agora você tem tempo. Mergulhe nisso. Veja se lhe traz fluxo*. Isso parecia se encaixar com perfeição no modelo de Mihaly sobre como criar estados de fluxo – exigia que pusesse de lado minhas outras metas; era algo significativo para mim; e era algo no limite da minha zona de conforto, embora não além dela, pelos menos eu esperava que fosse assim. Portanto, no primeiro dia da minha terceira semana, em meio à minha depressão carregada de pânico, me sentei no sofá naquele meu pequeno canto da casa de praia. Nervoso, abri o velho laptop quebrado que meu amigo Imtiaz me emprestara e escrevi a primeira frase do meu romance.

E escrevi a segunda. E virou um parágrafo, depois uma página. Era difícil. Não gostei muito do que escrevi. Mas, no dia seguinte, consciente de que precisava retreinar meus hábitos, obriguei-me a fazer o mesmo. E continuei assim, dia após dia. Eu batalhei. E me disciplinei.

Por volta da quarta semana, os estados de fluxo começaram a acontecer. E foi assim que ocorreu, quando entrei na quinta e sexta semanas – e logo estava indo com pressa até meu laptop, com vontade de fazer aquilo. Tudo o que Mihaly explicara estava ali – a perda do ego; a perda da noção de tempo; a sensação de estar entrando em algo maior do que eu havia sido até então. O fluxo me carregava através dos trechos mais difíceis e das frustrações. Destravara meu foco.

Percebi que, nos dias em que logo cedo experimentava três horas de fluxo, pelo resto do dia eu me sentia relaxado, aberto e capaz de me envolver – de andar pela praia, ou de começar a conversar com alguém, ou de ler um livro, sem me sentir restringido, ou irritável, ou com vontade de ter um celular. Era como se o fluxo estivesse relaxando meu corpo e abrindo minha mente – talvez porque soubesse que havia dado o meu melhor. Senti que entrava em um ritmo diferente. Percebi então que o simples fato de nos recuperarmos de nossa perda de atenção não é suficiente. Isso apenas cria um vazio. Precisamos nos livrar de nossas dispersões e no lugar delas colocar fontes de fluxo.

Após três meses em Provincetown, havia escrito 92 mil palavras do meu romance. Podiam ser horríveis, mas de certo modo isso não importava. A razão ficou clara para mim um dia, pouco antes de sair de Provincetown, em que coloquei minha cadeira de praia à beira d'água para que o mar batesse nos meus pés e terminei o terceiro volume de *Guerra e paz*. Quando fechei a última página, dei-me conta de que havia ficado sentado ali a maior parte do dia. Ficara lendo desse jeito vários dias seguidos, durante semanas. E pensei de repente – voltou! Meu cérebro voltou! Tinha receio de que meu cérebro tivesse sofrido uma avaria, e que esse experimento pudesse revelar apenas que eu era um pateta, degenerado para sempre. Mas podia ver agora que a cura era possível. Chorei de alívio.

Pensei comigo – nunca mais quero voltar ao e-mail. Nunca mais quero voltar ao celular. Que desperdício de tempo! Que desperdício de vida! Senti isso com a mesma intensidade que sempre sentira tudo. Pode ser estranho descrever algo tão imaterial quanto a internet como algo pesado, mas foi como senti que ela era naquele momento – como se eu tivesse carregado um enorme peso nas costas e agora ele tivesse sido removido.

E, então, na mesma hora, senti um incômodo com todos esses pensamentos e uma culpa. Como será que isso iria soar, fiquei imaginando, quando descrevesse para as pessoas ao voltar para casa? Para eles, não iria soar como uma libertação. Soaria como ofensa. Sim, eu dera um jeito de escapar e de encontrar o fluxo de uma maneira feliz, mas minha situação em Provincetown era tão radicalmente diferente da vida das pessoas que eu conhecia – tão mais privilegiada – que por um momento duvidei que tivesse algo para ensinar a quem quer que fosse. Compreendi que aquilo só teria sentido se todos pudéssemos encontrar maneiras de integrar essas experiências à nossa vida diária. Mais tarde, em um lugar muito diferente, soube de que maneira isso poderia ser feito.

Ao me despedir de Mihaly, era visível que ele não estava bem. Tinha os olhos pesados e me contou que andara doente nos últimos tempos. A certa altura da nossa conversa, uma pequena fileira de formigas começou a atravessar sua mesa, ele parou e ficou as observando por um momento. Era alguém de 80 e tantos anos, e parecia provável que estivesse se aproximando do fim da vida. Mas seus olhos se iluminaram quando me contou: "A melhor experiência que tive na vida, quando olho em retrospecto, veio dos dias em que fiquei escalando montanhas... escalando e fazendo algo realmente difícil e perigoso – mas dentro do âmbito do que era capaz de fazer". Quando alguém chega perto da morte, pensei comigo, não pensa mais nos seus reforços – os *likes* e os retuítes; pensa nos seus momentos de fluxo.

Senti naquela hora que todos temos uma escolha entre duas forças profundas – fragmentação ou fluxo. A fragmentação nos torna menor, mais raso, mais raivoso. O fluxo nos torna maior, mais profundo e mais calmo. A fragmentação nos encolhe. O fluxo nos expande. Perguntei a mim mesmo: você quer ser um dos pombos do Skinner, atrofiando sua atenção ou dançando para obter recompensas toscas, ou quer ser um daqueles pintores do Mihaly, capaz de se concentrar porque encontrou algo que realmente importa?

Força nº 3:

O aumento da exaustão física e mental

Quando abri os olhos, a primeira coisa que ouvi foi o som do oceano batendo à distância. Então senti o sol inundando minha cama, banhando-me de luz. Toda manhã em Provincetown, quando isso acontecia, sentia algo estranho no meu corpo. Demorei mais de um mês para entender o que era.

Desde que saí da puberdade, encarava o sono como algo que exigia esforço para entrar e depois esforço para sair. Ia para a cama entre 1 hora e 3 horas da manhã e imediatamente afofava os travesseiros para que acomodassem meus ombros curvados. Depois tentava fazer minha mente parar de martelar enquanto repassava todas as coisas que haviam acontecido naquele dia, e todas as que precisaria fazer ao acordar, e todas as coisas preocupantes que aconteciam no mundo. Para tirar minha mente dessa tempestade elétrica interna, costumava assistir a algum programa de TV barulhento no meu laptop. Às vezes isso me embalava até dormir, mas, em geral, despertava uma nova onda de energia ansiosa e começava a mandar e-mails ou a pesquisar de novo por mais algumas horas. Finalmente, na maioria das noites, baixava a bola tomando algumas gomas de melatonina, desmaiando por fim.

Uma vez, eu estava no Zimbábue e conversava com alguns guardas-florestais que – como parte do trabalho – tinham que nocautear rinocerontes, a fim de poder ministrar algum tratamento médico. Explicaram que faziam isso injetando neles dardos de um tranquilizante muito forte. Quando descreveram de que maneira os rinocerontes cambaleavam por ali meio em pânico e então desabavam no chão, pensei, *Ei, é essa também a minha rotina de sono.*

Depois do meu choque químico, despertava após seis ou sete horas por um time de alarmes bem sonoros. Primeiro, um alarme de rádio tocando o Serviço Mundial da BBC, que me sacudia com os horrores do noticiário do dia; dez minutos mais tarde, meu celular tocava um estridente alarme metálico; e dez minutos depois era o alarme de despertador que saía berrando. Quando esgotava minha capacidade de passar ao largo dos três alarmes e continuar dormindo, ficava em pé, cambaleante e ia direto me encharcar de cafeína suficiente para matar uma pequena boiada. Vivia sempre à beira da exaustão.

Em Provincetown, quando anoitecia, eu voltava aos meus pequenos aposentos e descobria que não havia nenhum barulho para me estimular e nenhum portal que permitisse a invasão do grande mundo. Ia deitar no meu quarto, que tinha como única fonte de luz uma pequena luminária de leitura junto a uma pilha de livros. Deitava ali e ficava lendo enquanto sentia os paroxismos do dia se desprendendo lentamente do meu corpo, minha consciência aliviando-se suavemente. Sabia que minhas gomas de melatonina haviam ficado intactas no armarinho do banheiro.

Um dia, acordei sem nenhum alarme, depois de dormir nove horas, e percebi que não queria café. Foi uma sensação tão estranha que me fez parar por um momento e ficar ali em pé de cueca na cozinha, diante de uma cafeteira sem ferver, olhando para ela. Então, por fim, me toquei do que estava acontecendo – acordara do meu sono plenamente restabelecido. Não sentia meu corpo pesado. Estava alerta. Conforme as semanas passavam, notei que agora me sentia assim diariamente. A última vez em que me lembrava de ter tido essa sensação era na infância.

Por longo tempo, eu tentara viver segundo os ritmos das máquinas – tocando o barco em frente, dia ou noite, até que finalmente a bateria acabava. Agora vivia no ritmo do sol. Quando o céu escurecia, aos poucos ia me descontraindo e por fim descansava. E, quando o sol nascia outra vez, eu acordava naturalmente.

Isso estava causando alguma mudança na compreensão que eu tinha do meu corpo. Podia ver agora que ele desejava bem mais sono do que normalmente eu lhe permitia ter e, quando o sono chegava, sem nenhuma ajuda química, meus sonhos eram mais vívidos. Era como se meu corpo e minha mente estivessem se esvaziando e depois sendo preenchidos de novo.

Fiquei tentando compreender se isso tinha algum papel no fato de estar conseguindo pensar com maior clareza e por períodos mais longos em comparação com o que havia sido meu padrão durante anos. Decidi explorar o que houvesse de melhor, em termos de evidência científica, sobre como os misteriosos trechos longos de inconsciência pelos quais nosso corpo anseia – e que nós com tanta frequência lhe negamos – podem afetar nossa capacidade de prestar atenção.

Em 1981, em um laboratório de Boston, um jovem cientista e pesquisador mantinha pessoas acordadas a noite inteira e também durante o dia seguinte, em longos períodos cheios de bocejos. Sua função era garantir que continuassem conscientes, e para isso passava-lhes tarefas. Tinham que fazer somas de números, depois classificar cartas de baralho em naipes ou então participar de testes de memória. Por exemplo, ele mostrava a elas uma foto, depois a escondia e perguntava: "qual era a cor do carro na foto que acabei de lhe mostrar?". Charles Czeisler – um homem alto, de membros esguios, com óculos de aro e voz grave – nunca se interessara até aquele momento em estudar o sono. Aprendera no curso de Medicina que quando você dorme está mentalmente "desplugado". É assim que muitos de nós encaramos o sono – como um processo puramente passivo, uma zona morta mental na qual nada do que acontece tem consequências. Com indiferença, ele questionava: quem é que vai se interessar em estudar pessoas desligadas? Pesquisava algo que achava bem mais importante – uma investigação técnica a respeito de quais seriam as horas do dia em que certos hormônios específicos são liberados no corpo humano. Isso exigia manter as pessoas acordadas.

Mas à medida que os dias e noites se sucediam, Charles não pôde evitar de notar algo. Quando as pessoas são mantidas acordadas, "Uma das primeiras coisas que vai embora é a capacidade de focar a atenção", contou-me em uma sala de aula em Harvard. Ele dava aos seus sujeitos do teste tarefas muito básicas, mas a cada hora que passava, eles iam perdendo a capacidade de realizá-las. Não conseguiam se lembrar de coisas que Charles acabara de dizer nem de focar o suficiente em jogos de cartas muito simples. Ele contou: "Ficava perplexo ao ver como o desempenho se deteriorava. Uma coisa é dizer que o desempenho médio de uma tarefa de memorização cai 20% ou 30%. Outra coisa bem diferente é quando seu cérebro fica tão lento que demora dez vezes mais para reagir a algo". Conforme as pessoas continuavam acordadas, sua capacidade de focar parecia despencar de um rochedo. Na realidade, se você fica acordado dezenove horas seguidas, seu comprometimento cognitivo – a incapacidade de focar e de pensar com clareza – é igual ao de você estar bêbado. Ele constatou que, quando as pessoas eram mantidas acordadas por uma noite inteira e seguiam assim no dia seguinte, em vez de levarem um quarto de segundo para reagir a um estímulo, levavam quatro, cinco ou seis segundos. "É impressionante", contou.

Charles ficou intrigado. Por que acontecia isso? Passou então a estudar o sono, e pelos quarenta anos seguintes continuaria sua pesquisa e se tornaria uma das principais figuras mundiais sobre o assunto, realizando grandes avanços. Ele dirige a unidade de problemas do sono em um dos principais hospitais de Boston, leciona na Escola de Medicina de Harvard e presta consultoria a várias entidades, desde a equipe de beisebol Red Sox de Boston ao Serviço Secreto dos Estados Unidos. Ele acredita que, como sociedade, estamos hoje encarando o sono de maneira totalmente equivocada – e isso está arruinando nosso foco.

A cada ano que passa, advertiu ele, o problema se torna mais urgente. Hoje, 40% dos norte-americanos estão cronicamente privados de sono, e dormem menos que o mínimo necessário – de sete horas por noite. Na Grã-Bretanha, a incrível proporção de 23% das pessoas dormem menos de cinco horas por noite. Apenas 15% acordam do sono sentindo-se restabelecidas. Isso é novidade. Desde 1942, o tempo de sono de uma pessoa vem sendo diminuído em uma hora, na média. No século passado, a criança média perdeu oitenta e cinco minutos de sono por noite.[45] Há um debate científico a respeito da escala precisa da nossa perda de sono, mas a Fundação Nacional do Sono calculou que a quantidade de sono que conseguimos ter caiu 20% em apenas cem anos.

Um dia, Charles teve uma ideia. Quis saber se quando você está cansado experimenta o que ele chamou de "piscadas de atenção". De início, isso acontece por apenas uma fração de segundo, quando se perde momentaneamente a capacidade de prestar atenção. Para ver se era verdade, ele começou a estudar tanto pessoas alerta quanto cansadas, por meio de uma tecnologia sofisticada, capaz de rastrear os olhos delas para ver se estavam focando – ao mesmo tempo em que escaneava seu cérebro, para ver o que acontecia ali. Descobriu uma coisa notável. Conforme você se cansa, sua atenção de fato começa a "piscar", por uma razão simples. As pessoas não sabem bem se você está acordado ou dormindo, disse ele, mas descobriu que, mesmo de olhos abertos e olhando ao redor, pode-se ter lapsos – sem perceber – e cair em um estado chamado de "sono local". É quando "uma parte do cérebro está acordada e a outra parte está dormindo". (É chamado de sono local porque fica localizado apenas em uma parte do cérebro.) Nesse estado, você pensa que está alerta e mentalmente competente – mas não está. Está sentado à sua mesa e parece acordado, mas partes de seu cérebro estão dormindo e você não é capaz de pensar de maneira sustentada. Quando estudou pessoas nesse estado, Charles descobriu que "de maneira impressionante, às vezes os olhos dessas pessoas estavam abertos, mas elas não conseguiam ver o que tinham à sua frente".

Charles descobriu que os efeitos da privação de sono são especialmente terríveis nas crianças. Os adultos costumam reagir ficando sonolentos, mas as crianças, em geral, reagem ficando hiperativas. Ele disse: "Estamos cronicamente privando-as de sono, portanto não admira que exibam todos os sintomas de deficiência de sono – o primeiro e principal deles é sua [in]capacidade de prestar atenção".

Atualmente, há muita investigação científica a respeito e o consenso amplo entre os cientistas é que se você dorme menos, sua atenção provavelmente sofre com isso. Fui até a Universidade de Minneapolis entrevistar a professora de Neurociência e Psicologia Roxanne Prichard, que produz trabalho de ponta sobre essas questões. Quando começou a lecionar em tempo integral para alunos de faculdade em 2004, a primeira coisa que chamou sua atenção, segundo me contou, foi "o quanto aqueles jovens adultos estavam exaustos". Eles caíam no sono assim que as luzes do auditório eram abaixadas, e era visível que faziam o maior esforço para ficarem acordados e focados. Então começou a investigar o quanto de sono eles se permitiam ter. Ela descobriu que, em média, um aluno típico tinha a mesma qualidade de sono de um soldado no cumprimento ativo do dever ou dos pais de um recém-nascido.[46] Como resultado, a maioria estava "constantemente lutando contra a tendência a adormecer... Não eram capazes de acessar seus recursos neurais".

Ela decidiu então informar-lhes as razões científicas pelas quais seus corpos precisavam de sono – mas viu-se em uma posição estranha. Os alunos sabiam que estavam no limite, mas "o problema é que haviam se acostumado a isso basicamente desde a puberdade". Eles também tinham visto os próprios pais e avós cronicamente privados de sono. "Cresceram habituados a estar exaustos e a atenuar isso medicando-se [com cafeína ou outros estimulantes], e esse é seu estado normal. Portanto, estou lutando contra uma corrente que afirma que é normal estar exausto o tempo todo." Ela começou a mostrar-lhes alguns experimentos. Você pode testar o tempo que uma pessoa demora para reagir a alguma coisa – digamos, a uma foto que muda em uma tela, ou a uma bola jogada para a pessoa. "As pessoas que têm os tempos mais rápidos de reação são aquelas que costumam dormir mais", mostrou a seus alunos – e quanto menos dormem, menos veem ou reagem. Essa é apenas uma maneira entre muitas de mostrar que "você é mais eficiente quando está descansado – e então gasta menos tempo para fazer as coisas. Que não precisa ter seis telas ou abas abertas quando faz a lição de casa simplesmente para conseguir se manter acordado".

De início, quando eu falava com Charles e Roxanne e outros especialistas em sono, pensava, sim, isso é um problema, mas eles estão falando de pessoas realmente exauridas, isto é, um grupo à parte, de pessoas que de fato estão muito esgotadas. Mas eles insistiam em explicar que basta uma pequena privação de sono para que esses efeitos negativos se manifestem. Roxanne contou que se alguém permanece acordado dezoito horas – isto é, acorda às 6 horas da manhã e só vai dormir à meia-noite – ao final do dia suas reações são equivalentes às de quem tomou 0,05% de bebida alcoólica. Ela disse: "Continue acordado por mais três horas e você estará [o equivalente a] legalmente embriagado". Charles explicou: "Muitas pessoas dizem, 'Bem, eu não virei a noite, então estou bem', mas na realidade, se você perde um par de horas de sono toda noite e faz isso noites seguidas, em uma semana ou duas estará no mesmo nível de desempenho e de disfunção que se tivesse virado a noite. Todo mundo desaba após duas noites sem dormir – mas a pessoa pode chegar a esse ponto se dormir apenas quatro ou cinco horas por noite durante duas semanas". Enquanto ele dava essas explicações, eu relembrava: 40% de nós vive bem perto disso.

"Se a pessoa não dorme bem, o corpo interpreta isso como uma emergência", afirma Roxanne. "Você não pode privar-se de sono e viver. Nunca teríamos sido capazes de criar filhos se não conseguíssemos reduzir de vez em quando nossas horas de sono, certo? Nunca sobreviveríamos a um furacão. Alguém até pode fazer isto – mas tem um custo. O custo é que seu corpo passa para a zona do simpático de seu sistema nervoso – então é como se seu corpo dissesse, "Humm, sei: você está se privando de sono, então deve ser uma emergência, certo? Portanto vou fazer todas aquelas mudanças fisiológicas para prepará-lo para essa emergência. Vou elevar sua pressão sanguínea.[47] Vou fazer você querer comer mais *fast-food*,[48] e querer ingerir mais açúcar para ter um aporte rápido de energia. Vou elevar seu batimento cardíaco"... Portanto, é como se todas essas mudanças dissessem – Estou pronto". Seu corpo não sabe por que está ficando acordado. "Seu cérebro não sabe que você está privado de sono por ter ficado vagabundando e assistindo seriado, certo? Ele não sabe por que você não tem dormido – mas o efeito líquido é uma espécie de sininho de alarme fisiológico".

Nessa emergência corporal, o cérebro não se restringe a reduzir seu foco imediato de curto prazo. Ele corta também recursos de outras formas de foco de longo prazo. Quando dormimos, nossas mentes começam a identificar conexões e padrões daquilo que tivermos experimentado durante o dia. Essa é uma das principais fontes de nossa criatividade – e é a razão pela qual pessoas narcolépticas, que dormem muito, são significativamente mais criativas.[49] A privação de sono danifica também a memória. Quando você vai para a cama à noite, sua mente começa a transferir as coisas que você aprendeu durante o dia para a sua memória de longo prazo.[50] Xavier Castellanos, que entrevistei na Universidade de Nova York, onde leciona psiquiatria para crianças e adolescentes, explicou-me que você pode fazer com que ratos aprendam um labirinto, e na mesma noite monitorar o que acontece no cérebro deles enquanto dormem.[51] O que você descobre é que eles refazem seus passos no labirinto, um por um, codificando-os na sua memória de longo prazo. Quanto menos você dorme, menos isso acontece, e menos é capaz de se lembrar. Esses efeitos são especialmente poderosos em crianças. Se você priva crianças de sono, elas começam logo a manifestar problemas de atenção,[52] e muitas vezes entram em um estado maníaco.

Durante anos, acreditei que poderia arrumar um jeito ardiloso de obter todos os benefícios de um sono adequado por meio de manobras técnicas. A mais óbvia delas é a cafeína. Ouvi uma vez uma história, quase certamente apócrifa, a respeito do Elvis – de que nos últimos anos de vida seu médico o mantinha acordado injetando-lhe cafeína direto na veia. Quando ouvi isso, não pensei – *nossa, que terrível!* O que pensei foi – *puxa, onde é que eu encontro esse médico?* Passei muito anos racionalizando – tudo bem, não durmo o suficiente, mas compenso com café, com Coca Zero e Red Bull. Mas Roxanne explicou o que eu estava fazendo de fato ao consumir essas coisas. Ao longo do dia, vai se acumulando no seu cérebro uma substância química chamada adenosina, e ela o avisa de que está sonolento. A cafeína bloqueia o receptor que capta o nível de adenosina. "Eu associo isso a colocar um *post-it* em cima do seu marcador de nível de combustível. Não é que você esteja obtendo mais energia – simplesmente não está tendo ideia do quanto está desprovido dela. Quando a cafeína perde efeito, você constata que está cansado em dobro."

Quanto menos você dorme, mais o mundo fica nebuloso em todos os sentidos – no seu foco imediato, na sua capacidade de pensar em profundidade, de fazer conexões e na sua memória. Charles me contou que mesmo que não mudasse mais nada em nossa sociedade, esse declínio na quantidade de sono já seria por si suficiente para provar que nossa crise em focar e prestar atenção é real. "É muito triste ver isso acontecer e não ser capaz de evitar", afirmou. "É como estar presenciando um acidente."

Todo especialista com quem falei disse que essa transformação explica, em parte, o declínio na nossa atenção. A dra. Sandra Kooij é uma das principais especialistas em Transtorno do Déficit de Atenção com Hiperatividade (TDAH) na Europa e, quando fui entrevistá-la em Haia, ela me disse com franqueza: "Nossa sociedade ocidental é um pouco TDAH, porque estamos todos privados de sono... É algo muito disseminado. E tem um sentido para nós. Portanto, estamos todos na maior pressa, somos impulsivos, ficamos facilmente irritados no trânsito. Vê-se isso em toda parte... É algo que tem sido estudado e provado em laboratório: você acha que está pensando com clareza, mas não está. Você é muito menos claro do que poderia ser". Ela acrescentou que "quando dormimos melhor, uma série de problemas diminuem – como distúrbios do humor, obesidade e problemas de concentração... O sono repara uma série de danos".

Quando fiquei a par de tudo isso, levantei algumas questões óbvias. A primeira foi – por que nossa falta de sono compromete tanto nossa capacidade de focar? Surpreendentemente, esse é um tema de pesquisa relativamente novo. Roxanne contou-me: "Em 1998, quando escolhi o tema [do sono] como foco da minha dissertação, não havia muita pesquisa sobre ele e sua função. Sabíamos o que era, afinal todos dormimos... e o sono ainda é um pouco misterioso. Você passa um terço da vida inconsciente, sem se envolver com o mundo... Era simplesmente um mistério – o sono dá a impressão de ser um desperdício de recursos". Charles ouvira, quando jovem, que não havia razão para estudar o sono por tratar-se de um processo passivo – mas, na realidade, como aprendeu, o sono é um processo incrivelmente ativo. Quando você dorme, há todo tipo de atividade no seu cérebro e no seu corpo – e essas atividades são necessárias para que se seja capaz de funcionar e focar. Uma das coisas que acontecem é que no sono o seu cérebro faz uma limpeza dos resíduos que se acumularam durante o dia. "No sono de ondas lentas, seus canais de fluido cérebro-espinhal abrem-se mais e removem restos metabólicos de seu cérebro", Roxanne explicou-me. Toda noite, quando vai dormir, seu cérebro é enxaguado com um fluido aquoso. Esse fluido cérebro-espinhal lava seu cérebro, e conduz proteínas tóxicas até o seu fígado para se livrar delas. "Com os meus alunos de faculdade, chamo isso de cocô de células cerebrais. Se não consegue focar direito, talvez haja cocô de células cerebrais demais circulando em você." Isso explica por que, quando está cansado, "tem uma espécie de sensação de ressaca" – é que está literalmente entupido de toxinas.

Esse tipo de lavagem cerebral positiva só acontece quando você está dormindo. O dr. Maiken Nedergaard, da Universidade de Rochester, disse a um entrevistador: "O cérebro tem uma energia limitada à sua disposição e parece que precisa escolher entre dois tipos diferentes de estados funcionais – acordado e consciente, ou dormindo e limpando. Pode-se pensar nisso como se houvesse uma festa na sua casa. Você pode entreter os convidados ou limpar a casa, mas não pode fazer as duas coisas ao mesmo tempo".[53] Um cérebro que não tenha passado por esse processo necessário de limpeza fica mais congestionado e menos capaz de se concentrar. Alguns cientistas suspeitam que é por isso que as pessoas que estão com déficit de sono correm maior risco, a longo prazo, de desenvolver demência. Quando você dorme, diz Roxanne, "você está se consertando".

Outra coisa que acontece durante o sono é que seus níveis de energia são restaurados e reabastecidos. Charles contou-me que "o córtex pré-frontal é a área de julgamento do cérebro e parece ser particularmente sensível à perda de sono... Você nota que, mesmo com uma única noite sem sono, essa área do cérebro simplesmente não utiliza mais glucose, a principal fonte de energia cerebral. É como se ficasse totalmente gelada". Sem renovar suas fontes de energia, você não consegue pensar com clareza.

Mas, para mim, o processo mais intrigante que ocorre quando dormimos é que sonhamos – e isto, segundo aprendi, também desempenha uma função importante. Em Montreal, entrevistei Tore Nielsen, professor de Psiquiatria. Ele costuma dizer às pessoas que tem o "emprego dos sonhos" e pede que adivinhem o que faz. Depois que arriscam vários palpites – piloto de Fórmula 1? Degustador de chocolates? – ele diz qual é: ele dirige o Laboratório de Sonhos na Universidade de Montreal. Ele me contou que alguns cientistas da área acreditam que "sonhar ajuda você de algum modo a se adaptar emocionalmente a eventos da vigília". Quando uma pessoa sonha, revisita momentos estressantes, mas sem que haja hormônios de estresse inundando seu sistema. Esses cientistas acreditam que, ao longo do tempo, isso facilita lidar com o estresse – o que por sua vez torna mais fácil focar. Tore enfatiza que parece haver alguma evidência que apoia essa teoria e também dados que a contradizem, e que precisamos, portanto, saber mais para ter certeza.

Mas se a teoria for correta, então temos um problema – porque como sociedade sonhamos cada vez menos. Os sonhos acontecem principalmente no estágio do sono conhecido como REM (*rapid-eye movement* ou movimento rápido dos olhos). Tore contou-me: "Os períodos mais longos e mais intensos de REM são os que ocorrem perto da sétima ou oitava hora do ciclo do sono. Portanto, se reduz seu sono a cinco ou seis horas, há boas chances de que não esteja obtendo esses períodos longos e intensos de REM". Enquanto ele dizia isto, fiquei pensando: Como é possível? Somos uma sociedade e cultura tão frenéticas que não temos nem mais tempo para sonhar?

Conforme nos vemos "ligados" e incapazes de ter um bom sono, cada vez mais recorremos a drogas a fim de "apagar" – seja bebida alcoólica, seja melatonina ou zolpidem. Nos Estados Unidos, 9 milhões de pessoas – 4% dos adultos – usam comprimidos prescritos para dormir, e muitos mais usam facilitadores do sono vendidos sem prescrição médica, como eu fiz por muitos anos. Mas Roxanne disse-me com franqueza: "Se você induz o sono quimicamente, não tem o mesmo tipo de sono". Lembre-se – o sono é um processo ativo, no qual seu cérebro e seu corpo fazem um monte de coisas. Muitas delas não acontecem ou então ocorrem bem menos quando o sono é regado a drogas ou bebida. Maneiras diferentes de induzir artificialmente o sono podem ter efeitos diferentes. Se alguém toma 5 mg de melatonina – que costuma ser a dose padrão vendida sem receita médica nos Estados Unidos – Roxanne disse que a pessoa corre o risco de "estourar seus receptores de melatonina", e sem eles fica mais difícil dormir. Coisas mais pesadas provocam efeitos mais severos. Com o zolpidem e outros sedativos prescritos, ela adverte: "O sono é um equilíbrio realmente importante de vários e vários neurotransmissores, e se você artificialmente... dá uma turbinada em um deles, isso muda o equilíbrio desse sono". Você provavelmente terá menos sono REM, e sonhará menos, portanto, perderá todos os benefícios que vêm desse estágio crucial. Talvez fique grogue o dia inteiro – e é por isto que os comprimidos aumentam seu risco de morte por várias causas: tem-se uma maior probabilidade de ter um acidente de carro, por exemplo.[54] "Se já passou por alguma cirurgia e se recuperou, é como ao sair da anestesia", comentou Roxanne; você nunca diz, "Ah, estou me sentindo muito revigorado". Se você arruma um jeito de "apagar", é como se tomasse um anestésico leve. Seu corpo não descansa nem consegue se limpar, revigorar e sonhar como precisa.

Roxanne comentou que existem alguns usos legítimos para os soníferos – por exemplo, talvez seja sensato tomá-los por um curto período depois que a pessoa sofre uma perda traumática. Mas adverte que "definitivamente não é a solução para insônia", e por isso os médicos preferem não receitá-los por longos períodos.

Um sinal do quanto estamos disfuncionais em relação ao sono é que as pessoas que mais deveriam nos alertar a respeito desta crise – os médicos – estão na realidade sendo exigidos a se privar de sono para obter suas qualificações. Como parte da sua formação, os médicos precisam trabalhar em extenuantes turnos de vinte e quatro horas quando solicitados – nos países de língua inglesa apelidaram isso de "bancar o Jack Bauer", por causa da série de TV *24 Horas*, na qual Kiefer Sutherland não consegue dormir por estar à caça de terroristas. Isso coloca os pacientes em risco. Mas acabamos produzindo uma cultura na qual até mesmo as pessoas que deveriam conhecer melhor os efeitos da falta de sono criam um fetiche em cima do fato de ficarem sem dormir além do razoável, exatamente como fazemos todos nós.

A segunda pergunta que me vi fazendo era: Considerando que a privação de sono é tão prejudicial e, em certo nível todos sabemos disso, por que estamos dormindo menos? Por que abrimos mão de uma das nossas necessidades mais básicas?

Há um grande debate científico a respeito disso e existem vários fatores que parecem atuar. Alguns serão vistos mais adiante neste livro. Um deles – surpreendentemente – é nossa relação com a luz física. Charles fez alguns dos principais avanços nesse sentido. Até o século

19, a vida de quase todos os seres humanos era moldada basicamente pelo nascer e pôr do sol. Nossos ritmos naturais evoluíram para corresponder a isso – obtemos um afluxo de energia quando está claro, e nos sentimos sonolentos depois que escurece. Por quase toda a história humana, nossa capacidade de intervir nesse ciclo foi bem restrita – podíamos acender fogueiras, e só. Mas os humanos evoluíram para ser tão sensíveis a mudanças de luminosidade, diz Charles, quanto as algas e as baratas. Mas, de repente, com a invenção da luz elétrica, ganhamos o poder de controlar a luz à qual ficaremos expostos – e esse poder começou a bagunçar nossos ritmos internos.

Eis um exemplo claro. Nós evoluímos para sermos capazes de obter um aporte de energia – um "jorro de impulso de vigília", diz Charles – quando o sol começa a se pôr. Isso foi muito útil aos nossos ancestrais. Imagine-se acampando e que o sol começa a se pôr – sentir esse jorro de vigília torna-se muito útil porque você consegue terminar de montar sua barraca antes que anoiteça. Do mesmo modo, nossos ancestrais obtinham esse frescor de jorro energético assim que a luz diminuía a fim de poderem voltar em segurança para seu grupo e concluir as coisas que precisavam fazer naquele dia. Mas agora nós controlamos a luz. Decidimos quando é que o pôr do sol acontece. Portanto, se mantemos luzes brilhantes ligadas até a hora de dormir ou assistimos TV com fones de ouvido já na cama, ao desligar os aparelhos disparamos acidentalmente um processo físico – nossos corpos acham que essa repentina baixa na luz é a chegada do pôr do sol, e então liberam um jorro de energia fresca para ajudar-nos a voltar à nossa caverna.

"Agora, esse surto de impulso de vigília, em vez de acontecer às 15 ou 16 horas, antes que o sol se ponha às 18 horas, está acontecendo às 22, 23 horas, meia-noite", diz Charles. "Você tem o surto de energia de vigília na hora em que decide deitar. Acorda pela manhã e se sente como se fosse morrer. Você jura que no dia seguinte vai dormir mais, mas não se sente cansado na noite seguinte", porque assistiu mais TV ou ficou no laptop já na cama e desencadeou o mesmo processo de novo. "O surto é muito poderoso, portanto, as pessoas pensam 'Estou ótimo', mas a manhã é um borrão no qual não têm mais lembranças." Charles acredita que – como disse a outro entrevistador[55] – "toda vez que acendemos uma luz, estamos inadvertidamente tomando uma droga que afeta como iremos dormir". Isso continua dia após dia. "Trata-se de um grande fator que contribui para essa epidêmica deficiência de sono – porque estamos nos expondo à luz cada vez mais tarde", explicou. De fato, 90% dos norte-americanos olham para algum dispositivo eletrônico brilhante nos sessenta minutos que antecedem a ida para a cama – desencadeando justamente esse processo. Estamos agora expostos a dez vezes mais luz artificial do que há apenas cinquenta anos.[56]

Fiquei especulando se uma das razões pelas quais dormi tão melhor em Cabo Cod foi por ter voltado a algo mais próximo desse ritmo natural. Quando o sol se põe em Provincetown, a cidade fica mais escura e perto da minha casa de praia praticamente não havia luz artificial, nem sequer uma luminária de rua. Aquela névoa alaranjada de ar poluído que ilumina o céu em todos os lugares em que vivi não estava ali, havia apenas a luz suave da Lua e das estrelas.

Mas Charles disse que você só pode compreender de fato nossa crise de sono se levar em conta um contexto bem mais amplo. À primeira vista, o que estamos fazendo é loucura: "Não privaríamos nossos filhos de nutrição. Nem sequer em fazer isso. Por que então estamos privando-os de sono?". Mas parece que há um sentido sombrio quando examinamos a questão em um quadro mais amplo. Em uma sociedade dominada pelos valores do capitalismo consumista, "O sono é um grande problema", ele comentou comigo. "Se você está dormindo, não está gastando dinheiro, portanto não está consumindo nada. Não está produzindo nenhum produto." Ele explicou que "durante a última recessão [em 2008]... algumas pessoas diziam que a produção global havia caído em não sei quantos por cento e que o consumo estava em baixa. Mas se todo mundo fosse gastar uma hora a mais dormindo [como era no passado], deixariam de passar tanto tempo na Amazon. Não estariam comprando coisas". Se voltássemos a dormir um número de horas saudável – se todo mundo fizesse o que fiz em Provincetown – Charles disse que "haveria um terremoto em nosso sistema econômico, porque ele passou a depender de pessoas privadas de sono. As falhas de atenção são vistas apenas como um dano colateral. Como se fossem o mero custo de fazer negócios".

Só entendi o quanto esse ponto é de fato relevante quando terminava de escrever este livro.

Tudo isso levanta a uma última grande questão sobre o sono – como resolver essa crise? Há várias camadas para essa solução. A primeira é pessoal e individual. Como Charles explica, é preciso limitar radicalmente sua exposição à luz antes de ir dormir. Ele acredita que não se deve ter nenhuma luz artificial no quarto e que deve-se evitar a luz azulada das telas no mínimo por duas horas antes de nos deitarmos.

Outra coisa que os especialistas em sono me disseram é que também precisamos ter um relacionamento diferente com o celular. Roxanne contou que, para muitos de nós, "é como se fosse seu bebê, certo? Portanto, como pai/mãe novo sua atitude é do tipo – preciso estar vigilante com essa coisa o tempo todo. Preciso prestar atenção. Não posso dormir tão profundamente. Ou então você é como um bombeiro que fica alerta para um possível chamado". Estamos constantemente um pouco tensos, pensando "será que aconteceu alguma coisa?" Ela diz que devemos sempre carregar o celular à noite em um outro aposento, onde não possamos vê-lo ou ouvi-lo. Depois, precisamos nos certificar de que o quarto está na temperatura certa – tem que estar fresco, quase frio. Isso porque o corpo precisa esfriar seu núcleo para encaminhá-lo para o sono e, quanto mais difícil isso for, mais tempo vai exigir.

Essas são dicas úteis (e relativamente conhecidas) – mas, como todos os especialistas com os quais falei reconhecem, não são suficientes para a maioria das pessoas. Vivemos em uma cultura que está continuamente amplificando nosso estresse e nossos estímulos. Você pode explicar tudo isso às pessoas, falar dos benefícios à saúde de uma boa e longa noite na cama, e elas concordarão, mas dirão, "Você já viu a lista de tudo o que eu preciso fazer nas próximas vinte e quatro horas? E ainda quer que eu gaste nove horas dormindo?".

Conforme fui vendo as várias coisas que precisamos fazer para melhorar nosso foco, percebi que vivemos um evidente paradoxo. Muitas dessas coisas são tão óbvias que soam banais: desacelerar, fazer uma coisa por vez e dormir mais. Mas mesmo sabendo que são todas verdadeiras, estamos na realidade indo na direção contrária: em direção a mais velocidade, mais alternâncias e menos sono. Vivemos em um hiato entre o que sabemos que devemos fazer e o que sentimos que podemos fazer. A questão-chave, então, é: o que está causando esse hiato? Por que não podemos fazer as coisas óbvias que melhorariam nossa atenção? Que forças estão nos impedindo? Passei grande parte do resto da minha jornada descobrindo as respostas.

Força nº 4:

O colapso da leitura sustentada

Há uma incrível livraria no extremo oeste de Provincetown que se chama *Tim's Used Books*. Você entra e, na mesma hora, inala os eflúvios intensos que vêm daqueles livros antigos empilhados por toda parte. No verão, eu ia lá quase que diariamente para comprar mais um livro para ler. Havia uma jovem que trabalhava no caixa, muito inteligente, e ficava batendo papo com ela. Toda vez que ia lá, eu notava que ela estava lendo um livro diferente – um dia Vladimir Nabokov ou Joseph Conrad, outro dia Shirley Jackson. "Uau", eu disse, "você lê rápido." "Ah", ela respondeu, "que nada! Não leio rápido, não. Só consigo ler o primeiro capítulo ou os dois primeiros." Perguntei: "É mesmo? Por quê?". Ela respondeu: "Acho que não consigo me concentrar". Ali estava uma jovem inteligente, com farto tempo disponível, rodeada por muitos dos melhores livros já escritos e com vontade de lê-los – mas que só ia até o primeiro ou segundo capítulos, e então sua atenção pifava, como um motor avariado.

Perdi a conta das inúmeras pessoas que conheço e que dizem a mesma coisa. Quando conheci David Ulin, crítico de livros e editor do *Los Angeles Times* por mais de trinta anos, ele contou que havia perdido a capacidade de ler com profundidade por longos períodos. porque toda vez que tentava isso era atraído de volta para a empolgação das conversas on-line. É um homem incrivelmente inteligente, cuja vida girou em torno de livros. Achei desconcertante.

A proporção de norte-americanos que leem livros por prazer está agora no nível mais baixo já registrado. O American Time Use Survey

[Levantamento Americano do Uso do Tempo] – que estuda uma amostra representativa de 26 mil norte-americanos – descobriu que entre 2004 e 2017 a proporção de homens que leem por prazer caiu 40%, e a de mulheres teve redução de 29%.[57] A empresa Gallup, de pesquisas de opinião, descobriu que a proporção de norte-americanos que nunca haviam lido um livro em um ano qualquer triplicou entre 1978 e 2014.[58] Cerca de 57% dos norte-americanos agora não leem um livro sequer em um ano típico. Isso escalou a ponto de por volta de 2017 o norte-americano médio passar dezessete minutos[59] por dia lendo livros e 5,4 horas ao telefone.[60] Quem sofreu mais foi a ficção literária complexa. Pela primeira vez na história moderna, menos da metade dos norte-americanos leem literatura por prazer.[61] O tópico foi menos estudado na Grã-Bretanha, mas parece que as tendências são similares ali e em outros países[62]: entre 2008 e 2016 o mercado para romances caiu 40%. Em um único ano[63] – 2011 – as vendas de livros de ficção em brochura caíram 26%.

Mihaly Csikszentmihalyi constatou em sua pesquisa que uma das formas mais simples e comuns de fluxo que as pessoas experimentam na vida é ler um livro – e, como outras formas de fluxo, essa também tem sido barrada em nossa cultura de constante dispersão. Pensei muito sobre isso. Para muitos de nós, ler um livro é a forma de foco mais profunda que experimentamos – você dedica muitas horas de sua vida, tranquilas, calmas, a um assunto e permite que ele fique marinando na sua mente. É o recurso por meio do qual a maioria dos avanços no pensamento humano, ao longo dos últimos quatrocentos anos, têm sido elaborados e explicados. E essa experiência está agora em queda livre.

Em Provincetown, notei que não só lia mais – mas lia de um jeito diferente. Ficava em uma imersão muito mais profunda nos livros que havia escolhido ler. Perdia-me neles por intervalos de tempo realmente longos, às vezes dias inteiros – e senti como se estivesse entendendo e relembrando mais aquilo que lia. Era como se naquela cadeira de praia junto ao mar, lendo um livro atrás do outro, viajasse mais longe do que nos cinco anos precedentes de deslocamentos frenéticos ao redor do mundo: ia dos campos de batalha das guerras napoleônicas ao Sul Profundo dos Estrados Unidos, lendo sobre a vida de uma pessoa escravizada, ou via-me como uma mãe israelita tentando não saber da notícia da morte do filho. Conforme refleti sobre isto, lembrei-me de novo de um livro que havia lido dez anos antes: *A geração superficial*, de Nicholas Carr, uma obra de referência que alertou as pessoas para um aspecto crucial da crescente crise de atenção. Ele advertiu que nossa maneira de ler parece estar mudando à medida que migramos para a internet – e então pesquisei um dos principais nomes nos quais ele se apoiou, a fim de ver o que havia sido aprendido desde então.

Anne Mangen é professora de letramento na Universidade Stavanger, na Noruega, e explicou que em duas décadas de pesquisas sobre o assunto comprovou algo crucial. Ler livros é algo que nos treina a ler de uma maneira particular – linear, focada em uma só coisa por um período sustentado de tempo. Ler a partir de telas, foi o que ela descobriu, nos treina para ler de outra maneira – pulando e passando maniacamente de uma coisa à outra. Os estudos dela concluíram que quando lemos em telas "é mais provável que fiquemos escaneando e lendo superficialmente" – correndo os olhos rapidamente pela informação para extrair o que precisamos. Mas, segundo ela, depois de fazer isso por uma extensão de tempo suficiente "esse escaneamento e leitura superficial transborda. Começa a colorir ou a influenciar o jeito como lemos em papel... Esse comportamento também se torna de certo modo o nosso padrão". Foi justamente o que notei quando tentei mergulhar em Dickens logo ao chegar a Provincetown e me vi apressado, querendo ultrapassá-lo, como se o texto fosse um artigo de notícia e eu quisesse saber logo os fatos principais.

Isso cria uma relação diferente com a leitura. Ela deixa de ser uma forma de imersão prazerosa em outro mundo e se torna uma corrida dentro de um supermercado lotado para você pegar o que precisa e sair logo de lá. Quando essa virada acontece – quando sua leitura em tela contamina a leitura em papel –, perdemos um pouco dos prazeres de ler os livros, e eles se tornam menos atraentes.

Isso gera outro efeito em cadeia. Anne realizou estudos nos quais dividiu pessoas em dois grupos, dando a um dos grupos informações em livro impresso e ao outro as mesmas informações em telas.[64]

Perguntaram então a todos o que haviam acabado de ler. Nesse tipo de situação, você descobre que as pessoas compreendem e se lembram menos daquilo que absorvem em telas. Existe hoje ampla evidência científica disso, a partir de 54 estudos,[65] e ela explicou que o tópico é referido como "inferioridade de tela". Essa lacuna na compreensão entre livros e telas é grande o suficiente para que em crianças do ensino elementar seja equivalente a dois terços de um ano no desenvolvimento da compreensão da leitura.[66]

Enquanto ela falava, percebi que, de certo modo, essa queda no índice de leitura de livros é sintoma da atrofia da nossa atenção e que também pode ser uma de suas causas. É uma espiral – conforme passamos de livros para telas, vamos perdendo um pouco a capacidade de ler em profundidade que é própria dos livros, e isso, por sua vez, reduz nossa probabilidade de ler livros. É como quando você ganha peso e por essa razão sente cada vez maior dificuldade para se exercitar. Como resultado, Anne contou que sua preocupação era que acabássemos perdendo de vez "nossa capacidade de ler textos longos", e também a nossa "paciência cognitiva... [e] o vigor e a capacidade de lidar com textos desafiadores no aspecto cognitivo". Quando estava em Harvard realizando entrevistas, um professor me contou que precisava fazer o maior esforço para que seus alunos lessem até mesmo livros muito curtos, e que cada vez mais lhes indicava *podcasts* e vídeos do YouTube para assistir. E estamos falando de Harvard. Comecei a tentar imaginar o que será de um mundo em que essa forma de foco profundo encolhe tanto e tão rápido. O que acontecerá quando essa camada mais profunda de pensamento se tornar disponível a um número muito menor de pessoas, até virar o interesse de uma pequena minoria, como ocorre com a ópera ou o voleibol?

Conforme andava pelas ruas de Provincetown, meditando sobre algumas dessas questões, eu me vi pensando de novo em uma famosa ideia que agora percebia que nunca havia compreendido de fato – e que também foi tratada, de forma diferente, por Nicholas Carr em seu livro.[67] Na década de 1960, o professor canadense Marshall McLuhan falou muito sobre a chegada da televisão e como ela vinha transformando nossa maneira de enxergar o mundo. Disse que essas mudanças eram tão extensas e profundas que ficava difícil vê-las realmente. Quando tentou resumir isso em uma expressão, afirmou que "o meio é a mensagem".[68] O que ele quis dizer, penso eu, é que quando uma nova tecnologia chega, você pensa nela como se fosse um tubo – isto é, alguém despejando informação em uma ponta, e você recebendo-a não filtrada na outra. Mas não é assim. Toda vez que um novo meio aparece – seja a invenção do livro impresso, a TV ou o Twitter – e você começa a usá-lo, é como se estivesse colocando um novo tipo de óculos, com suas cores e lentes especiais. Cada par de óculos que coloca faz você ver as coisas de um jeito diferente.

Assim (por exemplo), quando você começa a assistir televisão, antes de absorver a mensagem de qualquer programa em particular – seja um programa de variedades, seja um seriado sobre homicídios – começa a ver o mundo como se ele fosse modelado como a própria televisão. É por isso que McLuhan disse que toda vez que aparece um novo meio – uma nova maneira de os humanos se comunicarem – traz embutido nele uma mensagem. Ele guia você sutilmente para ver o mundo de acordo com um novo conjunto de códigos. Segundo McLuhan, a maneira pela qual a informação chega é mais importante que a própria informação. A TV ensina a você que o mundo é rápido; que consiste em superficialidades e aparências; que tudo no mundo está acontecendo ao mesmo tempo.

Isso me fez especular qual seria a mensagem que estamos absorvendo das mídias sociais, e de que maneira ela se compara à mensagem que absorvemos dos livros impressos. Pensei primeiro no Twitter. Quando entra nesse site – não importa se você é o Donald Trump ou o Bernie Sanders ou uma celebridade qualquer – você está absorvendo uma mensagem por um meio e enviando-a aos seus seguidores. Qual é essa mensagem? Primeiro: que não deve focar em uma apenas uma única coisa por muito tempo. O mundo pode e deve ser entendido a partir de declarações curtas, simples, de 280 caracteres. Segundo: o mundo deve ser interpretado e entendido de modo assertivo e muito rápido. Terceiro: o que mais importa é se as pessoas concordam imediatamente com e aplaudem suas declarações curtas, simples e rápidas. Uma declaração bem-sucedida é aquela que muitas pessoas imediatamente aplaudem; uma declaração malsucedida é aquela que as pessoas imediatamente ignoram ou condenam. Quando você tuita, antes que diga mais alguma coisa, está dizendo que em algum nível concorda com essas três premissas. Você colocou esses óculos e está vendo o mundo através deles.

E quanto ao Facebook? Qual é a mensagem nesse meio? Parece que é, em primeiro lugar: que a sua vida existe para ser exibida para as outras pessoas e que você deve ter como meta mostrar diariamente aos seus amigos alguns destaques editados de sua vida. Segundo: o que importa é se as pessoas gostam imediatamente dessas edições cuidadosamente selecionadas que você passa o dia produzindo. Terceiro: que alguém é seu "amigo" se você regularmente vê os destaques editados dele, e ele vê os seus – é isso o que "amizade" significa.

E quanto ao Instagram? Primeiro: o que importa é como você olha para o mundo exterior. Segundo: o que importa é como você olha para o mundo exterior. Terceiro: o que importa é como você olha para o mundo exterior. Quarto: o que importa é se as pessoas *gostam* de como você olha para o mundo exterior. (Não estou dizendo isso para produzir um efeito divertido ou sarcástico: essa é de fato a mensagem que o site oferece.)

Percebi então uma das principais razões pelas quais as mídias sociais me fazem sentir tão fora de sintonia com o mundo, e comigo mesmo. Acho que todas essas ideias – todas as mensagens implícitas nessas mídias – estão equivocadas. Vamos examinar o Twitter. O mundo, na realidade, é complexo. Para poder expressar isso honestamente, em geral, é preciso focar em uma coisa por um intervalo de tempo significativo e é preciso ter espaço para poder falar longamente. São bem poucas as coisas que vale a pena dizer e que podem ser explicadas em 280 caracteres. Se sua reação a uma ideia é imediata, a não ser que tenha acumulado anos de experiência no tópico mais amplo, o mais provável é que ela seja superficial e desinteressante. O fato de as pessoas concordarem imediatamente com você não indica que aquilo que está dizendo seja verdadeiro ou certo – você terá que concluir por si.

A realidade só pode ser compreendida de maneira sensata se fizermos o *oposto* das mensagens do Twitter. O mundo é complexo e requer foco constante para ser entendido; é preciso refletir a respeito dele e compreendê-lo com calma; e as verdades mais importantes costumam se afigurar impopulares da primeira vez que são formuladas. Eu notei que os períodos da minha vida em que fui mais bem sucedido no Twitter

– em termos de seguidores e retuítes – foram quando fui menos útil como ser humano: quando me mostrei privado de atenção, simplista e injurioso. Claro que ocasionalmente há pérolas de *insight* – mas se ele se torna seu modo dominante de absorver informação, acredito que a qualidade do seu pensamento vai declinar rapidamente.

O mesmo vale para o Instagram. Gosto de ver gente bonita, como todo mundo. Mas achar que a vida gira basicamente em torno dessas superficialidades – obter aprovação por sua barriga definida ou porque você fica linda de biquíni – é uma receita para a infelicidade. E o mesmo vale para boa parte de nossa interação no Facebook. Não tem nada a ver com amizade uma pessoa mostrar interesse invejoso pelas fotos de outra, por suas ostentações e queixas, e esperar que outras façam o mesmo em relação a ela. Na realidade, isso é bem o oposto de amizade. Amizade é quando um olha nos olhos do outro, fazem coisas juntos no mundo, quando é uma infindável troca de boas risadas e de abraços apertados, de alegria, dores e dança. E são essas coisas que o Facebook com frequência drena de você ao preencher seu tempo com paródias vazias de amizade.

Depois de pensar em tudo isso, voltei aos livros impressos que vinha empilhando junto à parede da minha casa de praia. Fiquei me perguntando: qual seria a mensagem embutida na mídia "livro impresso"? Antes que as palavras transmitam seu sentido específico, a mídia do livro nos fala de várias coisas. Em primeiro lugar, que a vida é complexa e que para você entendê-la precisa reservar uma boa porção de tempo e pensar profundamente a respeito. Precisa desacelerar. Em segundo lugar, que há um valor em deixar de lado suas outras preocupações e focar atenção em uma coisa só, frase por frase, página por página. Em terceiro lugar, que vale a pena pensar profundamente a respeito de como as outras pessoas vivem e como suas mentes funcionam. Elas têm vidas interiores complexas, igual a você.

Eu concordo com as mensagens da mídia livro. Penso que são verdadeiras. Acredito que incentivam as melhores partes da natureza humana – e que uma vida com muitos episódios de foco profundo é uma boa vida. É por isso que ler livros é algo que me nutre. E não concordo com as mensagens trazidas pela mídia das redes sociais. Penso que elas alimentam as partes mais feias e rasas da minha natureza.

É por isso que gastar tempo nesses sites – mesmo quando, pelas regras do jogo, eu me desempenho bem e ganho *likes* e seguidores – cria em mim a sensação de que estou ficando esvaziado e infeliz. Gosto da pessoa que me torno quando leio um monte de livros. E não gosto da pessoa que me torno quando passo um monte de tempo nas redes sociais.

Mas, então, questionei se não estaria me iludindo – afinal, tratavam-se apenas de sensações e intuições minhas – portanto, mais tarde fui até a Universidade York, em Toronto, entrevistar Raymond Mar, que é professor de Psicologia ali. Raymond é um dos cientistas sociais que mais estudou os efeitos que a leitura de livros tem sobre nossa consciência e a pesquisa dele ajudou a abrir um caminho distinto de pensamento a respeito da questão.

Quando era garotinho, Raymond lia obsessivamente – mas nunca lhe ocorrera avaliar como a própria leitura poderia afetar como a nossa mente trabalha. Até que foi para a universidade e seu orientador, o professor Keith Oatley, sugeriu-lhe um pensamento. Quando alguém lê um romance, mergulha nele para saber como é estar na cabeça de outra pessoa. Simula uma situação social. Imagina outras pessoas e as experiências que elas têm, e o faz de maneira profunda e complexa. Então, disse ele, se alguém lê *um monte* de romances, talvez se torne melhor em compreender de fato as pessoas que estão *fora* daquelas páginas. Talvez a ficção seja uma espécie de treino de musculação para a empatia, melhorando nossa capacidade de sentir empatia pelas outras pessoas – que é uma das formas de foco mais ricas e preciosas que temos. Juntos, os dois decidiram iniciar o estudo dessa questão em moldes científicos.

É uma coisa complicada de estudar. Outros cientistas desenvolveram uma técnica que consiste em dar a alguém um trecho para ler e então imediatamente testar sua empatia. Mas, para Raymond, isso era falho. Se a leitura nos afeta, ela promoverá uma remodelação ao longo de um tempo maior – não é como o ecstasy, que alguém engole e experimenta efeitos imediatos por várias horas.

Com seus colegas, ele propôs um experimento inteligente em três estágios, projetado para ver se esse efeito de longo prazo de fato existia. Ao participar desse teste, a pessoa era levada a um laboratório e recebia uma lista de nomes. Alguns eram de romancistas famosos; havia também nomes de escritores famosos, mas de não ficção; e alguns nomes de pessoas aleatórias que não eram escritores. Pedia-se então que se traçasse um círculo nos nomes dos romancistas e depois, separadamente, que circulasse os nomes dos escritores de não ficção. Raymond conjeturou que as pessoas que tivessem lido mais romances ao longo da vida seriam capazes de identificar mais nomes de escritores de ficção. No momento, ele dispunha também de um interessante grupo de comparação – pessoas que haviam lido muitos livros de não ficção.

Então aplicou a todos os participantes dois testes. O primeiro empregava uma técnica às vezes utilizada para diagnosticar autismo. O participante observa uma série de fotos da área dos olhos de algumas pessoas e então tem que responder: no que essa pessoa está pensando. É uma maneira de avaliar o quanto alguém é bom em ler os sinais sutis que revelam o estado emocional de outra pessoa. No segundo teste, o participante assiste a vários vídeos de pessoas reais em situações reais, por exemplo, dois homens que acabaram de jogar uma partida de *squash* e estão conversando. E precisa dizer: o que está acontecendo ali? Qual dos dois ganhou a partida? Que tipo de relacionamento existe entre os dois? Como estão se sentindo? Raymond e os pesquisadores conheciam a resposta real – portanto, podiam ver quais eram os participantes que tinham melhor desempenho em ler os sinais sociais e dizer do que se tratava.

Quando eles obtiveram os resultados, viram que eram claros. Quanto mais romances alguém lê, melhor é em ler as emoções das outras pessoas. Era um efeito poderoso. Não se tratava apenas de uma indicação de que a pessoa era mais instruída – porque a leitura de livros de não ficção, ao contrário, não tinha efeito sobre a empatia.

Perguntei a Raymond – por quê? A leitura, disse ele, cria uma "forma única de consciência [...] Ao ler, direcionamos a atenção para fora, para o mundo da página, e, ao mesmo tempo, enormes quantidades de atenção vão para dentro, à medida que imaginamos e simulamos aquilo mentalmente". É diferente de simplesmente fechar os olhos e tentar imaginar algo da própria cabeça. "É algo que está sendo estruturado – mas nossa atenção fica em um lugar muito peculiar, e flutua não só em direção à página, em direção às palavras, mas também oscila depois para dentro, em direção ao que aquelas palavras representam." É uma maneira de combinar "atenção dirigida para fora e atenção dirigida para dentro". Quando alguém lê ficção, em particular, imagina como é ser outra pessoa. A pessoas se vê, diz ele, "tentando compreender os diferentes personagens, suas motivações, suas metas, rastreando essas várias coisas. É uma prática. Provavelmente usamos os mesmos tipos de processos cognitivos que usaríamos para compreender nossos pares na vida real". Você simula ser outro ser humano tão bem que a ficção passa a ser um simulador de realidade virtual muito melhor que as máquinas atualmente comercializadas sob este nome.

Segundo Raymond, cada um de nós só consegue experimentar uma pequena fração da condição de ser um humano vivendo nos dias de hoje, mas ao ler ficção conseguimos nos ver dentro das experiências de outras pessoas. Isso não desaparece quando se sai do romance. Quando mais tarde encontramos uma pessoa no mundo real, nos sentimos mais capazes de imaginar como é ser aquela pessoa. Já a leitura de um relato factual, apesar de nos dar maior conhecimento, não tem esse efeito de expandir a empatia.

Existem agora dezenas de outros estudos replicando o efeito essencial que Raymond descobriu. Perguntei para ele o que aconteceria se descobríssemos uma droga que turbinasse a empatia tanto quanto a leitura de ficção tem mostrado fazer no trabalho dele. "Se não tivesse efeitos colaterais", respondeu, "acho que seria uma droga muito popular." Quanto mais falava com Raymond, mais refletia que a empatia é uma das formas mais complexas de atenção que temos – e a mais preciosa. Muitos dos mais importantes avanços na história humana têm sido na área da empatia – como o entendimento por parte de algumas pessoas brancas de que outros grupos étnicos têm sentimentos e capacidades e sonhos iguais aos delas; o entendimento por parte de alguns homens de que a maneira pela qual têm exercido poder sobre as mulheres não era legítima e causava um sofrimento real; o entendimento por muitos heterossexuais de que o amor gay não deve nada ao amor hétero. A empatia torna o progresso possível, e toda vez que se amplia a empatia humana, você abre o universo um pouco mais.

Mas – como Raymond é o primeiro a destacar – esses resultados podem ser interpretados de maneira muito diferente. É provável que ler ficção, ao longo do tempo, estimule sua empatia. Mas talvez as pessoas que já são empáticas por natureza simplesmente sintam maior atração pela leitura de romances. Isto torna sua pesquisa controversa, e contestada. Ele disse que é provável que ambas as coisas sejam verdadeiras – que ler ficção estimule a empatia, e que pessoas empáticas sejam mais atraídas a ler ficção. Mas há indícios, disse ele, de que a leitura de ficção tem efeito realmente significativo: um de seus estudos revelou que quanto mais lemos histórias para uma criança – algo que é mais uma escolha dos pais do que dela – melhor ela se torna em ler as emoções dos outros.[69] Isso sugere que a experiência de ouvir histórias realmente expande a empatia nas crianças.

Temos, portanto, razões para acreditar que ler ficção estimula nossa empatia. Mas será que sabemos o que as formas que em grande parte substituem a ficção – como as redes sociais – estão fazendo conosco? Raymond disse que é muito fácil assumir uma atitude esnobe em relação às mídias sociais e cair em uma espécie de pânico moral, algo que ele considera uma maneira fútil de pensar. Há muita coisa boa nas redes, enfatizou. Os efeitos que ele descreve não têm a ver primariamente com a página impressa, de acordo com ele têm a ver com o fato de estar imerso em uma narrativa complexa que simula o mundo social. Seus estudos descobriram que longas séries de TV são tão eficazes quanto. Mas há um porém. Um de seus estudos mostrou que as crianças são mais empáticas quando leem histórias ou assistem filmes, mas isso não ocorre quando assistem a programas mais curtos.[70] Isso parece corresponder, penso eu, àquilo que vemos nas mídias sociais – se você vê o mundo através de fragmentos, sua empatia raramente é despertada, pelo menos da maneira que ocorre quando você se envolve em algo de forma sustentada, com foco.

Enquanto conversava com ele, pensei: *Nós internalizamos a textura das vozes às quais ficamos expostos*. Quando você se expõe às histórias complexas a respeito da vida interior de outras pessoas e por períodos de tempo extensos, isso reformula os padrões da sua consciência. Além disso, você fica mais perceptivo, mais aberto e empático. Se, ao contrário, você se expõe várias horas por dia a fragmentos desconectados daquelas coisas gritantes e furiosas que predominam nas redes sociais, seus pensamentos começarão a ser modelados assim. Suas vozes interiores ficarão mais cruas, mais vociferantes, menos capazes de ouvir pensamentos sutis e gentis. Tenha cuidado com as tecnologias que você usa, porque sua consciência ao longo do tempo será modelada de acordo.

Antes de me despedir de Raymond, perguntei por que ele passara tanto tempo estudando os efeitos que a leitura de ficção tem na consciência humana. Até o momento em que lhe fiz essa pergunta, ele havia se mostrado um especialista em dados, explicando seus métodos com grande detalhamento. Mas, ao responder essa pergunta seu rosto se iluminou. "Estamos todos na mesma bola de barro e água que potencialmente se encaminha para um fim catastrófico. Se queremos resolver esses problemas, não conseguiremos fazê-lo sozinhos", disse ele. "Por isso acho a empatia tão valiosa."

Força nº 5:
A disrupção da divagação mental

Há mais de cem anos, persiste uma imagem – uma metáfora – que, mais que todas as outras, dominou o pensamento dos especialistas a respeito da atenção. Imagine o Hollywood Bowl, lotado de dezenas de milhares de pessoas rindo, aos empurrões e aos gritos, enquanto se acomodam e aguardam o show. Então, de repente, as luzes se apagam e acende-se um holofote no palco. Ele ilumina um indivíduo: Beyoncé. Ou Britney. Ou Bieber. De repente, cessa toda a falação e a balbúrdia, e o foco se fecha em uma pessoa que exibe seu impressionante poder. Em 1890, o fundador da moderna psicologia norte-americana, William James, escreveu – no mais influente texto já escrito (pelo menos no mundo ocidental) sobre o assunto – que "todo mundo sabe o que é a atenção".[71] A atenção, disse ele, é um holofote. Dito de outro modo, é quando Beyoncé aparece, sozinha, no palco, e todos os demais à sua volta dão a impressão de desaparecer.

O próprio James também mencionou na época outras imagens, e os psicólogos têm tentado outras maneiras de pensar a respeito – mas desde então o estudo da atenção tem sido basicamente o estudo do holofote. Essa imagem, e percebi isso quando parei para pensar no assunto, também dominava minha maneira de encarar a atenção. Ela costuma ser definida como a capacidade de uma pessoa atentar seletivamente para algo no ambiente. Portanto, quando eu dizia estar disperso, era por não ser capaz de concentrar meu holofote naquela coisa em que queria pôr foco. Quero ler um livro, mas a luz da minha atenção não deixa de iluminar meu celular, ou as pessoas que estão conversando na rua do lado de fora, ou minhas ansiedades em relação ao trabalho. Há muita verdade nessa maneira de pensar a atenção – mas aprendi que, na realidade, ela é apenas uma das formas de atenção de que se precisa para funcionar plenamente. Ela existe ao lado de outras formas de atenção igualmente essenciais para você ser capaz de pensar com coerência – e, nesse momento, essas formas estão sob uma ameaça ainda maior que o seu holofote.

Na minha vida anterior à fuga para Cabo Cod, eu vivia em um tornado de estímulos mentais. Nunca saía para um passeio sem ficar ouvindo um *podcast* ou falar ao celular. Nunca esperava dois minutos em uma loja sem ficar olhando o celular ou lendo um livro. A ideia de não preencher cada minuto com algum estímulo me deixava em pânico, e eu achava estranho quando via outra pessoa que não fazia isso. Em viagens longas de trem ou de ônibus, toda vez que via uma pessoa simplesmente sentada seis horas, sem fazer nada a não ser olhar pela janela, sentia um impulso de me inclinar para ela e perguntar, "Desculpe incomodar. Não é da minha conta, mas só queria checar – você tem noção de que dispõe de uma quantidade de tempo limitada para viver, e que o tique-taque do relógio em contagem regressiva até a morte não para e que você *nunca* vai recuperar essas seis horas que está gastando para não fazer absolutamente nada? E que quando estiver morta, estará morta *para sempre*? Sabe que é assim, não é?". (Nunca cheguei a fazer isto, como pode deduzir do fato de eu não estar escrevendo este livro internado em uma instituição psiquiátrica, mas foi algo que me passou pela cabeça.)

Então, achei que em Provincetown, livre das dispersões, eu teria um benefício – seria capaz de ficar mais estimulado, por períodos de tempo mais longos e de reter ainda mais daquilo que inalasse. Pensava: Vou poder ouvir *podcasts* mais longos! Ler livros mais extensos! Isso de fato aconteceu – mas junto a outra coisa, algo que eu não previ. Um dia, deixei o iPod em casa e decidi simplesmente fazer um passeio pela praia. Caminhei umas duas horas e deixei meus pensamentos flutuarem, sem que meu holofote parasse em nada. Senti a mente vagar – dos pequenos caranguejos na praia, às memórias da minha infância, ideias para livros que poderia escrever dali a alguns anos, às formas de homens tomando sol de sunga. Minha consciência deslizava como os barcos que eu via balançando no horizonte.

De início, senti certa culpa. *Você veio aqui para focar*, disse a mim mesmo, *e para aprender a respeito do foco. Mas está se permitindo o oposto disso – uma detumescência mental.* Mas fui em frente. Não demorou e estava fazendo isso todos os dias e meus períodos de divagação começaram a se estender a três, quatro, às vezes até cinco horas. Isso teria sido impensável para mim na minha vida normal. Mas, naquela época, sentia-me mais criativo do que havia sido desde criança. Começaram a brotar ideias na minha cabeça. Quando voltava para casa e anotava, percebia que em um único passeio de três horas estava tendo mais ideias criativas – e fazendo mais conexões – do que acontecia antes em um mês. Também comecei a me permitir momentos mais curtos de divagação mental. Ao terminar a leitura de um livro, ficava ali simplesmente deitado uns vinte minutos, pensando sobre ele, os olhos postos no mar.

Era estranho, mas eu sentia que o fato de deixar meu holofote desaparecer totalmente melhorava minha capacidade de pensar e de focar de uma maneira que eu não era capaz de descrever. Como é possível isso? Só comecei a entender o que estava acontecendo quando soube que ao longo dos últimos trinta anos houve uma repentina efervescência de pesquisas exatamente sobre este assunto: a divagação mental.

Na década de 1950, na pequena cidade de Aberdeen, no estado de Washington nos Estados Unidos, um professor de Química do Ensino Médio, chamado sr. Smith, teve um problema com um de seus alunos, um adolescente chamado Marcus Raichle.[72] Ele chamou os pais do garoto e explicou com ar grave que o filho deles estava fazendo algo ruim. "Seu filho tem o hábito de devanear", disse. Todos sabemos que essa é uma das piores coisas que você pode fazer na escola.

Trinta anos mais tarde, o filho deles ajudou a dar um passo importante nessa área – um avanço que o sr. Smith não teria aprovado. Marcus tornou-se um destacado neurocientista e ganhou o Prêmio Kavli, uma honraria importante nessa área. Na década de 1980, uma maneira totalmente nova de ver o que acontecia no cérebro das pessoas – o escaneamento PET (de *positron emission tomography* ou "tomografia por emissão de pósitrons") – evoluiu a partir de seu gabinete, onde a tecnologia estava sendo aplicada pela primeira vez, por ele e seus colegas. Fui até esse mesmo local, a Escola de Medicina da Universidade Washington, em St. Louis, Missouri, para entrevistá-lo. Ele foi um dos primeiros cientistas a usar essa nova ferramenta e, ao conectá-la ao interior de um paciente, conseguiu ver o interior de um cérebro humano de uma maneira que praticamente ninguém antes havia visto.

Em sua formação médica, Marcus fora ensinado de modo assertivo que só podemos saber o que acontece dentro da nossa cabeça nos momentos em que não estamos focando. Seu cérebro fica "ali em dormência, quieto, sem fazer nada, como ficam os músculos até você começar a movimentá-los". Esse era o consenso. Mas um dia, ele notou algo estranho. Estava preparando alguns pacientes para um escaneamento PET e, enquanto eles aguardavam que lhes desse uma tarefa, ficavam ali simplesmente com a mente a vagar. Depois que concluiu a preparação, olhou para a máquina e ficou perplexo. Os cérebros daquelas pessoas não davam a impressão de estarem inativos, como seus professores diziam que ficavam. A atividade havia passado de uma parte do cérebro a outra – mas ele estava ainda em alta atividade. Surpreso, Marcus começou a estudar isso em detalhe. Denominou aquela região cerebral que fica mais ativa quando você acha que não está fazendo muita coisa de "rede de modo padrão" – e ao estudar isso melhor, analisando os cérebros das pessoas quando parecem não estar fazendo nada, ele conseguiu visualizar fisicamente que essa região ficava iluminada nos *scans* cerebrais. Enquanto observava, Marcus comentou, "Meu Deus, lá estava ela. A coisa toda. Foi simplesmente impressionante".

Foi uma mudança de paradigma em relação àquilo que os cientistas acreditavam ocorrer dentro de nossos cérebros, e desencadeou ao redor do mundo uma explosão de pesquisa científica sobre dezenas de tópicos. Um desses tópicos gerou um repentino surto de interesse nos aspectos científicos da divagação mental, a fim de saber: o que acontece quando nossos pensamentos fluem livremente, sem nenhum foco imediato para ancorá-los? Conseguimos, nessa hora, ver que algo está acontecendo

– mas o quê? Conforme o debate prosseguiu ao longo das décadas, alguns cientistas passaram a achar que a rede de modo padrão é a parte do cérebro que fica mais ativa durante a divagação mental, enquanto outros divergiam fortemente – o debate persiste. Mas os achados de Marcus criaram uma onda de pesquisa científica sobre a questão: por que nossas mentes divagam, e que benefícios isso pode produzir?

Para entender melhor, fui a Montreal, no Quebec (Canadá), entrevistar Nathan Spreng, professor de Neurologia e Neurocirurgia na Universidade McGill, e também até York, na Inglaterra, entrevistar Jonathan Smallwood, professor de Psicologia na universidade local. São duas das pessoas que têm estudado essa questão com maior profundidade. É um campo relativamente novo da Ciência, portanto algumas de suas ideias básicas ainda são bastante contestadas, e mais coisa será esclarecida nas próximas décadas. Mas nessas dezenas de estudos científicos, eles descobriram – a meu ver – três eventos cruciais que ocorrem durante a divagação mental.

Primeiro, você está lentamente tendo noção do mundo. Jonathan deu um exemplo. Quando se lê um livro – exatamente como você está fazendo agora – é óbvio que põe foco nas palavras e frases individuais, mas há sempre uma pequena parte de sua mente que fica vagando. Você fica pensando em como essas palavras se relacionam com sua própria vida. Pensa também em como essas frases se relacionam com o que eu disse nos capítulos anteriores. Pensa no que talvez eu diga em seguida. Divaga, podendo achar que aquilo que estou dizendo tem muitas contradições, ou que tudo fará sentido no final. De repente, até acessa uma memória da infância, ou algo que viu na TV na semana passada. "Você junta as diferentes partes do livro a fim de ter uma ideia do tema principal", disse ele. Isso não é uma falha na sua leitura. Isso *é* a leitura.[73] Se não deixasse sua mente vagar um pouco, neste exato momento, você não estaria realmente lendo este livro de uma maneira que fizesse sentido para si. Ter espaço mental suficiente para divagar é essencial para que seja capaz de entender um livro.

Isso vale não só para a leitura. Vale para a vida. Um pouco de divagação mental é essencial para que as coisas façam sentido.[74] "Se você não fosse capaz disso", Jonathan disse, "então muitas outras coisas seriam desperdiçadas." Ele descobriu que quanto mais se deixa a mente divagar, melhor se torna em definir metas pessoais organizadas,[75] em ser criativo[76] e tomar decisões pacientes, de longo prazo.[77] Você será capaz de fazer essas coisas melhor se deixar sua mente vagar e, de maneira lenta, inconsciente, tomar pé do sentido da sua vida.

Em segundo lugar, quando sua mente divaga, faz novas conexões entre as coisas – o que muitas vezes produz a solução para os seus problemas. Como Nathan me explicou, "Acho que o que acontece é que, quando há questões não resolvidas, o cérebro tenta fazer as coisas se encaixarem", desde que se dê espaço para que isso seja feito. Ele citou um exemplo famoso: Henri Poincaré, um matemático francês do século 19, estava às voltas com um dos problemas matemáticos mais difíceis e havia concentrado seu holofote em todas as minúcias do problema durante anos, sem chegar a nenhum resultado. Então um dia, quando estava em viagem, de repente, na hora em que entrava em um ônibus, a solução apareceu em sua mente com um *flash*. Foi só quando desligou o holofote de seu foco e deixou a mente divagar à vontade que ele conseguiu conectar as peças, e finalmente resolver o problema. Na realidade, quando você examina a história da Ciência e da Engenharia, muitos dos grandes avanços não aconteceram no período em que havia foco – aconteceram quando a mente divagava.

"A criatividade não é [quando você cria] alguma coisa nova que emerge de seu cérebro", Nathan disse. "É uma nova associação entre duas coisas que já estavam ali." Divagar possibilita "que linhas de pensamento mais extensas se desenvolvam, o que permite fazer mais associações". Henri Poincaré não teria chegado à sua solução se tivesse continuado com foco centrado no problema matemático que estava tentando resolver, ou se tivesse ficado totalmente disperso. Foi preciso haver essa divagação mental para levá-lo até a solução.

Em terceiro lugar, disse Nathan, durante a divagação sua mente envolve-se em uma "viagem mental no tempo", quando perambula pelo passado para tentar prever o futuro. Liberta das pressões de pensar com foco estreito a respeito daquilo que está bem à sua frente, sua mente começa a pensar no que poderia acontecer em seguida – e, portanto, ajuda a prepará-lo para isso.

Até ter contato com esses cientistas, eu achava que a divagação mental – à qual me dedicava tanto em Provincetown, e com muito prazer – era o oposto da atenção, e por isso me sentia culpado ao me entregar a ela. Mas percebi que estava equivocado. Trata-se, na verdade, de uma forma diferente de atenção – e muito necessária. Nathan contou que quando reduzimos nossa atenção a um holofote para focar em apenas uma coisa, isso exige "certa largura de banda", e quando desligamos o holofote, "ainda estamos na mesma largura de banda – só que conseguimos alocar mais desses recursos" para outras maneiras de pensar. "Portanto, não é que a atenção necessariamente diminua – ela só se desloca", para outras formas de pensamento cruciais.

Compreendi, então, que isso era algo que desafiava como fui criado a encarar a produtividade. Tenho a sensação instintiva de ter cumprido um bom dia de trabalho quando fico sentado no meu laptop, com o holofote focado em digitar palavras – e no final tenho alguma sensação de orgulho puritano com a minha produtividade. Toda a nossa cultura é moldada em torno dessa crença. Sua chefa quer vê-lo sentado na mesa todas as horas do dia; para ela, trabalho é isso. Essa maneira de pensar é implantada em nós desde muito cedo, quando, como ocorreu com Marcus Raichle, somos repreendidos na escola por ficar devaneando. É por isso que nos dias em que ficava simplesmente perambulando sem rumo pelas praias de Provincetown não me sentia produtivo. Acreditava estar sendo negligente, preguiçoso, me acomodando.

Mas Nathan – depois de estudar isto – descobriu que, para sermos produtivos, não podemos visar apenas estreitar o holofote o máximo possível. Ele disse: "Eu tento fazer todo dia um passeio e simplesmente deixar a mente escolher as coisas [...] Não acho que o pleno controle consciente dos nossos pensamentos seja necessariamente a maneira mais produtiva de pensar. Acho que padrões soltos de associação podem levar a um *insight* único". Marcus concorda. Focar naquilo que está bem à sua frente, disse ele, dá a você "um pouco da matéria bruta que precisa ser digerida, mas a certa altura é preciso se distanciar um pouco disso". Ele advertiu: "Se ficamos apenas freneticamente correndo por aí, focando apenas no mundo exterior, perdemos a oportunidade de deixar o cérebro digerir o que está acontecendo".

Enquanto ele dizia isto, eu pensei nas pessoas que observara no trem, que ficavam horas seguidas olhando para fora da janela. Eu silenciosamente julguei-as improdutivas – mas agora entendia que podiam estar sendo mais produtivas que eu, naquele *frenesi* de fazer anotações em um livro atrás do outro, sem reservar um tempo para descansar e digerir. A criança na sala de aula que fica olhando pela janela devaneando pode estar tendo o mais útil dos pensamentos.

Pensei de novo em todos os estudos científicos que havia lido a respeito de como passamos o tempo todo alternando tarefas, e compreendi que, na nossa cultura atual, na maior parte do tempo, nós não estamos focando, mas tampouco estamos divagando. Ficamos em uma perpétua superficialidade, num zum-zum-zum insatisfatório. Nathan assentiu quando perguntei sobre isso e disse que está sempre tentando descobrir como fazer para que seu celular pare de enviar notificações sobre coisas que ele não está querendo saber. Toda essa interrupção digital frenética está "desviando a atenção de nossos pensamentos", e "suprimindo nossa rede de modo padrão... Estamos nesse ambiente de constante estímulo, presos a esses estímulos, passando de uma dispersão a outra". Se não saltar fora, isso vai "suprimir qualquer sequência de pensamentos que você tenha".

Portanto, estamos enfrentando uma crise que nos leva não só a perder o holofote de foco – enfrentamos uma crise de perda da divagação mental. Juntas, elas degradam a qualidade do nosso pensamento. Sem divagação mental, temos maior dificuldade para captar o sentido do mundo – e nesse estado bagunçado de confusão que se cria, ficamos ainda mais vulneráveis à fonte de dispersão que virá em seguida.

Quando entrevistei Marcus Raichle – responsável pelo grande avanço que abriu toda essa área da Ciência – ele acabara de sair do ensaio de uma orquestra sinfônica. Aos 80 anos, era oboísta, e a peça que mais gostava de executar era a Nona Sinfonia de Dvořák. Se quiser refletir sobre o próprio ato de pensar, ele me disse, deve vê-lo como uma sinfonia. "Você tem primeiros e segundos violinos, violas, violoncelos, contrabaixos, madeiras, metais, percussão – mas ela opera como um todo. Ela tem ritmos." Você precisa de espaço em sua vida para o holofote do foco – mas ele sozinho seria como um solista de oboé em um palco vazio, tentando tocar Beethoven. Precisa de divagação mental para ativar os outros instrumentos e produzir a mais encantadora das músicas. Eu achava que tinha ido a Provincetown aprender a focar. Compreendi que, na verdade, estava aprendendo a pensar – e isso exigia bem mais que o holofote do foco.

Nas longas caminhadas, nas quais procurava agora dispensar quaisquer dispositivos, passava muito tempo refletindo sobre a metáfora de Marcus. Há poucos dias, fiquei pensando se seria possível levá-la ainda mais adiante. Se pensar é como uma sinfonia que exige todos esses diferentes tipos de pensamento, no presente momento, o que houve é que o palco foi invadido. É como se uma daquelas bandas de *heavy metal* acabasse de tomar o palco e estivesse berrando na frente da orquestra.

E, no entanto, conforme me aprofundei na pesquisa sobre divagação mental, descobri que há uma exceção ao que acabei de explicar – e é uma exceção e tanto. Na realidade, é uma exceção que você provavelmente já experimentou.

Em 2010, dois cientistas de Harvard, o professor Dan Gilbert e o dr. Matthew Killingsworth, desenvolveram um aplicativo para estudar como as pessoas se sentem ao fazer uma série de atividades cotidianas, como ir e voltar do trabalho, ver TV e se exercitar. O aplicativo enviava mensagens aleatórias às pessoas que perguntavam: "O que você está fazendo agora?". Então pedia que avaliassem o que estavam fazendo. Uma das coisas que Dan e Matthew rastrearam foi a frequência com que as pessoas se viam divagando – e o que eles descobriram foi surpreendente, diante de tudo o que acabei de aprender. Em geral, quando as pessoas divagam em nossa cultura, avaliam que estão menos felizes do que quando realizam praticamente qualquer outra atividade. Por exemplo, até trabalho doméstico é associado a níveis mais altos de felicidade. Eles concluíram: "Uma mente divagante é uma mente infeliz".[78]

Pensei muito nisso. Considerando que já se demonstrou que a divagação mental tem muitos efeitos positivos, por que ela nos faz sentir mal com tanta frequência? Há uma razão. A divagação mental pode facilmente virar ruminação. A maioria de nós já deve ter sentido isso em algum momento – se você para de focar e deixa sua mente solta, acaba acumulando um monte de pensamentos estressantes. Relembrei vários momentos da minha vida antes de ir para Provincetown. Quando sentava naqueles trens, com a minha mente cacarejando, vendo aquelas pessoas que olhavam para fora da janela enquanto eu trabalhava e trabalhava e trabalhava feito um louco, qual era meu estado mental? Muitas vezes, como constatava agora, eu estava com alto nível de estresse e ansiedade. Qualquer tentativa de relaxar minha mente teria permitido que esses maus sentimentos a inundassem. Em Provincetown, ao contrário, eu não tinha estresse, sentia-me seguro – portanto minha divagação mental podia flutuar livremente e ter sua atuação positiva.

Em situações em que haja pouco estresse, e você sinta segurança, a divagação mental é uma dádiva, um prazer e uma força criativa. Em situações de alto estresse ou perigo, a divagação é um tormento.

Na praia que fica no centro de Provincetown, bem perto da longa faixa da Commercial Street, há uma cadeira azul de madeira, comicamente grande, voltada para o mar. Deve ter 1,5 metro de altura, como se aguardasse a chegada de um gigante. Muitas vezes, ao anoitecer, eu sentava nessa cadeira, parecendo pequeno, e conversava com pessoas com as quais havia feito amizade na cidade. Às vezes, nós ficávamos em silêncio, apenas vendo a mudança de luminosidade. A luz em Provincetown é diferente da luz de qualquer lugar que eu já tenha visitado. Você está em numa estreita faixa de areia no meio do oceano, e quando senta nessa praia, fica voltado para o leste. O sol se põe atrás de você a oeste – mas a luz dele flui sobre a água à sua frente e reflete-se de volta sobre seu rosto. A impressão é que está inundado pela luz decrescente de dois poentes. Observei isso junto às pessoas que conhecia e me senti radicalmente aberto – a elas, ao sol, ao oceano.

Um dia, umas dez semanas após minha chegada a Provincetown, eu estava sentado sozinho na casa de meu amigo Andrew com um dos seus cachorros, Bowie, a meus pés. Lia um romance e, de vez em quando, olhava o mar, quando notei que Andrew deixara seu laptop em cima de uma cadeira, aberto e iluminado. Na tela, havia um navegador de internet. Não tinha senha. Ou seja, a World Wide Web estava toda reluzente à minha disposição. *Você pode entrar na internet agora*, pensei. *Pode procurar o que quiser – suas redes sociais, seu e-mail e as notícias*. O pensamento me fez sentir mal, e me obriguei a ir embora da casa de Andrew.

Mas o relógio continuou sua contagem regressiva, e não demorou para eu perceber que me restavam apenas duas semanas. Sabia que teria que entrar on-line para reservar um hotel no meu regresso a Boston. Na Biblioteca de Provincetown há uma pequena bancada com seis computadores, para uso dos frequentadores. Eu já havia passado por eles várias vezes e desviado o olhar, como se fossem um banheiro químico cuja porta alguém acidentalmente se esquecera de fechar. Entrei na internet e em dois minutos reservei um hotel, e então abri meu e-mail. Imaginei ter alguma ideia do que estava prestes a acontecer. Na minha vida normal, costumava ficar cerca de meia hora por dia lidando com e-mail, dividida entre a manhã e à noite (e algumas vezes bem mais tempo que isso). Então, calculei que no tempo em que me isolara deveriam ter se acumulado umas trinta e cinco horas de e-mails, que agora eu teria que examinar ao longo dos próximos meses, até recuperar o atraso. (Quando me isolei, deixei uma resposta automática informando que ficaria totalmente incomunicável.) Mas não queria fazer isso. Só de imaginar já ficava cansado.

Então aconteceu algo estranho. Abri minha caixa de entrada com certo nervosismo e fiz um voo rasante pelos e-mails – e praticamente não havia nada interessante ali. Em duas horas, tinha visto tudo. O mundo aceitara minha ausência com indiferença. Compreendi que e-mail gera e-mail, e se você simplesmente para, a coisa também cessa. Gostaria de dizer que me senti tranquilo e aliviado com isso. Na verdade, senti como uma afronta – como se meu ego tivesse sido espetado com uma agulha de tricô. O fato é que, como entendi então, toda aquela atmosfera maníaca, aquelas demandas todas sobre meu tempo, me faziam sentir importante. De repente, tive o impulso de enviar um monte de e-mails para receber e-mails de volta – para me sentir necessário de novo. Cliquei no meu *feed* do Twitter. Eu tinha exatamente o mesmo número de seguidores da hora em que me ausentara. Minha ausência havia sido totalmente ignorada.

Saí andando da biblioteca e voltei às coisas que haviam me nutrido em Provincetown – longos trechos de escrita brotaram de mim; o oceano lavava meus pés; meus amigos sentaram comigo e conversamos a noite toda. Tentei esquecer a ferida no meu ego.

No meu último dia em Provincetown, peguei um barco até Long Point, a ponta mais extrema do Cabo Cod, uma crista amarela de areia e mar. Ali, pude olhar de volta e ver o lugar inteiro onde passara meu verão, estendendo-se do Monumento aos Peregrinos até Hyannis. Foi uma sensação peculiar, ver os limites do meu verão em um único vislumbre do horizonte. Senti-me mais tranquilo e centrado do que já me sentira na vida.

Você não pode simplesmente voltar e viver do jeito que costumava viver, disse a mim mesmo, sentado à sombra do farol. *Não é difícil. Este verão lhe mostrou como fazer isso*. Eu havia cumprido meu pré-compromisso ao me isolar. *Você pode mostrar pré-compromisso em sua vida cotidiana agora. Já tem as ferramentas*. No meu laptop, tenho um programa chamado Freedom. É fácil – você baixa o programa e diz a ele que quer acesso negado a determinados sites, ou à internet inteira, por um período de tempo que define, de cinco minutos a uma semana. Você aperta o botão, e não importa o que faça, seu laptop não entra on-line. E para o meu celular, tinha uma coisa chamada kSafe. Também é simples – é um pequeno cofre de plástico com uma tampa superior. Você põe o celular dentro, e cobre com a tampa, e então gira o dial para determinar por quanto tempo quer ter seu celular trancado ali. E então já era – fica trancado mesmo, de modo que se quiser tirá-lo dali terá que arrebentar o cofrinho a marteladas. Usando esses dois recursos, disse a mim mesmo, você pode recriar Provincetown onde quer que esteja. Pode usar o celular e a parte de internet de seu laptop talvez por dez ou quinze minutos por dia.

Naquela noite, dei um destino à pequena montanha de livros que havia lido e embarquei na balsa para Boston. Tive um enjoo violento na viagem de volta, e senti isso como uma metáfora de como me sentia em relação a voltar para o mundo on-line. Recuperei o celular com minha amiga no dia seguinte e deitei na minha cama de hotel, olhando para o telefone. Ele me parecia estranhamente exótico agora – até mesmo a fonte Apple parecia pouco familiar.

Dei uma olhada rápida nos ícones, procurando os vários programas e sites. Vi as mídias sociais e pensei que não queria aquilo. Mas passei pelo Twitter e senti como se tivesse pisado em um cupinzeiro. Quando dei por mim, haviam se passado três horas.

Deixei o celular de lado e fui comer. Ao voltar, as pessoas já haviam começado a responder meus e-mails e mensagens e, um pouco a contragosto, senti um pequeno eflúvio de afirmação. Nas semanas seguintes, comecei a postar nas redes – e senti que ficava mais rude e mais malvado em comparação com o que havia sido no verão. Fiz comentários sarcásticos. Vi que a complexidade e a compaixão que sentira em Provincetown eram substituídas por algo mais frágil. Em certas horas, não gostava do que estava dizendo nas minhas intervenções. E então eu senti uma lenta onda de aprovação, de retuítes e de *likes*. Adoraria dizer a você que havia aprendido as lições do meu tempo em Provincetown, de uma maneira linear e de afirmação da vida, mas isso seria mentir. O que aconteceu foi mais complexo. Saí de Provincetown em agosto, usando o Freedom e o kSafe, mas aos poucos a coisa foi descambando, e em dezembro o Tempo de Tela do meu iPhone indicava que estava passando quatro horas por dia no celular. Tentei atenuar dizendo a mim mesmo que esse tempo incluía meu uso do Google Maps para poder circular pela cidade, e também as horas que gastava ouvindo *podcasts*, o rádio e os audiolivros. Mas senti vergonha por ter me apoiado nisso. Não é que estivesse de volta ao estágio inicial, mas havia claramente caído na dispersão e disrupção.

Senti-me um fracasso. Tinha a forte sensação de que alguma coisa estava me puxando para baixo. Então disse a mim mesmo: Você está arrumando desculpas. É você que está fazendo isso, ninguém mais. Essas são falhas suas. E me senti fraco. Havia tido um monte de *insights* em Provincetown – mas senti que eram frágeis, e facilmente quebrados por algo maior, algo que ainda não chegava a compreender.

Queria saber o que estava me impedindo de fazer aquilo que a melhor parte de mim queria fazer. Descobri que a resposta é mais complexa do que somos levados a acreditar, e que tem várias facetas – e aprendi a respeito da primeira delas ao ir para o Vale do Silício.

Força nº 6:
A ascensão da tecnologia que nos rastreia e manipula (Parte Um)

James Williams disse que eu havia cometido um erro fundamental em Provincetown. Por muitos anos, ele foi um alto estrategista no Google, mas saiu de lá horrorizado e foi para a Universidade Oxford estudar a atenção humana e tentar descobrir o que os seus colegas no Vale do Silício haviam feito com ela. Disse que uma desintoxicação digital "não é a solução, pela mesma razão que usar uma máscara de gás na rua dois dias por semana não resolve o problema da poluição. Pode, por um curto prazo, atenuar alguns efeitos no nível individual. Mas não é sustentável, e não resolve as questões sistêmicas". Disse que nossa atenção está sendo profundamente alterada por imensas forças invasivas na sociedade como um todo. Dizer que a solução é basicamente abster-se no nível pessoal é apenas "trazê-la para o individual", disse ele, quando "na realidade são as mudanças ambientais que realmente fazem a diferença".

Por muito tempo, não cheguei a compreender bem o que isso significava. O que será que uma mudança no nosso ambiente poderia trazer, quanto à atenção, se cada um de nós não mudasse o próprio comportamento? Aos poucos a resposta ficou clara para mim quando conheci algumas pessoas que haviam projetado vários aspectos cruciais do mundo em que vivemos agora. Nas colinas de São Francisco e nas ruas quentes e áridas de Palo Alto, compreendi que existem seis maneiras pelas quais nossa tecnologia, do jeito que opera atualmente, está causando danos à nossa capacidade de prestar atenção – e que essas causas estão unidas por uma força subjacente mais profunda que precisa ser superada.

Uma das primeiras pessoas a me guiar nessa jornada foi Tristan Harris, outro ex-engenheiro do Google, que, depois que o entrevistei ao longo de vários anos, ganhou fama global ao aparecer no documentário da Netflix *O dilema das redes*. Esse filme explorou toda uma gama de maneiras pelas quais as mídias sociais, como são hoje chamadas, podem ser destrutivas. Eu quis trazer à tona algo que este filme, em grande medida, não explora – o efeito sobre o nosso foco. Para entender isso melhor, acho útil relatar a história do próprio Tristan e o que ele testemunhou no âmago da máquina que remodelou o padrão da atenção no mundo.

No início da década de 1990, na cidade de Santa Rosa, Califórnia, um garotinho com corte de cabelo tigelinha e gravata borboleta dourada e cintilante estava aprendendo a fazer mágicas. Tristan tinha 7 anos quando tentou pela primeira vez fazer um dos truques de mágica mais básicos. Pedia para você lhe dar uma moeda, e então – *puf!* Fazia a moeda sumir. Quando dominou mais truques, montou um pequeno espetáculo de mágica na sua classe de primário, e então – para sua grande alegria – foi selecionado para participar de um acampamento de mágica nas montanhas, para aprender com mágicos profissionais durante uma semana. Para ele, foi como um campo de treinamento Jedi de verdade.

Ele descobriu, nessa tenra idade, o fato mais importante a respeito de mágica. Como explicou anos mais tarde: "Na realidade, é sobre os limites da atenção".[79] O que um mágico faz – no fundo – é manipular seu foco. Aquela moeda não desaparece de verdade, mas sua atenção estava em outro lugar quando o mágico a moveu, portanto quando o seu foco volta ao ponto original, você fica admirado. Aprender mágica é aprender a manipular sua atenção sem que perceba – e a partir do momento em que o mágico controla seu foco, foi o que Tristan compreendeu, ele pode fazer o que quiser. Uma das coisas que lhe ensinaram no acampamento é que a suscetibilidade da pessoa à mágica não tem nada a ver com seu grau de inteligência. "Tem a ver com algo mais sutil", disse ele mais tarde, "as fragilidades, os limites, os pontos cegos ou as propensões aos quais estamos todos submetidos."[80]

Em outras palavras, a mágica é o estudo dos limites da mente humana. Você pensa que controla sua atenção; acha que se alguém mexer com ela você perceberá na hora e será capaz de dar conta e de resistir, mas, na realidade, somos sacos de carne falíveis, e falíveis de maneiras previsíveis que os mágicos entendem e manipulam.

Assim que foi conhecendo mágicos cada vez melhores – chegou a ficar amigo de um dos melhores mágicos do mundo, Derren Brown –, Tristan aprendeu algo que achou não só notável como desconcertante. É possível manipular a atenção de alguém a tal ponto que um mágico consegue, em muitos casos, transformá-lo em uma marionete. Pode fazê-lo escolher o que ele quiser que escolha, enquanto a pessoa continua o tempo todo simplesmente achando que está usando seu livre-arbítrio. Da primeira vez que Tristan comentou isso, achei que era exagero, então ele me apresentou James Brown, um mágico amigo dele. Tristan disse que James iria me mostrar o que ele estava dizendo. Vou dar um exemplo. Quando sentamos, James me mostrou um baralho padrão. Ele disse: Está vendo? Algumas cartas são vermelhas, e algumas são pretas, e estão todas embaralhadas. Então, virou as cartas de modo que as cores ficassem voltadas para ele, e eu não pudesse mais vê-las. Disse que me faria separar as cartas em dois montes – o das pretas e o das vermelhas – sem que eu visse as cores das cartas. Era algo obviamente impossível. Como é que eu poderia escolher cartas que não estivesse vendo?

Disse para eu olhar bem nos olhos dele, e que então – usando exclusivamente meu livre-arbítrio – que dissesse a ele onde colocar cada carta, na pilha da esquerda ou na da direita. Fui dando os comandos – esquerda, esquerda, direita, e assim por diante –, achando que aquilo era fruto dos meus caprichos aleatórios. No final, ele desvirou os montes e me mostrou. As cartas vermelhas estavam todas em um monte; e as pretas, todas no outro.

Fiquei bobo. Como conseguira fazer aquilo? Ele acabou me contando que havia sutilmente guiado minhas escolhas. Repetiu o experimento e disse que, dessa vez, ele faria tudo de maneira um pouco mais explícita, para eu poder enxergar o truque. Finalmente – e precisou ser bem demonstrativo – percebi do que se tratava. Quando me dizia para escolher a próxima carta, muito sutilmente movimentava seu olhar para indicar esquerda ou direita – e eu sempre escolhia conforme ele me orientava a fazer, sem que tivesse consciência. Todo mundo faz isso sempre, ele me revelou. Mais tarde, Tristan explicou que esse é um *insight* essencial da mágica – que você é capaz de manipular as pessoas e elas nem sequer se dão conta disso. Juram a você que estão escolhendo livremente – como aconteceu comigo com aquelas cartas.

Uma manhã, no escritório dele em São Francisco, Tristan inclinou-se na minha direção e disse: "Sabe como os mágicos fazem seu trabalho? Dá certo porque eles não precisam saber quais são seus pontos fortes – só precisam saber quais são suas fragilidades. Diga: o quanto você tem noção das suas fragilidades?". Eu queria acreditar que conhecia bem meus pontos fracos, mas Tristan negou balançando a cabeça, suavemente. "Se as pessoas de fato soubessem quais são as próprias fragilidades", disse, "então nenhuma mágica funcionaria."

Os mágicos trabalham em cima dessas fragilidades para nos encantar e entreter. À medida que Tristan cresceu, passou a fazer parte de outro grupo de pessoas, que estavam descobrindo nossas fragilidades para poder manipular-nos – mas com objetivos bem diferentes.

Foi no seu primeiro ano na Universidade Stanford, em 2002, que Tristan, pela primeira vez, ouviu um burburinho a respeito de um curso no *campus* que era dado em um lugar de nome misterioso: Laboratório de Tecnologias de Persuasão. Os rumores eram que se tratava de um laboratório no qual os cientistas buscavam descobrir como conceber tecnologia capaz de mudar nosso comportamento – sem você sequer saber que estava sendo modificado. Nos seus anos de adolescência, Tristan tivera obsessão por códigos e já havia feito estágio na Apple depois de seu primeiro ano em Stanford, projetando um código que ainda opera em muitos dos dispositivos usados atualmente. Ele soube que esse curso, meio sigiloso e muito comentado, queria reunir tudo o que os cientistas haviam descoberto ao longo do século 20 a respeito de como mudar o comportamento das pessoas, e ver de que maneira os alunos podiam integrar essas formas de persuasão em seu código.

O curso era dado por um simpático e animado cientista comportamental, na casa dos 40 anos, o professor B. J. Fogg. No início de cada dia, B. J. pegava um sapo de pelúcia e um macaquinho muito simpático e os apresentava à classe e, em seguida, tocava alguma coisa no seu ukulele. Quando queria que o grupo se dividisse ou fosse embora, tocava umas teclas de um xilofone de brinquedo. B. J. explicava aos alunos que os computadores tinham o potencial de ser muito mais persuasivos do que as pessoas. Eles são capazes, acreditava ele, de ter "mais persistência que os seres humanos, [e] oferecer maior anonimato",[81] e "ir aonde humanos não podem ir ou talvez não sejam bem acolhidos". Ele tinha certeza de que não iria demorar muito tempo para que os computadores mudassem a vida de todo mundo – ao nos persuadirem de modo persistente ao longo do dia. Ele já havia trabalhado em um curso dedicado à "psicologia do controle mental".[82] Indicou a Tristan e a seus outros alunos um monte de livros que explicavam centenas de *insights* psicológicos e truques que haviam sido descobertos a respeito de como manipular seres humanos e levá-los a fazer o que você quisesse. Era um tesouro. Muitos *insights* eram baseados na filosofia de B. F. Skinner, o homem que, como eu aprendera antes, descobrira uma maneira de pombos, ratos e porcos fazerem o que ele quisesse, oferecendo-lhes o "reforço" certo para seus comportamentos. Depois de anos fora de moda, as ideias dele voltavam a todo vapor.

"Isso realmente despertou aquele meu lado ligado à mágica", Tristan contou. "Minha reação foi – uau, então existem mesmo essas regras invisíveis que regem o que as pessoas fazem. E se existem regras que regem o que as pessoas fazem, isso é poder. Equivale a Isaac Newton descobrindo as leis da física. A sensação era como se alguém estivesse me mostrando o código – o código de como influenciar as pessoas. Lembro-me da experiência de ficar sentado ali na área de formação do *campus* lendo aqueles livros nos fins de semana, e sublinhando freneticamente aquelas passagens, com uma reação do tipo – puxa, nem acredito, isso funciona mesmo." Ficou tão tomado por aquela empolgação que, como ele mesmo diz, "Preciso admitir: não acho que nenhum alarme ético estivesse soando no meu cérebro".

Como parte das atividades da aula, Tristan foi colocado junto a um homem chamado Mike Krieger e os dois receberam a tarefa de criar um aplicativo. Tristan vinha há um tempo pensando em algo chamado transtorno afetivo temporário – uma condição na qual você, por permanecer muito tempo em um clima sombrio, tem maior probabilidade de ficar depressivo. De que maneira a tecnologia, questionavam eles, poderia ajudar nisso? Eles criaram um aplicativo chamado *Send the Sunshine* ["Mande a Luz do Sol"]. Dois amigos eram escolhidos para ficar conectados por meio do aplicativo, e este então rastreava onde estavam e dava as previsões do tempo on-line para suas localizações. Se o aplicativo registrasse que seu amigo estava com pouca luz solar, e você tinha alguma, pedia que você tirasse uma foto do sol e a enviasse a ele. Assim, mostrava que alguém se importava com você; e enviava um pouco daquela luz solar, do seu jeito. Era gentil, e simples, e ajudou a estimular Mike e outra pessoa, Kevin Systrom, a refletirem sobre o poder de compartilhar fotos on-line. Já tinham em mente outra das lições-chave da aula, extraída de B. F. Skinner: criar um reforço imediato. Se quiser modelar o comportamento do usuário, assegure-se de que ele obtenha coraçõezinhos e *likes* na hora. Usando esses princípios, lançaram um novo aplicativo. Puseram-lhe um nome: Instagram.

A classe estava cheia de pessoas que pegariam as técnicas ensinadas por B. J. para mudar como vivemos nossas vidas, e B. J. foi logo apelidado de "o fazedor de milionários".[83] Mas alguma coisa começava a incomodar Tristan. Depois de um tempo, ele notou que ficava obcecado em checar seu e-mail. Fazia isso o tempo todo, sem pensar, de novo e de novo, e sentiu que seu espectro de atenção começava a atrofiar. Segundo me contou, percebeu que o aplicativo de e-mail que estava usando "acionava um monte de alavancas diferentes, era muito poderoso, horrível e superestressante, além de estragar horas e horas da vida das pessoas". Ele aprendera no Laboratório de Tecnologias de Persuasão a *hackear* pessoas, mas acabou levantando uma questão desconcertante: será que eu mesmo de algum modo estou sendo *hackeado* por outros *designers tech*? Ele ainda não sabia bem como poderiam ser essas técnicas – mas começou a ter uma sensação esquisita em relação a elas. B. J. ensinava seus alunos que só deveriam usar esses poderes para o bem, e promovia debates éticos ao longo de todo o seu curso. No entanto, Tristan começou a pensar – será que esses segredos, esses códigos, estão sendo de fato usados eticamente no mundo real?

Na última aula à qual Tristan compareceu, todos os alunos discutiam maneiras pelas quais essas tecnologias de persuasão poderiam ser usadas no futuro. Um dos grupos apresentou um plano atraente: "E se no futuro tiver um perfil de cada pessoa que habita a Terra?".[84] Como designer, você poderia rastrear todas as informações que elas oferecessem nas redes sociais e construir um perfil detalhado de cada uma. Não só das coisas simples – como gênero, idade ou interesses. Seria algo mais profundo. Seria um perfil psicológico – mostrando como sua personalidade funciona e quais as melhores maneiras de persuadi-lo. Você saberia se o usuário era um otimista ou um pessimista, se era aberto a novas experiências ou propenso a nostalgia – revelaria muitas outras características.

A classe especulava em voz alta como seria possível visar as pessoas se você soubesse tudo isso a respeito delas. O quanto poderia mudá-las. Quando um político ou uma companhia quisesse lhe convencer, poderia pagar uma empresa de mídias sociais para modelar perfeitamente sua mensagem às suas características. Era a semente de uma ideia. Anos mais tarde, quando foi revelado que a campanha de Donald Trump havia pagado uma empresa denominada Cambridge Analytica para fazer exatamente isso, Tristan se lembraria dessa última aula em Stanford. "Foi essa a aula que me fez pirar" ele contou. "Lembro-me do que eu disse – isto é terrivelmente preocupante."

Mas Tristan tinha uma crença firme no poder da tecnologia de fazer o bem. Então pegou o que aprendera em Stanford e criou um aplicativo com um propósito claramente positivo. Estava tentando neutralizar uma das maneiras pelas quais a web prejudica nossa atenção. Digamos que você está checando o site da CNN e começa a ler uma notícia sobre a Irlanda do Norte, um assunto sobre o qual não sabe muita coisa. Normalmente, você abre então uma nova janela e começa a *googlar* para obter mais informações – e antes que perceba já caiu num buraco negro e emergiu dele só meia hora depois, perdido no meio de artigos e vídeos sobre um tópico totalmente diferente (por exemplo, gatinhos tocando piano). O aplicativo de Tristan era projetado para que em uma situação dessas você fosse capaz de fazer algo diferente: destacar qualquer frase (digamos, "Irlanda do Norte") e ver abrir uma simples janela *pop-up* com um resumo direto do assunto. Sem clicar para sair do site; sem buracos negros. Sua atenção era preservada. O aplicativo fez sucesso – começou a ser usado por milhares de sites, como o do *New York Times*, e logo o Google fez uma oferta substancial para comprar a coisa toda e para que Tristan fosse trabalhar com eles. Disseram-lhe que a ideia era que o integrasse ao navegador de internet deles, o Chrome, para tornar as pessoas menos dispersivas. Ele agarrou a oportunidade.

É difícil descrever, disse Tristan, como era exatamente trabalhar no Google naquele momento da história, em 2011. Todos os dias, a empresa para a qual ele trabalhava – dentro da sua sede, a Googleplex, em Palo Alto – modelava e remodelava a maneira de 1 bilhão de pessoas navegar pelo mundo: o que viam, e o que não viam. Ele mais tarde relatou a uma plateia: "Eu quero que se imaginem entrando em uma sala. Uma sala de controle, com um monte de pessoas, umas cem ao todo, debruçadas sobre uma mesa com pequenos mostradores – uma sala de controle destinada a moldar os pensamentos e emoções de 1 bilhão de pessoas. Isso pode soar como ficção científica, mas é algo que existe hoje, nesse exato momento. Eu sei, porque costumava trabalhar em uma dessas salas de controle".[85]

Tristan foi designado para trabalhar um tempo no desenvolvimento do Gmail, o sistema de e-mail do Google – justamente o aplicativo que estava o deixando maluco, e que ele suspeitava que estivesse usando alguns truques de manipulação que ainda desconhecia. Mesmo enquanto trabalhava nele, Tristan continuava checando obsessivamente seu e-mail, o que o deixava menos focado. Toda vez que olhava alguma nova mensagem, ele via que precisava de um longo tempo para que sua mente voltasse para onde estava antes. Começou então a pensar em projetar um sistema de e-mail menos propenso a desviar sua atenção – mas toda vez que tentava discutir a ideia com os colegas a conversa não ia muito longe. No Google, como logo aprendeu, o sucesso era medido, basicamente, pelo que chamavam de "engajamento" – definido pelos minutos e horas que você fica de olho grudado no produto. Mais engajamento era bom, menos engajamento era ruim. Isso tinha uma razão simples. Quanto mais tempo você faz a pessoa olhar para o celular, mais publicidade ela vê – e, portanto, mais dinheiro o Google ganha. Os colegas de trabalho de Tristan eram gente decente, às voltas com as próprias dispersões tecnológicas – mas os incentivos pareciam seguir em uma única direção: era sempre preciso que criar produtos que "engajassem" o maior número possível de pessoas, porque engajamento é igual a mais dólares e desengajamento é igual a menos dólares.

A cada mês que passava, Tristan ficava mais surpreso com a maneira indiferente com que a atenção de 1 bilhão de pessoas estava sendo corroída no Google e em outras grandes empresas de tecnologia [as Big Tech]. Um dia, ouviu um engenheiro dizer, todo empolgado: "Por que a gente não faz soar um barulhinho no seu celular toda vez que chega um e-mail?".[86] Todo mundo achou a ideia o máximo – e algumas semanas mais tarde, ao redor do mundo, os celulares começaram a fazer um zumbidinho nos bolsos, e mais pessoas viram-se checando o Gmail mais vezes ao dia. Os engenheiros sempre procuravam novas maneiras de atrair os globos oculares para o seu programa e mantê-los ali. Dia após dia, ele os via propondo mais interrupções na vida das pessoas – mais vibrações, mais alertas e mais truques – e sendo parabenizados por isso.

Conforme o número de pessoas que usavam o Google e o Gmail continuava crescendo, Tristan começou a perguntar aos seus colegas: "Como é que você convence as mentes de 2 bilhões de pessoas de maneira ética? Como pode estruturar, eticamente, a atenção de 2 bilhões de pessoas?". Mas em vez disso, ele notou que a maioria na empresa era pressionada a perguntar apenas, "Como podemos aumentar o engajamento disto?".[87] O que significava sugar mais atenção, introduzir mais interrupções; e tudo continuava assim, com melhores técnicas descobertas a cada semana. Um dia, quando caminhávamos por São Francisco, Tristan me disse: "As coisas parecem malparadas vistas de fora, mas quando se está dentro parecem piores ainda". Tristan começava a compreender: se você não consegue focar, não é culpa sua. É culpa do design. A sua dispersão é o combustível deles.

Depois de trabalhar intensivamente na equipe do Gmail, Tristan percebeu que toda vez que questionava o que estavam fazendo com a atenção das pessoas, "a conversa não ia adiante". Deu uma olhada geral nos amigos que agora trabalhavam em cada uma das áreas do Vale do Silício, e notou que essa abordagem ao nosso foco, do tipo "capturar e invadir", era adotada praticamente em todas as empresas em que trabalhavam. "O que começou a me preocupar de fato ao longo dos anos", ele contou, "era ver meus amigos que originalmente haviam entrado nesse negócio achando que podiam tornar o mundo melhor, [e agora] estavam enfiados nessa corrida armamentista para manipular a natureza humana."

Para citar um exemplo das dezenas que Tristan poderia dar, seus amigos Mike e Kevin haviam lançado o Instagram e depois de um tempo "acrescentaram aqueles filtros, porque era uma coisa bacana. Então você podia bater uma foto e na mesma hora fazê-la parecer artística". Não passou pela cabeça deles, tenho certeza, que isso daria origem a uma competição com o Snapchat e outros para ver qual deles conseguia "oferecer melhores filtros de embelezamento" – e que isso, por sua vez, altera como as pessoas veem o próprio corpo, a ponto de gerar toda uma categoria de gente que faz cirurgia para ficar mais parecida com seus filtros. Via seus amigos introduzindo mudanças que transformavam o mundo de maneiras que eles não eram capazes de prever ou controlar. "A razão pela qual temos que ter muito cuidado com a maneira de conceber tecnologia", disse ele, é que "eles espremem e achatam o mundo para poder enfiá-lo nessa mídia – e pela outra ponta sai um mundo diferente."

Mas ali estava Tristan, no centro da máquina que desencadeava essas transformações, e vendo que, a portas fechadas, os mostradores na sala de controle eram ajustados para o valor máximo.

Depois de uns anos no coração da Googleplex, Tristan não conseguiu mais aguentar aquilo e decidiu sair. Como gesto final, montou uma projeção de slides para mostrá-la às pessoas com as quais trabalhava, fazendo um apelo para que pensassem nessas questões. O primeiro slide dizia simplesmente: "Estou preocupado com a maneira pela qual estamos tornando o mundo mais disperso". E explicou: "Eu me importo com a dispersão, porque o tempo é tudo que temos na vida... No entanto, horas e horas podem estar sendo misteriosamente perdidas aqui" e mostrou uma foto de uma caixa de entrada do Gmail. "E [em] *feeds* que sugam imensas porções de tempo aqui", e mostrou um *feed* do Facebook. Disse estar preocupado ao ver a empresa – e outras como ela – inadvertidamente "destruindo a capacidade de focar de nossas crianças", destacando que crianças em idades entre 13 e 17 anos no Estados Unidos estavam enviando em média uma mensagem de texto a cada seis minutos de seu tempo acordadas. Advertiu que as pessoas viviam "uma rotina de checagem contínua".[88]

Ele questionou: sabemos que as interrupções causam nas pessoas uma deterioração na capacidade de focar e pensar com clareza – então por que estamos intensificando as interrupções? Por que estamos descobrindo maneiras cada vez melhores de fazer isso o tempo todo? "Pensem nisso", pediu aos seus colegas. "Deveríamos sentir uma enorme responsabilidade de corrigir isto." Todos os humanos têm vulnerabilidades naturais, e o Google, em vez de explorá-las – como se fosse um mágico maligno – deveria respeitá-las. Ele sugeriu pequenas mudanças como ponto de partida. Propôs que em vez de notificar alguém toda vez que chegasse um novo e-mail, poderíamos notificá-lo uma vez por dia, em um lote – então equivaleria a pegar um jornal de manhã, em vez de ficar acompanhando as notícias o dia inteiro. Toda vez que estimulamos alguém a clicar em uma nova foto postada por um amigo, poderíamos advertir a pessoa – na mesma tela – que toda vez que ela clicar em uma foto vai demorar vinte minutos em média para voltar à tarefa que estava fazendo. Poderíamos dizer: você pensa que vai demorar apenas um segundo, mas não é bem assim.

Sugeriu dar aos usuários a oportunidade de fazer uma pausa antes de clicar em algo com potencial de causar uma séria dispersão, e de checar: tem certeza de que quer fazer isto? Sabe quanto tempo vai lhe tirar? "Seres humanos tomam decisões diferentes quando param e avaliam", disse ele.

Ele estava tentando dar aos seus colegas uma noção do peso das decisões que eles tomavam no dia a dia: "Nós modelamos mais de 11 bilhões de interrupções na vida das pessoas *diariamente*. É uma maluquice!". As pessoas que estão sentadas no Googleplex, explicou, controlam mais de 50% de todas as notificações em todos os celulares do mundo inteiro. Estamos "criando uma corrida armamentista que leva as empresas a encontrarem mais razões para roubar o tempo das pessoas", e isso "destrói nosso silêncio comum e nossa capacidade de pensar". Tristan perguntou: "Será que sabemos mesmo o que estamos fazendo com as pessoas?".

Esse gesto dele exigiu uma ousadia insana. Sim, porque no coração da máquina que estava mudando o mundo havia um engenheiro, inteligente e talentoso, mas relativamente novato, ainda com 29 anos, dizendo algo que desafiava frontalmente toda a direção da empresa. Seria mais ou menos como um jovem executivo em 1975 dizer à diretoria da ExxonMobil que eles eram responsáveis pelo aquecimento global e mostrar-lhes imagens do derretimento do Ártico. Todo mundo no Vale do Silício batalhava para trabalhar no Google. Mas ali estava Tristan, com perspectivas de ficar naquele seu núcleo para sempre e ganhar um monte de dinheiro, redigindo o que parecia ser seu próprio atestado de óbito profissional, por acreditar que alguém, em algum lugar, precisava dizer alguma coisa.

Ele compartilhou seu *slide show* com os colegas e foi para casa, deprimido. Então algo inesperado aconteceu.

A cada hora que passava, mais e mais funcionários do Google compartilhavam o *slide show* de Tristan. No dia seguinte, ele foi inundado por mensagens que vinham de dentro da empresa apoiando-o. Ficou claro que havia tocado em um ponto que estava latente. O fato de ser responsável pelo design desses produtos não significa que corra menos risco de ficar dependente deles. Os funcionários do Googleplex podiam sentir esse *tsunami* de dispersões atingindo-os também. Muitos queriam ter uma conversa séria a respeito do que estavam levando ao mundo. Os funcionários foram atraídos em particular para a questão que Tristan havia colocado para eles: "E se projetássemos [nossos produtos] para minimizar o estresse e criar estados mentais mais tranquilos?".

Mas também houve rejeição. Alguns de seus colegas alegaram que cada nova tecnologia gera um pânico, e leva algumas pessoas a dizer que ela vai destruir o mundo – afinal, Sócrates afirmava que escrever as coisas arruinava a memória. Sempre fomos alertados de que tudo, do livro impresso à televisão, iria devastar a mente dos jovens, mas aqui estamos e o mundo sobreviveu. Outros ainda reagiram baseados em um ponto de vista libertário, dizendo que o que ele sugeria levaria à regulamentação pelo governo, que acreditavam ser algo contrário ao espírito mais amplo do ciberespaço.

A apresentação de Tristan causou tamanho alvoroço no Google que ele foi convidado a ficar na empresa, em um novo cargo, criado especialmente para ele. Foi-lhe oferecido ser o primeiro "eticista de design" do Google. Ele se animou bastante. Ali estava uma oportunidade de refletir a fundo sobre algumas das questões mais desafiadoras do nosso tempo, e em um lugar em que – se conseguisse ser ouvido – poderia fazer enorme diferença. Pela primeira vez em muito tempo, ele sentiu-se otimista. Pensou que sua nova nomeação significava que o Google estava pensando em explorar seriamente essas questões. Sabia que havia entusiasmo em relação a isso entre seus colegas, e acreditou na boa-fé de seus patrões.

Deram-lhe uma mesa, e – com efeito – teve espaço para pensar. Então começou a pesquisar os efeitos de várias coisas. Por exemplo, examinou como o Snapchat fazia para seduzir os adolescentes. O aplicativo tem uma opção chamada "*Snapchat streaks*", por meio da qual dois amigos – quase sempre adolescentes – checam suas coisas todo dia por meio do aplicativo. A cada dia que entram em contato, seu *streak* ["rastro"] fica mais comprido, então você traça a meta de construir um *streak* de duzentos, trezentos e quatrocentos dias, que aparecem em um mostrador em cores vivas, cheio de *emojis*. Se você perde um único dia, ele volta ao zero. Era uma maneira perfeita de pegar o desejo dos adolescentes de conexão social e manipulá-lo para mantê-los ligados ao aplicativo. Você entra lá diariamente para encompridar seu *streak*, e fica ali empacado, rolando a tela, às vezes horas e horas.

Mas toda vez que ele vinha com alguma proposta específica sobre como os próprios produtos do Google poderiam interromper menos e apresentava isso aos superiores, a resposta era: "Isso é complicado, é confuso, e também vai contra o nosso resultado final".[89] Tristan percebeu que estava batendo de frente com uma contradição essencial. Quanto mais as pessoas ficam olhando para seus celulares, mais dinheiro essas companhias ganham. Ponto-final. Não é que as pessoas no Vale do Silício queiram projetar dispositivos e sites capazes de dissolver os espectros de atenção das pessoas. Elas não são o Coringa, tentando semear o caos e nos enganar. Elas passam boa parte de seu tempo meditando e fazendo ioga. Muitas vezes proíbem os filhos de usar os sites e as engenhocas que projetam, e matriculam-nos em escolas Montessori, onde não há culto à tecnologia. Mas seu modelo de negócios só pode ser bem-sucedido se derem grandes passos para dominar os espectros de atenção da sociedade em geral. Não que seja essa a sua meta, como a meta da ExxonMobil não é derreter o Ártico de propósito. Mas é um efeito inevitável de seu atual modelo de negócios.

Quando Tristan alertou para esses efeitos negativos, a maioria das pessoas na empresa simpatizou e concordou. Mas quando sugeria alternativas, as pessoas mudavam de assunto. Para dar a você uma noção do dinheiro envolvido: a fortuna pessoal de Larry Page, um dos fundadores do Google, é de 102 bilhões de dólares; seu colega Sergey Brin vale 99 bilhões; e o colega deles Eric Schmidt vale 20,7 bilhões. Isso é independente do valor do Google como empresa, que no momento em que escrevo é de 1 trilhão de dólares. Esses três homens sozinhos valem o equivalente à riqueza somada de todas as pessoas, edifícios e contas bancárias do Kuwait, um país rico em petróleo, e o Google tem valor equivalente à riqueza do México ou da Indonésia. Dizer a eles que causem menos dispersão nas pessoas é como dizer a uma companhia petrolífera que pare de perfurar – eles não querem saber disso. "Você nem sequer é capaz de tomar essa decisão ética" de melhorar o espectro de atenção das pessoas,[90] Tristan concluiu, "porque seu modelo de negócios e seus incentivos estão tomando essa decisão por eles". Anos mais tarde, em audiência no Senado dos Estados Unidos, ele explicou: "Falhei porque as companhias não têm [atualmente] o incentivo certo para mudar".[91]

Tristan ocupou seu cargo de eticista por dois anos, e no final, como contou a uma plateia mais tarde, "Eu me sentia totalmente desanimado.[92] Havia dias em que ia trabalhar e ficava lendo a Wikipedia o dia inteiro e checando meus e-mails, e não tinha nenhuma ideia – depois de ver algo tão portentoso quanto a economia da atenção e seus perversos incentivos – a respeito de como um sistema tão grande como esse poderia mudar. Eu me sentia realmente desanimado. Sentia-me deprimido". Então finalmente ele saiu do Google e foi para o Vale do Silício, onde, como expressou para mim, "tudo é uma corrida por atenção". Naquele tempo solitário da vida de Tristan, ele estava a ponto de fazer parceria com outra pessoa que se sentia também deprimida e perdida – e se culpava pelo que havia pessoalmente feito a você, a mim e a todos que conhecemos.

▽

Você provavelmente nunca ouviu falar sobre Aza Raskin, mas ele tem interferido diretamente na sua vida. Na realidade, provavelmente vai afetar como você gasta seu tempo hoje. Aza cresceu no setor mais elitista do Vale do Silício, quando esse núcleo vivia o auge da confiança de estar tornando o mundo um lugar melhor. Seu pai era Jef Raskin, que inventou o Apple Macintosh para Steve Jobs, e fez isso seguindo um princípio essencial: o de que a atenção do usuário é sagrada. A tarefa da tecnologia, acreditava Jef, era elevar as pessoas e permitir que alcançassem suas metas mais ambiciosas. Ele ensinou o filho: "Para que serve a tecnologia? Por que a produzimos? Produzimos tecnologia porque ela pega as partes de nós que são mais humanas e as estende. É o que um pincel faz. É o que um violoncelo faz. É o que a linguagem faz. São tecnologias que estendem uma parte de nós. A tecnologia não busca tornar-nos super-humanos. Busca tornar-nos extra-humanos".[93] Aza foi um jovem codificador precoce, e deu sua primeira palestra sobre interfaces de usuário aos 10 anos. Aos 20 e poucos, estava na linha de frente do design de alguns dos primeiros navegadores de internet, e liderava a criação na Firefox. Como parte de seu trabalho, projetou algo que mudou como a web funciona. É a chamada "rolagem infinita". Os leitores mais velhos lembrarão que a internet era dividida em páginas, e quando você chegava ao pé de uma delas, precisava clicar em um botão para passar à página seguinte. Era uma escolha ativa. Isso lhe dava um momento para fazer uma pausa e se perguntar: Quero mesmo continuar vendo isso? Aza concebeu o código que exime você de fazer essa pergunta. Imagine-se abrindo o Facebook. Ele baixa um trecho de atualizações de *status* para você ler. Você vai descendo, dando toques no mouse – e quando chega embaixo ele automaticamente carrega outro trecho para que continue rolando. E quando chega embaixo desse outro, baixa automaticamente mais um trecho, e outro, e mais um, indefinidamente. Você nunca esgota isso. Ele rola infinitamente.

Aza tinha orgulho do seu design. "De início, parece ser uma invenção realmente boa", disse. Ele acreditava estar facilitando a vida de todos. Ensinaram-lhe que aumentar a velocidade e a eficiência de acesso é sempre um avanço. Sua invenção logo se espalhou pela internet. Hoje, todas as mídias sociais e inúmeros outros sites usam uma versão da rolagem infinita. Mas então Aza observou como as pessoas em volta dele mudaram. Pareciam não ser mais capazes de se afastar de seus dispositivos, e ficavam rolando e rolando e rolando, graças em parte ao código que havia criado. Viu que ele mesmo ficava rolando infinitamente e vendo coisas que muitas vezes acabava compreendendo depois que eram inúteis, e ficava na dúvida se estava fazendo um bom uso da própria vida.

Um dia, aos 32 anos, Aza parou e fez um cálculo. Em uma estimativa conservadora, a rolagem infinita fazia uma pessoa gastar 50% mais do seu tempo em sites como o Twitter.[94] (Para muitas pessoas, Aza acredita, é bem mais do que isso.) Mas ficando nessa porcentagem baixa, Aza quis saber o que significava, na prática, bilhões de pessoas gastarem 50% de tempo a mais em uma série de sites de mídias sociais. Ao terminar o cálculo, ficou perplexo com as cifras. Todo dia, como resultado direto da sua invenção, uma soma total de mais 200 mil tempos de vidas humanas inteiras – todos os momentos desde o nascimento até a morte – estão agora sendo gastos rolando uma tela. Essas horas poderiam ter sido gastas em outra atividade.

Ao me descrever isso, ele ainda parecia um pouco perplexo. Esse tempo é "completamente perdido. É como se a vida inteira dessas pessoas – *puf!* Esse tempo poderia ter sido usado para resolver a mudança climática, passar mais tempo com a família e fortalecer laços sociais. Seja o que for, mas algo que lhes permitisse ter uma vida bem vivida. E esse tempo, simplesmente...". Ele deixou o pensamento no ar. Imaginei meu jovem afilhado, Adam, e todos os seus amigos adolescentes, rolando, rolando, rolando, rolando infinitamente.

Aza me contou que se sentiu "um pouco vil". Ele compreendeu: "Essas coisas que fazemos, elas podem de fato mudar o mundo. Então surge imediatamente a questão: de que maneira mudamos o mundo?". Ele percebeu que sua ideia era tornar a tecnologia mais fácil de usar, imaginando que com isso o mundo ficaria melhor. Mas começou a ver que "uma das minhas maiores aprendizagens como designer ou tecnologista é que tornar algo fácil de usar não significa que seja bom para a humanidade". Ele pensou em seu pai – já falecido – que lhe falava do compromisso de produzir tecnologia que libertasse as pessoas para serem melhores, e questionou se estava vivendo à altura da visão paterna. Começou a duvidar se ele e sua geração no Vale do Silício, na verdade, não estariam "produzindo uma tecnologia que nos dilacera, machuca e nos torna piores".

Mas ele seguiu em frente, projetando mais coisas na linha da rolagem infinita, e sentindo-se cada vez mais incomodado. "Foi mais ou menos na época em que estávamos tendo real sucesso nisso que comecei a ficar mais ansioso", contou-me. Ele sentia que as pessoas estavam se tornando menos empáticas, com mais raiva e hostilidade, conforme aumentava seu uso nas redes. Na época, ele criou um aplicativo chamado PostSocial, um site de mídia social projetado para ajudar as pessoas a interagirem mais no mundo real, longe de seus dispositivos. Vinha levantando dinheiro para a fase seguinte de seu desenvolvimento, só que tudo o que qualquer investidor queria saber era: o quanto da atenção das pessoas consegue capturar e fazer transitar pelo seu aplicativo? Com que frequência? Quantos acessos por dia? Não era isso o que Aza queria ser – uma pessoa que pensava apenas em drenar o tempo dos outros. Mas "você podia ver essa força de gravidade, que atraía esse produto de volta para tudo aquilo contra o qual tentávamos lutar".

A lógica do sistema subjacente ficava cada vez mais clara para Aza. O Vale do Silício vende uma imagem de si como defensor de "uma meta grandiosa, elevada – conectar todos no mundo, ou seja lá o que for. Mas quando você está ali fazendo o trabalho cotidiano, vê que se trata de aumentar o número de usuários". O que está vendendo é a capacidade de captar e manter a atenção. Quando tentava discutir isso, deparava-se com uma negativa seca. "Digamos que você está fazendo um pão", ele disse, "e é um pão incrível, e você usa um ingrediente secreto – e de repente está fazendo pão de graça para o mundo inteiro, e todo mundo come. E então um dos seus cientistas chega e diz – sabe, estamos achando que esse ingrediente secreto pode ser cancerígeno. O que você faz? É quase certo que diria – não é bem assim. Precisamos pesquisar mais. Talvez seja alguma [outra] coisa que as pessoas aí estão fazendo. Pode ser que haja outro fator."

Ao longo de todo o setor, Aza encontrava pessoas que estavam passando por crises similares. "Havia muitas 'noites escuras da alma' que testemunhei pessoalmente", diz dele. Via que os habitantes do Vale do Silício pareciam sequestrados pelas próprias criações, e então tentavam escapar. Quando conheci vários desses dissidentes da tecnologia, impressionou-me o quanto eram jovens – quase como crianças que tivessem inventado brinquedos e vissem agora esses seus brinquedos conquistando o mundo. Todos estavam se esforçando para meditar, em uma tentativa de resistir aos programas que haviam inventado. Ele percebeu que "uma das ironias é que há essas oficinas incrivelmente populares no Facebook e no Google sobre *mindfulness* ou atenção plena – isso é, criar o espaço mental para tomar decisões de maneira não reativa – mas eles são também os maiores perpetradores da ausência de *mindfulness* no mundo".

Quando Tristan e Aza começaram a se posicionar, foram ridicularizados como Cassandras* exageradas. Mas depois, por todo o Vale do Silício, as pessoas que haviam construído o mundo em que agora vivemos começaram, uma por uma, a declarar em público que tinham sentimentos similares. Por exemplo, Sean Parker, um dos primeiros investidores no Facebook, contou a uma plateia que os criadores do site haviam desde o início formulado a pergunta: "Como podemos consumir o máximo possível de seu tempo e de sua atenção consciente?". As técnicas que usaram eram "exatamente o tipo de coisa que um *hacker* como eu iria propor, porque você está explorando a vulnerabilidade na psicologia humana... Os inventores, criadores – gente como eu, o Mark [Zuckerberg], o Kevin Systrom no Instagram, todo esse pessoal – compreendiam isso, eram conscientes. E mesmo assim fizemos". Ele acrescentou: "Só Deus sabe o que isso está fazendo com o cérebro de nossos filhos".[95] Chamath Palihapitiya, que ocupou o cargo de vice-presidente de crescimento do Facebook, explicou que os efeitos são tão negativos que seus próprios filhos "não têm permissão de usar essa merda".[96] Tony Fadell, coinventor do iPhone, disse: "Eu com frequência acordo suando frio e pensando, o que foi que pusemos no mundo?".[97]

* Na mitologia grega, sacerdotisa troiana condenada pelo deus Apolo a fazer profecias acuradas às quais ninguém dá crédito. Metáfora para indicar uma pessoa que faz previsões de eventos negativos que não se concretizam. (N.T.)

Sua preocupação é que ele tenha ajudado a criar "uma bomba nuclear" capaz de "estourar os cérebro das pessoas e reprogramá-las".

Muitas pessoas de dentro do Vale do Silício previram que isso apenas iria piorar. Um de seus investidores mais famosos, Paul Graham, escreveu: "A não ser que as formas de progresso tecnológico que produziram essas coisas fiquem sujeitas às outras leis, além das que regem o progresso tecnológico em geral, o mundo se tornará mais propenso às dependências viciantes nos próximos quarenta anos do que o fez nos últimos quarenta".[98]

Um dia, James Williams – o ex-estrategista do Google que eu conheci – dirigiu-se a uma plateia de centenas de destacados designers de tecnologia e fez-lhes uma pergunta simples. "Quantos de vocês querem viver no mundo que estão projetando?" Silêncio na sala. As pessoas olhavam em volta. Ninguém levantou a mão.

Força nº 6:

A ascensão da tecnologia que nos rastreia e manipula (Parte Dois)

Tristan explicou que, se queremos entender os problemas mais profundos do modo de trabalho atual de nosso setor *tech* – e por que ele está minando nossa atenção –, um bom lugar para começar é por uma pergunta que parece simples.

Imagine que você está visitando Nova York e quer saber quais dos seus amigos estão na cidade, a fim de fazer algum programa com eles. Você abre o Facebook. O site vai alertá-lo sobre um monte de coisas – o aniversário de um amigo, uma foto na qual você foi marcado, um ataque terrorista – mas não vai alertá-lo da proximidade física de alguém com quem gostaria de se encontrar no mundo real. Não há um botão que diga "Quero encontrar alguém – quem é que está perto e disponível?". Isso não é complicado de fazer em termos tecnológicos. Seria realmente fácil projetar o Facebook para abri-lo e ele lhe dizer quais dos seus amigos estão nas proximidades e qual deles gostaria de se encontrar com você para beber algo ou jantar naquela semana. Criar o código para isso é simples: Tristan e Aza, e os amigos deles, provavelmente gastariam apenas um dia para criá-lo. E seria muito bem aceito. Pergunte a qualquer usuário da rede – você gostaria que o Facebook conectasse você fisicamente com seus amigos, em vez fazê-lo rolar a tela infinitamente?

Pois bem – é um ajuste fácil, e os usuários iriam adorar. Por que não acontece? Por que o mercado não oferece isto? Para entender a razão, conforme Tristan e seus colegas me explicaram, você precisa recuar um pouco e entender melhor o modelo de negócios do Facebook e das outras empresas de mídias sociais. Se seguir o caminho a partir dessa simples pergunta, poderá ver a raiz de muitos dos problemas que estamos enfrentando. O Facebook ganha mais dinheiro a cada segundo extra que você fica olhando para a tela do site deles, e perde dinheiro toda vez que a fecha. Eles ganham esse dinheiro de duas maneiras. Antes de passar uns meses no Vale do Silício, eu tinha uma visão ingênua das coisas mais óbvias. Como escrevi no capítulo anterior, é evidente que quanto mais tempo fica olhando o site deles, mais anúncios você vê. Os anunciantes pagam o Facebook para poder chegar até você e aos seus globos oculares. Mas há uma segunda razão, mais sutil, para que o Facebook queira que você fique rolando a tela e não queira sair do site de jeito nenhum. Da primeira vez que soube dessa razão, não dei muita bola – me pareceu meio forçada. Mas depois conversei com pessoas em São Francisco e Palo Alto, e toda vez que expressava meu ceticismo em relação a isso, eles olhavam para mim como se eu fosse uma velhota da década de 1850 ouvindo pela primeira vez detalhes sobre sexo. Eles me perguntavam, "Mas como é que você achava que isso funcionava?".

Toda vez que você envia uma mensagem ou uma atualização de *status* no Facebook, ou no Snapchat, ou no Twitter, e toda vez que faz alguma busca no Google, tudo o que você diz é escaneado, classificado e armazenado. Essas empresas ficam montando um perfil seu, para vender a anunciantes que querem lhe enquadrar em um segmento. Por exemplo, a partir de 2014, se você utilizou o Gmail, os sistemas automatizados do Google escanearam toda a sua correspondência privada para gerar um "perfil de publicidade" especial para você. Se (digamos) enviar um e-mail para a sua mãe comentando que precisa comprar fraldas, o Gmail sabe que você tem um bebê, e sabe como mandar diretamente a você anúncios de produtos para bebês. Se usar a palavra "artrite", ele tentará vender-lhe tratamentos contra a artrite. O processo que havia sido previsto lá em Stanford, na última aula de Tristan, estava começando.

Aza explicou-me isso dizendo que eu devia imaginar que "dentro dos servidores do Facebook, dentro dos servidores do Google, há um boneco com o seu nome, um modelo seu. No começo, não se parece muito com você. É como se fosse um avatar genérico de um ser humano. Mas depois, eles coletam suas trilhas de cliques [isto é, tudo o que você clica], e coletam até as unhas do pé que você corta, e os fios de cabelo caídos [isto é, tudo aquilo que procurou, cada pequeno detalhe da sua vida on-line]. Então remontam todos os metadados que você acha que não têm importância, de modo que esse boneco fique cada vez mais parecida com você. [Então] quando entra [por exemplo] no YouTube, eles acordam o boneco, e ficam testando como ele reage a centenas de milhares de vídeos, vendo o que é que faz seu bracinho se mexer, ou seja, o que é eficaz, e então lhe servem isso". Achei tão macabra essa imagem que fiquei perplexo. Ele foi adiante: "A propósito – eles têm um boneco como esse para um em cada quatro seres humanos da Terra".

No presente momento, alguns desses bonecos são toscos, mas outros são impressionantemente específicos. Todos já tivemos alguma experiência desse tipo ao fazer buscas on-line. Recentemente, tentei comprar uma bicicleta ergométrica, e um mês depois ainda recebia anúncios de bicicletas desse tipo do Google e do Facebook, e tinha vontade de gritar, "Já comprei uma!". E os sistemas estão a cada ano mais sofisticados. Aza me contou: "Está ficando tão bom que, toda vez que faço uma apresentação, pergunto ao público quantas pessoas ali acham que o Facebook anda ouvindo suas conversas, quando sentem que certos anúncios que são colocados soam precisos demais. Às vezes é sobre uma coisa específica que nunca mencionaram [mas podem ter falado a respeito off-line um dia antes com um amigo]. Bem, de metade a dois terços da plateia geralmente levanta a mão. A verdade é mais arrepiante ainda. Não é que estejam ouvindo e depois coloquem um anúncio que acerta bem no alvo. É que o modelo que eles têm de você é tão preciso que chega a fazer previsões a seu respeito. Que você sente como se fossem mágicas".

Eles me explicaram que sempre que algo é oferecido de graça por uma empresa de tecnologia, é para melhorar esse boneco virtual. Por que o Google Maps é gratuito? Para que o boneco contenha os detalhes dos lugares onde você vai diariamente. Por que o Amazon Echo e o Google Nest Hubs são vendidos tão barato, por 30 dólares, bem menos do que custam? Para que possam coletar mais informações; portanto, o avatar pode ser montado não só com o que você procura em uma tela, mas com o que diz na sua casa.

Esse é o modelo de negócios que constrói e sustenta os sites nos quais gastamos boa parte da vida. O termo técnico para esse sistema – cunhado pela brilhante professora de Harvard Shoshana Zuboff – é "capitalismo de vigilância".[99] A pesquisa dela nos permitiu entender muito do que está acontecendo agora. Claro que há mais de cem anos existem formas de propaganda e marketing cada vez mais sofisticadas – mas o atual é um salto quântico à frente. Antigamente, um cartaz publicitário não sabia o que você havia *googlado* às 3 horas da madrugada na última quinta-feira. Um anúncio de revista não tinha um perfil detalhado de tudo o que você já disse aos seus amigos no Facebook e por e-mail. Quando Aza tentou me dar uma noção desse sistema, disse: "Imagine se eu pudesse prever todos os seus lances no xadrez. Eu teria muita facilidade para dominá-lo. É isso o que está acontecendo agora em uma escala humana".

Depois que você entende isso, compreende por que não existe um botão para sugerir que se encontre com seus amigos e sua família longe da tela. Porque isso, em vez de lhe fazer maximizar seu tempo de tela, faria você maximizar seu tempo cara a cara. Tristan disse: "Se as pessoas só usassem o Facebook para um acesso rápido que permitisse descobrir algo incrível para fazer com os amigos à noite, e depois o fechassem, o quanto isso afetaria o preço das ações da empresa? A média de tempo que as pessoas gastam no Facebook hoje está em torno de cinquenta minutos por dia... [Mas] se o Facebook agisse desse modo as pessoas mal gastariam alguns minutos por dia nele, e de uma maneira muito mais gratificante". O preço das ações do Facebook desabaria; para eles, seria uma catástrofe. E é por isso que esses sites são projetados para maximizar a dispersão. Precisam nos dispersar para ganhar dinheiro.

Tristan tem visto, de dentro, como esses negócios incentivam o trabalho na prática. Ele me disse, imagine o seguinte: um engenheiro propõe um ajuste que pode melhorar a atenção das pessoas ou fazê-las gastar mais tempo com os amigos. "Então o que acontece é que de duas a quatro semanas mais tarde eles vão perceber uma mudança, e então vai haver alguma revisão no painel de controle deles a fim de checar as métricas. [O gerente deles] vai dizer, 'Ei, por que o tempo gasto [no site] caiu tanto nas últimas três semanas? Ah, deve ser por causa daqueles ajustes que fizemos. Vamos tirar alguns desses aspectos para ver se a gente faz o número voltar a subir'". Isso não é mera teoria da conspiração, pelo menos não mais do que seria achar que é teoria da conspiração dizer que o KFC quer que você coma mais frango frito. É apenas o resultado óbvio da estrutura de incentivo que foi implantada e que permitimos que continue vigente. "O modelo de negócios deles", diz Tristan, "é tempo de tela, e não tempo de vida."

Foi só a essa altura do relato feito por Tristan – da história dele e de seus amigos, colegas e críticos – que percebi algo tão simples que fico quase envergonhado de admitir. Durante anos, atribuíra a culpa da deterioração de meus poderes de atenção simplesmente às minhas próprias falhas ou à existência do próprio celular como tecnologia. A maioria das pessoas que conheço pensa assim. Dizemos a nós mesmos: O celular chegou e acabou comigo. Eu achava que qualquer *smartphone* teria feito isso. Mas Tristan mostrava que a verdade é mais complicada. A chegada do *smartphone* teria de qualquer modo aumentado em algum grau o número de dispersões na vida, mas uma grande parte do dano ao nosso espectro de atenção está sendo causada por algo mais sutil. Não é o *smartphone* em si; é a maneira em que são projetados os aplicativos no *smartphone* e os sites em nossos laptops.

Tristan ensinou-me que os celulares que temos, e os programas que rodam neles, foram deliberadamente projetados pelas pessoas mais inteligentes do mundo para captar o máximo de nossa atenção e prendê-la. Ele quer nos fazer entender que esse design não é inevitável. Precisei pensar nisto realmente a fundo, porque, de todas as coisas que aprendi com ele, essa me pareceu a mais importante.

A maneira em que nossa tecnologia opera para corroer nossa atenção foi uma escolha e continua sendo – do Vale do Silício, e também da sociedade como um todo, que permite que eles façam isso. Os humanos poderiam ter feito uma escolha diferente, e ainda podem fazê-la. Você poderia ter toda essa tecnologia, Tristan explicou, mas sem projetá-la para ser dispersiva em grau máximo. Na realidade, poderia projetá-la tendo a meta oposta: respeitar ao máximo a necessidade das pessoas de terem uma atenção sustentada, e procurar interrompê-las o mínimo possível. O design da tecnologia poderia ser orientado não para tirar as pessoas de suas metas mais profundas e significativas, mas para ajudar a alcançá-las.

Isso para mim foi um choque. Não é o celular em si: é como o telefone vem sendo projetado. Não se trata apenas da internet, mas como ela é atualmente projetada – e dos incentivos dados às pessoas que se encarregam de projetá-la. Você poderia manter seu celular e seu laptop, e continuar com suas contas nas redes sociais – e ter uma atenção melhor, se tudo isso fosse projetado em torno de outro conjunto de incentivos.

Tristan acredita que depois que encaramos a questão de modo diferente, abre-se outro caminho, muito diverso, e dá-se o primeiro passo para sair dessa nossa crise. Se a existência do celular e da internet fosse a única causa dela, estaríamos de mãos atadas e com um grande problema – porque, como sociedade, não podemos descartar nossa tecnologia. Mas se o que causa um monte de problemas é o design atual dos celulares, da internet e dos sites que rodam neles, e existe uma maneira muito diferente pela qual poderiam funcionar, isso nos coloca totalmente em outra posição. Depois que você ajusta sua perspectiva desse modo, é enganoso ver tudo apenas como um debate entre ser pró-tecnologia ou antitecnologia e, além do mais, isso isenta de responsabilidade as pessoas que roubaram sua atenção. O debate real é: *que* tecnologia, projetada com *quais* propósitos e atendendo aos interesses de *quem*?

◬

Embora Tristan e Aza afirmassem que esses sites são projetados para serem o mais dispersivos possível, ainda assim eu não chegava a entender como isso acontecia. Parecia uma afirmação contundente demais. Para entendê-la, precisei primeiro saber algo mais, e algo constrangedoramente básico. Quando você abre seu *feed* das redes sociais, depara-se com uma torrente de coisas para olhar – seus amigos, as fotos deles, alguns novos *stories*. Quando entrei no Facebook, em 2008, eu achava, na minha ingenuidade, que tudo isso aparecia simplesmente na ordem em que meus amigos haviam postado. Vejo a foto do meu amigo Rob pelo simples fato de ele ter acabado de postá-la; em seguida, vejo a atualização de *status* da minha tia, porque ela postou isso antes dele. Ou quem sabe, eu pensava, as coisas eram selecionadas aleatoriamente. Na realidade, e aprendi isso com os anos – à medida que todos vamos ficando mais bem informados sobre estas questões – aquilo que vê é selecionado para você por meio de um algoritmo.

Quando o Facebook (e todos os outros sites) decide o que vai aparecer em seu *feed* de notícias, há milhares de coisas que eles poderiam lhe mostrar. Então criaram um fragmento de código que decide automaticamente o que você vai ver. Há inúmeros algoritmos que poderiam ser usados – maneiras pelas quais poderiam decidir o que você deve ver e a ordem de apresentação dessas coisas. É possível usar um algoritmo projetado para mostrar coisas que o deixem feliz. Ou podem usar um algoritmo projetado para mostrar-lhe coisas que o deixem triste. Poderiam também usar um algoritmo que lhe mostrasse as coisas que são o assunto principal de seus amigos. A lista de possíveis algoritmos é longa.

O algoritmo que eles de fato usam varia o tempo todo, mas há um princípio-chave consistente. Ele mostra a você coisas que o farão continuar olhando a tela. É isso. Lembre-se: quanto mais tempo você olha, mais dinheiro eles ganham. Portanto, o algoritmo é sempre aplicado para descobrir o que mantém você olhando, e para enfiar mais e mais disso na sua tela, evitando que largue o celular. É projetado para dispersar. Mas, e era o que Tristan estava aprendendo, isso acarreta – de maneira bastante inesperada e sem que ninguém tenha intenção de fazê-lo – algumas outras mudanças, que mostraram ter consequências espantosas.

Imagine dois *feeds* de Facebook. Um é cheio de atualizações, de notícias e vídeos que deixam você calmo e feliz. O outro é cheio de atualizações, notícias e vídeos que deixam você com raiva e indignado. Qual dos dois *feeds* o algoritmo seleciona? O algoritmo é neutro em relação a querer que você fique tranquilo ou com raiva. Essa não é a atribuição dele. Ele só se preocupa com uma coisa: que continue rolando a tela. Infelizmente, isso envolve uma idiossincrasia do comportamento humano. Na média, ficamos olhando mais tempo algo negativo e ultrajante do que algo positivo e tranquilo.[100] Você fica mais tempo olhando um acidente de carro do que uma pessoa segurando um buquê de flores à beira da estrada, mesmo que ver flores lhe dê muito mais prazer do que ver corpos mutilados em um acidente. Há bastante tempo os cientistas comprovaram esse efeito em diversos contextos – se lhe mostrarem uma foto de uma multidão, com algumas pessoas felizes e outras indignadas, instintivamente você olhará primeiro os rostos com raiva. Até bebês de dez semanas reagem de modo diferente a rostos com raiva.[101] Isso é algo sabido há anos em Psicologia e que conta com amplo corpo de evidências. É o chamado "viés de negatividade".[102]

Há uma crescente evidência de que essa idiossincrasia humana natural tem imenso efeito on-line. No YouTube, quais são as palavras que você deve colocar no título de seu vídeo se quiser ser escolhido pelo algoritmo? São – de acordo com o melhor site de monitoramento de tendências do YouTube – palavras como "ódio, arrasar, golpear, destruir".[103] Um grande estudo na Universidade Nova York constatou que para cada palavra de indignação moral que você acrescenta em um tuíte, sua taxa de retuítes aumenta 20% em média, e as palavras que mais aumentam a sua taxa de retuitagem são "atacar", "mau" e "culpa".[104] Um estudo do Centro de Pesquisa Pew concluiu que se preencher suas postagens de Facebook com "discordância indignada", vai dobrar seus *likes* e compartilhamentos.[105] Portanto, um algoritmo que priorize lhe manter grudado na tela vai – de maneira involuntária, mas inevitável – priorizar indigná-lo e deixá-lo com raiva. O que desperta mais raiva, desperta também maior engajamento.

Quando há pessoas suficientes que gastam uma boa parte de seu tempo para ficar enraivecidas, isso começa a mudar a cultura. Como Tristan me contou, é o que "transforma o ódio em um hábito". Você pode ver isso infiltrando-se nos ossos da nossa sociedade. Quando eu era adolescente, houve um crime horroroso na Grã-Bretanha – duas crianças de 10 anos assassinaram uma de 4 anos, chamada Jamie Bulger. O primeiro-ministro na época, o conservador John Major, reagiu dizendo publicamente que acreditava ser preciso "condenar um pouco mais, e entender um pouco menos".[106] Lembro-me de ter pensado na época, aos 14 anos, que com certeza isso estava equivocado – que é sempre melhor compreender por que as pessoas fazem as coisas, mesmo (e talvez especialmente) os atos mais hediondos. Hoje, porém, essa atitude – condenar mais, compreender menos – tornou-se a reação padrão de quase todo mundo, da esquerda e da direita, conforme passamos a vida dançando ao som de algoritmos que recompensam a fúria e penalizam a misericórdia.

Em 2015, uma pesquisadora chamada Motahhare Eslami,[107] que integrava uma equipe da Universidade de Illinois, reuniu um grupo de usuários comuns de Facebook e explicou-lhes como o algoritmo daquela rede funciona. Informou que ele seleciona o que você vê. Ela descobriu que 62% deles nem sequer sabia que seus *feeds* eram filtrados, e que ficaram pasmos ao saber da existência do algoritmo. Uma pessoa no estudo comparou isso à cena do filme *Matrix* em que o personagem central, Neo, descobre que está vivendo em uma simulação de computador.

Desde que comecei a trabalhar neste livro, em 2018, minha consciência dessas questões cresceu rapidamente, e em parte graças ao trabalho de Tristan – mas liguei para vários de meus parentes e perguntei se sabiam o que era um algoritmo. Nenhum deles sabia – nem os adolescentes. Perguntei aos meus vizinhos. Eles olharam para mim com ar de espanto. É tentador supormos que a maioria das pessoas saiba o que é, mas não acho que seja assim. E mesmo que alguém saiba tudo a respeito, isso não lhe dá qualquer proteção.

Quando juntei as evidências que recolhi, pude notar – ao buscar classificá-las – que as pessoas que entrevistei haviam apresentado evidências para seis diferentes maneiras pelas quais essa máquina, da maneira que opera atualmente, está causando danos à nossa atenção. (Vou voltar aos cientistas que discutem esses argumentos no Capítulo Oito: ao ler isto, lembre-se de que algumas partes são controversas.)

Primeiro, esses sites e aplicativos são designados para treinar nossa mente a desejar recompensas frequentes. Eles nos tornam sedentos por coraçõezinhos e *likes*. Quando fiquei privado deles em Provincetown, senti-me despojado e passei por um período doloroso de abstinência. Depois que somos condicionados a precisar desses reforços, Tristan contou a um entrevistador, "é muito difícil ficar com a realidade, o mundo físico, o mundo construído[108] – porque ele não oferece recompensas tão frequentes e imediatas como essa coisa oferece". Esse desejo ardente vai levá-lo a pegar o celular mais do que faria se nunca tivesse ficado plugado nesse sistema. Você se afasta de seu trabalho e de seus relacionamentos para procurar aquele delicioso monte de retuítes.

Em segundo lugar, esses sites lhe pressionam a mudar de tarefa com maior frequência do que faria normalmente – seja para pegar o celular, seja para clicar no Facebook no seu laptop. Ao fazer isso, todos os custos que essas mudanças causam sobre sua atenção – como vimos no Capítulo Um – passam a incidir. A evidência a esse respeito mostra que isso é tão danoso para a qualidade de seu pensamento quanto ficar bêbado ou doidão.

Terceiro, esses sites aprendem – como diz Tristan – a "fraturá-lo". Eles conseguem saber o que lhe comove, de maneiras muito específicas – ficam sabendo o que você gosta de olhar, o que lhe deixa empolgado, com raiva e o que o enfurece. Conseguem saber quais são seus disparadores pessoais – isto é, o que, especificamente, vai dispersá-lo. Significa que são capazes de interferir na sua atenção. Sempre que você é tentado a deixar seu celular de lado, o site goteja em você o tipo de material que ele, a partir dos seus comportamentos passados, aprendeu que o mantém rolando a tela. Tecnologias mais antigas – como a página impressa ou a televisão – não conseguem chegar até você dessa maneira. A mídia social sabe exatamente onde perfurar. Conhece seus pontos mais dispersivos e vai direto neles.

Quarto, em razão da maneira pela qual os algoritmos operam, esses sites deixam você com raiva uma boa parte do tempo. Há anos os cientistas têm realizado experimentos e comprovado que a própria raiva drena sua capacidade de prestar atenção. Descobriram que se eu lhe deixo com raiva, você prestará menos atenção à qualidade das discussões ao seu redor,[109] e mostrará "diminuição da profundidade de processamento"[110] – isto é, passará a pensar de maneira mais rasa e menos atenta. Todos já sentimos isto – se você começa a ferver de ódio sua capacidade de ouvir adequadamente vai pelo ralo. Os modelos de negócios desses sites intensificam sua raiva o dia inteiro. Lembre-se das palavras que seus algoritmos promovem – ataque, ruim e culpa.

Quinto, além de lhe deixarem com raiva, esses sites fazem você sentir que está rodeado pela raiva de outras pessoas. Isso desencadeia uma reação psicológica diferente em você. Como me explicou a dra. Nadine Harris, a autoridade médica oficial da Califórnia que aparece mais adiante neste livro: imagine que um dia você é atacado por um urso. Você vai parar de prestar atenção às suas preocupações normais – o que vai comer à noite, ou como fará para pagar o aluguel. Você se torna vigilante. Sua atenção passa a buscar perigos inesperados que talvez espreitem à sua volta. Então, durante dias e semanas, terá maior dificuldade em pôr foco nos afazeres diários. Isso não se limita a ursos. Esses sites lhe fazem sentir que está em um ambiente cheio de raiva e hostilidade, então você fica mais vigilante – uma condição na qual outra porção da sua atenção é desviada para procurar perigos, e cada vez resta menos dela para formas mais lentas de foco, como ler um livro ou brincar com os filhos.

Sexto, esses sites incendeiam a sociedade. Essa é a forma mais complexa de dano à sua atenção, com vários estágios, e acho que provavelmente é a mais perniciosa. Vamos examiná-la com calma.

Não prestamos atenção apenas como indivíduos: prestamos atenção juntos, como sociedade. Eis um exemplo. Na década de 1970, cientistas descobriram que ao redor do mundo as pessoas vinham usando *sprays* de cabelo que continham um grupo de substâncias químicas chamadas CFCs. Elas entravam na atmosfera e produziam um efeito não pretendido, mas desastroso – causavam danos à camada de ozônio, parte crucial da atmosfera que nos protege dos raios solares. Esses cientistas alertaram que, ao longo do tempo, isso poderia representar grave ameaça à vida na Terra. Pessoas comuns absorveram essa informação e consideraram-na verdadeira. Foram, então, criados grupos de ativistas – formados por cidadãos comuns – que pediram a sua proibição. Esses ativistas convenceram outros cidadãos da urgência disso, que acabou virando uma grande questão política. Foi exercida pressão sobre os políticos, sustentada até eles proibirem de vez os CFCs. Em cada estágio, a prevenção desse risco à nossa espécie exigiu ser capaz de prestar atenção enquanto sociedade – absorver a informação científica; distingui-la do que é falso; juntar-se às outras pessoas e demandar ações; e pressionar políticos até que agissem.

Mas há evidências de que esses sites estão agora danificando seriamente nossa capacidade de nos reunirmos como sociedade para identificar nossos problemas e encontrar soluções, como foi feito no exemplo citado. Estão comprometendo não só nossa atenção como indivíduos, mas nossa atenção coletiva. No momento, as alegações falsas espalham-se nas redes sociais mais rápido do que a verdade, em função dos algoritmos que espalham material ultrajante mais rápido e com maior penetração. Um estudo do Instituto de Tecnologia de Massachusetts (MIT) concluiu que *fake news* se espalham seis vezes mais rápido no Twitter do que notícias verdadeiras[111] e, nas eleições presidenciais de 2016 nos Estados Unidos, falsidades evidentes no Facebook superaram os principais fatos de dezenove sites de notícias juntos.[112] Como resultado, estamos sendo pressionados o tempo todo a prestar atenção a disparates – coisas que simplesmente não são. Se a ameaça à camada de ozônio acontecesse hoje, os cientistas que alertassem a respeito iriam ver-se silenciados aos berros por histórias virais inflexíveis dizendo que a ameaça é pura invenção do bilionário George Soros, ou que não existe camada de ozônio nenhuma, ou que os buracos na realidade são fruto de *lasers* espaciais israelenses.

Quando estamos perdidos no meio de mentiras, e somos o tempo inteiro instigados por nossos colegas cidadãos a sentir raiva, isso dispara uma reação em cadeia. E então não é mais possível entender o que está de fato acontecendo. Nessas circunstâncias, não temos condições de resolver nossos desafios coletivos. O que significa que nossos problemas mais gerais vão piorar e, consequentemente, a sociedade não será apenas *sentida* como mais perigosa – ela será *de fato* mais perigosa. As coisas começarão a se desmantelar. E conforme o perigo real aumenta, tornamo-nos cada vez mais vigilantes.

Um dia, Tristan viu como essa dinâmica funcionava quando foi procurado por um homem chamado Guillaume Chaslot, que havia sido engenheiro responsável por projetar e administrar o algoritmo que escolhe os vídeos que o YouTube recomenda quando você vê algum vídeo ali. Guillaume quis lhe contar o que acontecia a portas fechadas. Assim como o Facebook, o YouTube ganha mais dinheiro quanto mais tempo você fica assistindo. Foi por essa razão que o projetaram de modo que, quando você para de assistir um vídeo, ele automaticamente recomenda e roda outro para você. Como é que esses vídeos são selecionados? O YouTube também tem um algoritmo – e também entende que você ficará assistindo mais tempo se assistir a coisas ultrajantes, chocantes e radicais. Guillaume viu como isso funcionava, com todos os dados que o YouTube mantém secretos – e viu o que significa na prática.

Se você assistir a um vídeo factual sobre o Holocausto, ele recomendará vários outros, cada um mais radical que o anterior, em uma sequência de cerca de cinco vídeos, e terminará quase sempre passando automaticamente um vídeo negando que o Holocausto existiu. Se você assiste a um vídeo normal sobre o 11 de Setembro, com frequência ele recomendará de modo similar um vídeo que trate do assunto a partir de uma teoria da conspiração. Não é porque o algoritmo (ou alguém no YouTube) seja negacionista ou apoie uma teoria da conspiração. Ele simplesmente seleciona o que é mais chocante e que leva as pessoas a ficarem mais tempo assistindo. Tristan examinou isso e concluiu: "Não importa por onde comece, você acabará mais maluco".

Foi revelado, e Guillaume vazou isso a Tristan, que o YouTube recomendou vídeos de Alex Jones e de seu site InfoWars nada menos que 15 *bilhões* de vezes. Jones é um partidário da teoria da conspiração que afirma que o massacre de Sandy Hook de 2012 era *fake*, e que os pais enlutados eram mentirosos e que seus filhos nunca existiram. Como resultado, alguns daqueles pais foram inundados de ameaças de morte e precisaram se mudar de casa. Essa é apenas uma das afirmações insanas que ele tem feito. Tristan disse: "Vamos comparar o seguinte – qual é o tráfego somado do *New York Times*, do *Washington Post*, do *Guardian*?[113] Juntos não chegam perto desses 15 bilhões de visualizações".

O jovem médio é bombardeado de porcarias desse tipo dia após dia. Será que esses sentimentos de raiva desaparecem quando eles largam o celular? A evidência sugere que para muitas pessoas não é o que ocorre. Um grande estudo perguntou a nacionalistas brancos como foi que se tornaram radicais, e a maioria citou a internet[114] – e o YouTube como o site que mais os influenciou. Outro estudo sobre pessoas de extrema-direita no Twitter revelou que o YouTube era de longe o site da internet que elas mais visitavam.[115] "O simples fato de assistir o YouTube radicaliza as pessoas", explicou Tristan. Empresas como o YouTube querem nos fazer pensar que "temos umas poucas maçãs podres", explicou ele à jornalista Decca Aitkenhead, mas não querem que a gente pergunte: "Será que esse sistema não está continuamente enfiando em você, desde que acorda, mais radicalização?[116] Estamos virando maçãs podres. Somos uma fábrica de maçãs podres. Somos uma fazenda de maçãs podres".

Tive uma visão de para onde isso poderia levar a todos nós em 2018, quando fui ao Brasil às vésperas da eleição presidencial, em parte para ver meu amigo Raull Santiago, um jovem notável que conheci quando editava a edição brasileira do meu livro sobre guerra às drogas, *Na fissura*.

Raull cresceu no Complexo do Alemão, uma das maiores e mais pobres favelas do Rio. É um zigurate imenso e irregular, de concreto, lata e fios, que se estende sobre os morros, bem acima da cidade, até parecer estar quase nas nuvens. Moram ali pelo menos 200 mil pessoas, em estreitas ruelas de concreto, atravessadas por fios improvisados de eletricidade. As pessoas construíram esse mundo tijolo por tijolo, praticamente sem apoio do estado. As ruelas do Alemão têm uma beleza surreal: parecem Nápoles após algum apocalipse indefinido. Quando criança, Raull empinava pipas no alto da favela com seu melhor amigo Fábio, e de lá eles tinham uma visão panorâmica do Rio, em direção ao mar e à estátua do Cristo Redentor.

Era frequente as autoridades enviarem tanques para trafegar pela favela. A atitude do estado brasileiro em relação aos pobres era mantê-los excluídos com periódicas ameaças de extrema violência. A caminho da escola, Raull e Fábio regularmente viam corpos estendidos nas ruelas. Todo mundo no Alemão sabia que a polícia podia atirar e matar garotos pobres e alegar que eram traficantes, plantando drogas ou armas para fingir que eram deles. Na prática, a polícia tinha licença para matar os pobres, e todos sabiam disso.

Fábio sempre pareceu o garoto com maior chance de escapar de tudo isso – era ótimo em Matemática, e determinado a ganhar dinheiro para a mãe e uma irmã com deficiência. Estava sempre imaginando negócios – e convenceu, por exemplo, os bares locais a deixarem-no comprar garrafas no atacado para revendê-las a eles mais barato. Mas então, um dia, Raull soube de algo terrível: Fabio havia sido morto a tiros pela polícia – como tantos garotos antes dele. Tinha 15 anos.

Raull decidiu que não podia ficar apenas assistindo seus amigos serem assassinados um por um – portanto, com o passar dos anos, decidiu fazer algo ousado. Montou uma página no Facebook chamada Coletivo Papo Reto, que reúne vídeos de celular da polícia do Brasil inteiro matando pessoas inocentes e plantando drogas ou armas. A coisa cresceu muito, e muitos de seus vídeos viralizaram. Até algumas pessoas que vinham defendendo a polícia passaram a ver como era o comportamento real da corporação e se opuseram a isso. Foi uma história inspiradora sobre como a internet possibilita dar voz para pessoas que são tratadas como cidadãos de terceira classe, para mobilizá-las a lutar contra isso.

Mas, ao mesmo tempo em que a web tinha esse efeito positivo, os algoritmos das mídias sociais produziam efeito contrário – estavam superalimentando forças antidemocráticas no Brasil. Um ex-oficial militar, Jair Bolsonaro, era há vários anos uma figura secundária na política. Ficava meio à margem da corrente principal, por insistir em dizer coisas perversas e atacar grande parte da população de maneira extremista. Elogiava pessoas que haviam sido responsáveis por torturar inocentes quando o Brasil viveu uma ditadura. Dizia a colegas mulheres no Congresso que eram feias demais para que alguém se desse ao trabalho de estuprá-las, e que elas nem sequer "mereciam" isso.[117] Disse que preferia ver um filho seu morto do que sabê-lo gay. Foi nessa época que o YouTube e o Facebook passaram a ser uma das principais maneiras pelas quais as pessoas no Brasil se informavam. Seus algoritmos priorizavam conteúdo raivoso e ultrajante – e o alcance de Bolsonaro aumentou dramaticamente. Virou um astro das mídias sociais. Concorreu à presidência atacando abertamente pessoas como os residentes do Alemão, dizendo que os pobres e pretos do país "não são sequer bons para reprodução",[118] e que deviam "voltar ao zoológico". Prometeu dar à polícia ainda mais poder para lançar ataques militares intensificados às favelas – em outras palavras, uma licença para chacinas em grande escala.

Ali estava uma sociedade com imensos problemas que precisavam de solução urgente – mas os algoritmos das mídias sociais promoviam membros da extrema-direita e uma desinformação sem limites. Às vésperas da eleição, em favelas como a do Alemão, boa parte das pessoas estava muito preocupada com uma história que havia circulado on-line. Apoiadores de Bolsonaro criaram um vídeo advertindo que seu principal rival, Fernando Haddad, queria transformar todas as crianças do Brasil em homossexuais, e criaram para tanto um recurso astucioso: um vídeo, mostrando um bebê sugando uma mamadeira, só que esta tinha uma peculiaridade – o bico da garrafa havia sido pintado de modo a parecer um pênis. A história que circulou dizia que era o que Haddad distribuiria a cada creche do Brasil. Foi uma das histórias mais compartilhadas durante toda a eleição. As pessoas nas favelas explicavam indignadas que não tinham como votar em alguém que queria que os bebês sugassem essa "mamadeira de piroca", e que então teriam que votar em Bolsonaro. E o destino de todo um país foi entregue a esses absurdos turbinados por algoritmos.

Quando Bolsonaro inesperadamente venceu as eleições e virou presidente, seus apoiadores gritavam "Facebook! Facebook! Facebook!"[119] Sabiam o que os algoritmos haviam feito por eles. Houve, sem dúvida, vários outros fatores em ação na sociedade brasileira – esse é apenas um –, mas foi o que os seguidores de Bolsonaro escolheram primeiro, e de bom grado.

Não muito depois, Raull estava em sua casa no Alemão quando ouviu um barulho que parecia uma explosão. Saiu de casa e viu um helicóptero sobrevoando a favela e disparando nas pessoas embaixo – exatamente o tipo de violência que Bolsonaro prometera. Em pânico, Raull gritou para que seus filhos se escondessem. Quando falei com Raull mais tarde pelo Skype, estava mais abalado do que eu já o vira antes. Enquanto escrevo, violência desse tipo corre solta, cada vez mais.

Ao pensar na situação de Raull, pude ver o jeito mais profundo em que os algoritmos movidos à raiva das mídias sociais e do YouTube prejudicam a atenção e o foco. É um efeito cascata. Esses sites comprometem a capacidade de as pessoas prestarem atenção como indivíduos. Depois enchem a cabeça da população de falsidades grotescas, a ponto de elas não conseguirem mais distinguir entre ameaças reais à sua existência (um líder autoritário prometendo atirar nelas) e ameaças inexistentes (seus filhos serem transformados em gays por pênis pintados em mamadeiras). Ao longo do tempo, se você expõe qualquer país a tudo isso por tempo suficiente, deixará as pessoas tão perdidas em sua raiva e irrealidade que não conseguirão mais ter consciência de seus problemas e serão incapazes de achar soluções. Isso significa que as ruas e os céus realmente se tornaram mais perigosos – portanto você fica hipervigilante, o que destrói ainda mais a sua atenção.

Esse pode ser o futuro de todos nós se continuarmos mantendo essas tendências. Na realidade, o que acontece no Brasil afeta diretamente a vida de todos. Bolsonaro aumentou dramaticamente a destruição da floresta amazônica – o pulmão do planeta. Se isso continuar por muito mais tempo, iremos rumo a um desastre climático ainda pior.

Quando discutia essas questões com Tristan em São Francisco, ele passou os dedos pelo cabelo e disse que esses algoritmos estão "degradando o solo da sociedade... Você precisa... de um tecido social, e se o degrada, não sabe mais com o que pode acabar acordando".

Essa máquina está sistematicamente nos desviando – em nível individual e social – de onde queremos chegar. James Williams, o ex-estrategista do Google, disse que devíamos imaginar como "se tivéssemos um GPS e ele funcionasse muito bem da primeira vez. Mas, na vez seguinte, ele leva você algumas ruas além de onde queria ir. E depois o leva a uma cidade diferente". Tudo porque os anunciantes que bancam o GPS pagam para que isso aconteça. "Você nunca continuaria usando isso." Mas as mídias sociais funcionam exatamente assim. Há "um destino ao qual queremos chegar, e a maior parte do tempo, não somos levados a ele – somos desviados do caminho. Se estivesse nos orientando não no espaço da informação mas no espaço físico, jamais concordaríamos em continuar a usá-lo. Iríamos considerá-lo, por definição, falho".

Tristan e Aza começaram a acreditar que todos esses efeitos somados estão produzindo uma espécie de "rebaixamento humano". Aza disse: "Acho que estamos em um processo de engenharia reversa. [Descobrimos uma maneira de] abrir o crânio humano, descobrir as cordinhas que nos controlam, e começar a puxar as cordinhas de nossa própria marionete. Quando você faz isso, um puxão acidental em uma direção faz seu braço se mexer mais, e isso puxa a corda da sua marionete ainda mais... É para uma era desse tipo que estamos indo agora". Tristan acredita que o que vemos agora é "o coletivo rebaixamento dos humanos e o *upgrade* das máquinas".[120] Estamos ficando menos racionais, menos inteligentes e menos focados. Aza me disse: "Imagine que você trabalha sua carreira inteira em uma tecnologia que sente ser boa. Ela fortalece a democracia. Está mudando seu modo de viver. Seus amigos valorizam você por causa das coisas que tem feito. E, de repente, você vê: a coisa na qual trabalhou minha vida inteira não é apenas sem sentido. Ela está destruindo as coisas que você mais ama".

Ele comentou que a literatura está cheia de histórias nas quais os humanos criam algo em um surto de otimismo e depois perdem o controle sobre sua criação. O dr. Frankenstein cria um monstro e isto só serve para que o monstro fuja e cometa assassinatos. Aza começou a pensar nessas histórias ao falar com seus amigos engenheiros que trabalhavam para alguns dos sites de internet mais famosos do mundo. Fazia a eles perguntas básicas, como: por que seus motores de recomendações indicam uma coisa em lugar de outra e, segundo me contou, "Eles respondem algo como: não sabemos ao certo por que recomenda essas coisas". Não estão mentindo – eles conceberam uma tecnologia que está fazendo coisas que eles não chegam a compreender totalmente. E sempre diz a eles: "Será que este não é o momento exato, nas alegorias, em que você desliga a coisa – [quando] ela começa a fazer coisas que não é capaz de prever?"

Quando Tristan prestou depoimento sobre isso no Senado, perguntou: "Como podemos resolver os problemas mais urgentes do mundo se degradamos nosso espectro de atenção, degradamos nossa capacidade de lidar com complexidade e nuances, degradamos nossa verdade compartilhada, degradamos nossas crenças adotando pensamentos baseados em teorias da conspiração, que não nos tornam capazes de construir agendas compartilhadas para resolver nossos problemas? Isto está destruindo nossa capacidade de dar sentido às coisas, em uma época em que mais precisamos disso. E a razão pela qual estou aqui é porque a cada dia isso é incentivado a piorar".[121] Ele disse estar especialmente preocupado, contou-me mais tarde, pelo fato de enfrentarmos agora, como espécie, nosso maior desafio – por estarmos destruindo o ecossistema do qual dependemos para viver ao desencadearmos a crise climática. Se não somos capazes de focar, que esperança podemos ter de resolver o aquecimento global?

Portanto, Tristan e Aza começaram a perguntar com urgência cada vez maior: Como, na prática, podemos mudar a máquina que está roubando nossa atenção?

Força nº 7:

A ascensão do otimismo cruel (Ou: Por que mudanças individuais são um começo importante, mas insuficiente)

"Eu estava com a minha filha naquela tarde", contou-me o designer de tecnologia israelita-americano Nir Eyal ao rememorar o dia em que se deu conta de que havia algo errado. "Tínhamos planejado aquela bela tarde" – para ler um livro sobre a relação pai-filha, e ela chegou a uma página que perguntava: se você pudesse ter algum superpoder, qual escolheria? Enquanto ela meditava a respeito, Nir recebeu uma mensagem de texto. "Comecei a checar meu celular, em vez de ficar totalmente presente com a minha filha." Quando ele voltou a olhar, a menina tinha ido embora.

Uma infância é feita de pequenos momentos de conexão entre filhos, mães e pais. Se perder esses momentos, nunca mais vai recuperá-los. Nir percebeu isso em um sobressalto: "Ela captou a mensagem de que aquilo que estava no meu celular, o que quer que fosse, era mais importante que ela".

Não era a primeira vez. "Eu percebi – uau, preciso realmente reconsiderar minha relação com a dispersão." Só que a relação de Nir com a tecnologia que havia causado isso era diferente da que você e eu temos e em um aspecto crucial. Como Tristan, ele conhecia as ideias de B. J. Fogg sobre "tecnologias de persuasão", e depois foi trabalhar em algumas das empresas mais influentes do Vale do Silício, ajudando-as a encontrar maneiras de manter seus usuários "engajados". Agora, via isso afetar até a própria filha. Ela gritara para ele: "Hora do iPad! Hora do iPad!"[122] e pediu para entrar on-line. Nir concluiu que precisava encontrar uma estratégia para superar isso – por ela, por ele e por todos nós.

Nir propõe uma maneira particular de lidar com essa crise, que agora examinarei em detalhe. É muito diferente da abordagem que Tristan e Aza desenvolveram. O enfoque de Nir é importante porque fica claro que se trata da abordagem que, em geral, o setor *tech* nos oferece para os problemas de atenção que eles, em parte, estão criando.

Em algum lugar do fundo da sua mente, Nir já tinha um modelo daquilo que acreditava que era preciso fazer. Quando jovem, ele teve um grave problema de sobrepeso – algo que me surpreendeu quando me contou, porque atualmente é um cara magro, beirando o sarado. Muito jovem, foi enviado a um "acampamento de gordos", e tentou todo tipo de dietas e desintoxicações, desde cortar o açúcar a evitar o *fast-food*. Nada funcionou. Então, por fim, concluiu: "Por mais que eu gostasse de pôr a culpa do problema no McDonald's, o problema não era esse. Eu estava comendo meus sentimentos. E usava a comida como mecanismo para lidar com isso". Ao chegar a essa conclusão, segundo me contou, ele foi capaz de "lidar realmente com o problema". Entrou em contato com as próprias ansiedades e com a sua infelicidade, começou a treinar luta, e aos poucos seu corpo mudou. "É claro que a comida tinha um papel nisso", falou, "mas não era a causa essencial do meu problema." Ele disse ter aprendido uma lição crucial: "Eu tinha na minha vida algo que me dava a sensação de estar me controlando, então passei a controlar isso".

Nir acredita que, quando alguém se dispõe a superar esse processo de ficar engajado em seus aplicativos e dispositivos, precisa desenvolver aptidões individuais para resistir àquela parte dentro de si que sucumbe a essas dispersões. Ele argumenta que para isso precisamos olhar para dentro – antes de mais nada, para as razões pelas quais queremos usar esses dispositivos de modo compulsivo. Pessoas como Tristan e Aza, disse ele, "falam do quanto essas empresas são más. Tudo bem, mas o que foi que as pessoas já tentaram? O que foi que fizeram? Com frequência, nada". Ele acredita que as mudanças individuais deveriam ser "a primeira linha de defesa" e "isso tem que começar com um pouco de introspecção, com um pouco de compreensão de nós mesmos". Sim, diz ele, o ambiente mudou: "Você [o usuário *tech* médio] não inventou o iPhone. Não é culpa sua. E eu nunca disse que é. O que digo é que a responsabilidade é sua. Essa coisa não vai sair de cena. De um jeito ou de outro, veio para ficar. Que escolha temos? Precisamos nos adaptar. É nossa única opção".

Sim, mas como podemos nos adaptar? O que podemos fazer? Ele começou estudando a literatura de Ciências Sociais, para encontrar evidências sobre as mudanças individuais que temos condições de fazer. Relatou o que considera ser as melhores respostas em seu livro *Indistraível.* Há uma ferramenta, em particular, que ele acredita ser capaz de nos livrar do problema. Todos temos "gatilhos internos" – momentos em nossas vidas que nos inclinam a ceder aos maus hábitos. Nir notou que no caso dele é "quando estou escrevendo – algo que nunca me vem com facilidade. É sempre difícil". Quando ele se sentava com seu laptop e tentava escrever, muitas vezes começava a sentir tédio ou estresse. "Todas essas coisas ruins começam a ferver quando estou escrevendo." Quando isso acontecia, algo disparava dentro dele. Para fugir desses sentimentos desconfortáveis, dizia a si mesmo que havia algo mais que precisava fazer, e que ia levar só um instante. "A coisa mais fácil de fazer era – vou só checar o e-mail, rapidinho. Vou dar uma olhadinha rápida no celular." Ele disse: "Eu arrumava uma desculpa, por mais estapafúrdia que fosse". Ele checava as notícias compulsivamente, dizendo a si mesmo que essa é uma coisa que todo bom cidadão deve fazer. *Googlava* algum fato supostamente relevante para o que estava escrevendo e, de repente, duas horas mais tarde via-se enfiado no fundo de uma toca de coelho, procurando algo totalmente irrelevante.

"Um gatilho interno é um estado emocional incômodo", ele conta. "Trata-se então de evitá-lo. Trata-se de questionar – como posso sair desse estado desconfortável?" Ele acredita que todos devemos explorar nossos gatilhos sem julgar, que precisamos refletir a respeito deles e encontrar maneiras de superá-los. Assim, toda vez que sentia formigar essa sensação de tédio ou estresse, tentava identificar o que estava acontecendo, e então pegava um bloquinho de *post-it* e escrevia em um bilhetinho o que desejava saber naquela hora. Só mais tarde, depois de terminar de escrever um bom trecho, é que se permitia entrar no Google – mas só então.

No caso dele, funcionava. Ensinou a Nir que "não somos obrigados a nos submeter a hábitos. Eles podem ser interrompidos. E são interrompidos o tempo todo. Podemos mudar os hábitos. A maneira de mudar um hábito é entender em que consiste o gatilho interno, e certificar-se de colocar algum tipo de freio entre o impulso em direção a um comportamento e a adoção real desse comportamento". Ele desenvolveu uma gama de técnicas para isso. Acredita que todos devemos tentar adotar uma "regra dos dez minutos"[123] – se você sente uma vontade forte de checar seu celular, espere dez minutos. Diz que deveríamos criar "caixas de tempo"[124] – isto é, traçar uma programação detalhada do que fazer a cada dia e nos mantermos dentro dela. Recomenda mudar os ajustes de notificações no celular, para que os aplicativos não nos interrompam nem tirem nosso foco o dia inteiro. Diz que você deve deletar todos os aplicativos não essenciais do celular, e se precisar manter alguns, então programar de antemão o tempo que pretende gastar neles. Ele recomenda que dê baixa das listas de e-mails, e – se conseguir – crie "horas de expediente"[125] no seu e-mail, para checá-lo algumas vezes durante o dia, e ignorá-lo o resto do tempo.

Ao propor essas ferramentas, ele comentou, "eu quis empoderar as pessoas para que percebessem isso – dizendo 'veja bem, não é tão difícil assim. Não é tão complicado. Se já sabe o que fazer, é muito simples lidar com a dispersão'". Ele parecia desconcertado por não ver mais pessoas fazendo isso: "Dois terços das pessoas que têm *smartphone* nunca mudam seus ajustes de notificações. Sério? É isso mesmo? Não é algo difícil de fazer. Só precisamos fazer coisas desse tipo". Em vez de ficar falando mal das empresas *tech*, diz ele, precisamos questionar o que temos feito como indivíduos. Ele me perguntou: "Por que a discussão não começa com – tudo bem, mas por acaso já esgotamos tudo o que você pode fazer de momento? Que tal começar fazendo isto?... Mudando seus ajustes de notificações! Vamos lá, é o básico, certo? Desligue essa porra de notificações do Facebook a cada cinco minutos! Que tal programar seu dia, sabe? Quantos de nós planejam o dia? Simplesmente permitimos que o nosso tempo seja usurpado pelas notícias ou pelo que estiver rolando no Twitter ou por qualquer coisa que esteja acontecendo no mundo fora de nós, em vez de pensar – o que é que eu realmente quero fazer com meu tempo?".

Fiquei dividido enquanto Nir me explicava isso. Compreendia que ele articulava com precisão a lógica que havia me levado a Provicetown.

Havia algo no fundo de mim que pensava assim. Ou seja, assim como ele, eu também acreditava: esse é um problema que você tem, então precisa mudar a si mesmo. Havia claramente uma verdade nisso. Toda intervenção específica que Nir recomenda é, acredito eu, útil. Tentei cada uma delas depois de conhecer o trabalho dele, e algumas fizeram uma diferença pequena, embora real para mim.

Mesmo assim, algo no que ele dizia me incomodava, e durante um tempo não consegui detectar o que era. A abordagem de Nir está absolutamente alinhada à maneira que as empresas querem que encaremos nossos problemas de atenção. Elas não conseguem mais negar a crise, portanto estão fazendo algo mais: sutilmente nos convidam a ver o problema como se fosse individual e a resolvê-lo com maior autocontenção da nossa parte, e não da parte deles. É por isso que começaram a oferecer ferramentas que, segundo eles, podem ajudar a exercitar nossa força de vontade. Todos os novos iPhones têm uma opção que nos permite saber quanto Tempo de Tela gastamos no dia e na semana, e uma função "Não Perturbe", para bloquearmos mensagens que entram. O Facebook e o Instagram introduziram seus modestos equivalentes disso. Mark Zuckerberg até começou a usar o *slogan* de Tristan, e prometia que o tempo gasto no Facebook seria "tempo bem gasto" – exceto que para ele a coisa se resumia a ferramentas como as de Nir, para que você refletisse sobre o que havia de errado nas suas próprias motivações. Escrevo este capítulo a respeito de Nir não porque ele seja alguém incomum, mas porque é uma pessoa muito ingênua que apresenta a visão dominante no Vale do Silício a respeito do que você e eu deveríamos fazer agora.

Nir insistia que as empresas *tech* têm feito muito para facilitar nosso desengajamento. Para explicar isso, deu o exemplo de uma sala de diretoria onde estivera, na qual o chefe desligava seu celular na reunião, para que todos os demais se sentissem à vontade para fazer o mesmo. "Não vejo por que deveria ser responsabilidade da empresa. Na realidade, ela dá a você no mínimo esta bela função aqui [diz] 'não perturbe'. A empresa *tech* nos dá um botão. Tudo o que precisa fazer é isso. Que outra responsabilidade queremos da Apple? Pelo amor de Deus, aperte a porra do botão que diz "não perturbe" por uma hora, quando for participar de uma reunião com seus colegas. É tão difícil assim?"

Esse meu mal-estar em relação à abordagem dele só ficou claro para mim quando li o livro que Nir havia escrito alguns anos antes de produzir sua obra a respeito de como vencer a dispersão. Era dirigido a um público de designers e engenheiros *tech*, e tinha por título *Hooked (Engajado): Como construir produtos e serviços formadores de hábitos*. Ele descreveu-o como um "livro de cozinha"[126] contendo "uma receita de comportamento humano". Ler *Hooked* como um usuário comum da internet é estranho – é como aquela hora em que nos velhos filmes do Batman o vilão é pego e revela tudo o que fez, ponto por ponto. Nir escreve: "Temos que admitir: estamos todos em um negócio de persuasão. Inovadores constroem produtos para persuadir as pessoas a fazerem o que queremos que elas façam. Chamamos essas pessoas de usuários e mesmo que nenhum de nós diga isso em voz alta, secretamente desejamos que cada um fique diabolicamente engajado naquilo que estamos fazendo, seja lá o que for".[127]

Ele expõe no livro os métodos para conseguir isso, descrevendo-os como "manipulação mental".[128] A meta, segundo Nir, é "criar um forte desejo" nos seres humanos – e cita B. F. Skinner como o modelo para fazer isso. Sua abordagem pode ser resumida pelo título de um de seus *posts* no blog: "Quer engajar seus usuários? Enlouqueça-os".[129]

A meta do designer é criar um "gatilho interno"[130] (lembra disso?) que mantenha o usuário sempre voltando. Para ajudar o designer a visualizar o tipo de pessoa que ele está visando, diz que deve imaginar um usuário, que chama de Julie, que "teme ficar fora do ciclo".[131] Ele comenta: "Agora temos algo! O medo é um poderoso gatilho interno, e podemos desenhar nossa solução para ajudar Julie a aquietar seu medo". Depois que é bem-sucedido em lidar com sentimentos como esse, "forma-se um hábito,[132] [e portanto] o usuário é automaticamente disparado para usar o produto durante eventos de rotina, por exemplo para matar o tempo enquanto espera em uma fila", escreve ele com aprovação.

Designers tinham, portanto, que nos levar "a repetir certos comportamentos por longos períodos, idealmente pelo resto de suas vidas",[133] escreve. Ele diz que acredita que isso torna a vida das pessoas melhor, e observa: "Hábitos podem ser muito bons para o resultado final".[134] Nir fala da necessidade de haver alguns limites éticos[135]: é errado visar crianças, e ele acredita que os designers precisam "se chapar com a própria droga que criaram" e usar os próprios aplicativos. Ele não se opõe a todas as regulamentações – acredita que deva existir um requisito legal estipulando que se você passa trinta e cinco horas da semana no Facebook, precisaria haver um *pop-up* dizendo que talvez esteja enfrentando algum problema e direcionando você a algum local para obter ajuda.

Mas ao ler tudo isso fiquei confuso. O "livro de receitas" de Nir sobre como projetar aplicativos fez muito sucesso – um alto executivo da Microsoft, por exemplo, segurou-o bem alto e disse à sua equipe para lê-lo, e Nir é um palestrante muito popular em conferências de tecnologia. Muitos aplicativos foram inspirados nessas técnicas. Nir foi uma das pessoas que lideraram o Vale do Silício no encargo de "enlouquecer" os outros – e, no entanto, quando há pessoas como meu afilhado Adam que, na realidade, estão pirando, ele diz que a solução é basicamente mudar nosso comportamento individual, e não as ações das empresas *tech*.

Quando conversamos, expliquei-lhe que, no meu entender, havia uma discrepância preocupante entre seus dois livros. Em *Hooked* ele fala em usar uma máquina ferozmente poderosa para levar-nos a ficar "diabolicamente engajados" e "ansiando" pela nossa próxima dose de *tech*. Mas em *Indistraível* diz que ao nos sentirmos dispersos por essa máquina devemos tentar promover sutis mudanças pessoais. No primeiro livro, descreve as grandes e poderosas forças usadas para nos engajar; no segundo, as pequenas e frágeis intervenções pessoais que segundo ele nos permitirão escapar disso.

"Na realidade, vejo exatamente o oposto", ele disse em resposta. "Tudo o que disse em *Hooked*, você pode desligar com um toque de polegar. Fodam-se eles."

Entendi melhor meu crescente incômodo com a abordagem de Nir quando conversei a respeito dela com várias outras pessoas. Uma delas foi Ronald Purser, professor de Administração na Universidade Estadual de São Francisco. Ele me apresentou uma ideia que eu desconhecia – um conceito denominado "otimismo cruel". É quando se pega um problema realmente grande, com causas profundas em nossa cultura – como a obesidade, ou a depressão, ou o vício – e oferece às pessoas, em linguagem positiva, uma solução individual simplista. Soa otimista, porque você está dizendo a elas que o problema pode ser resolvido, e rapidamente – mas na realidade é cruel, porque a solução que oferece é tão limitada, e é tão cega às suas causas mais profundas, que a maioria das pessoas falha.

Ronald deu vários exemplos dessa ideia, cunhada pela primeira vez pela historiadora Lauren Berlant. Comecei a compreender essa ideia quando ele aplicou o conceito a uma noção relacionada à atenção mas que é separada dela – o estresse. Penso que vale a pena reservar um pouco de tempo para examinar isso, porque acho que pode ajudar a ver um erro que Nir – e muitos de nós – estamos cometendo quando se trata do foco.

Ronald mencionou o *best-seller* de um repórter do *New York Times* que diz a seus leitores: "O estresse não é algo que nos seja imposto. É algo que impomos a nós mesmos".[136] O estresse é um sentimento. O estresse é uma série de pensamentos. Se simplesmente aprende a pensar de modo diferente – a aquietar seus pensamentos estridentes – seu estresse derrete e cessa. Portanto, você precisa apenas aprender a meditar. Seu estresse vem de uma falha em ter atenção plena.

Essa mensagem salta da página com um otimismo promissor – mas Ronald destaca que no mundo real as principais causas do estresse nos Estados Unidos foram identificadas em um grande estudo conduzido por cientistas na Escola de Formação em Negócios de Stanford.[137] São "a falta de um plano de saúde, a constante ameaça de demissões, a falta de poder e autonomia nas tomadas de decisões, longas jornadas de trabalho, baixos níveis de justiça organizacional e demandas não realistas". Se você não tem plano de saúde e sofre de diabetes e não pode bancar a insulina, ou é obrigado a trabalhar sessenta horas por semana por um chefe intimidador, ou vê seus colegas serem demitidos um atrás do outro e suspeita, com uma sensação de revolta, que talvez seja o próximo, seu estresse não é "algo que impomos a nós mesmos". É algo que lhe é imposto.

Ronald acha que a meditação pode ajudar algumas pessoas, e eu concordo, mas avalia que livros como esse *best-seller*, que dizem para você meditar a fim de vencer o estresse e a humilhação, são "bobagem...

Vá dizer isto às mulheres de origem hispânica que trabalham em três empregos e têm quatro filhos". As pessoas que pensam que o estresse se resolve simplesmente mudando seus pensamentos estão, segundo ele, falando "a partir de uma posição privilegiada. Para elas, é fácil dizer isso". Ele deu o exemplo de uma empresa que estava cortando o plano de saúde de alguns empregados – e ao mesmo tempo era elogiada por esse escritor do *New York Times* porque oferecia aulas de meditação para eles. É fácil ver o aspecto de crueldade disto. Você diz a alguém que há uma solução para o seu problema – do tipo, encare seu estresse de outro jeito e ficará ótimo! – e então o mergulha em um pesadelo acordado. Não vamos dar insulina aos funcionários, mas daremos aulas sobre como mudar sua forma de pensar. É a versão século 21 de Maria Antonieta, "Então que comam brioches". Então que tenham atenção plena.

Embora à primeira vista o otimismo cruel pareça positivo e otimista, costuma ter um efeito lamentável. Garante que quando aquela solução de pouco alcance falha, como acontece na maioria das vezes, o indivíduo não culpará o sistema – colocará a culpa em si mesmo. Achará que foi ele que estragou tudo e que simplesmente não é bom o suficiente para ter sucesso. Ronald disse, "O otimismo cruel desvia a atenção das causas sociais do estresse", assim como o excesso de trabalho, e pode rapidamente virar uma forma de "culpar a vítima". É como se cochichasse: o problema não está no sistema, está em você.

Enquanto ele dizia isso, pensei de novo em Nir, e na abordagem mais ampla do Vale do Silício que ele exemplifica. Nir ganha a vida fazendo marketing e promoção de um modelo digital que nos "engaja" e manipula nossos medos e que até admite que está projetado para nos "enlouquecer". Ele mesmo foi engajado nesse modelo. Mas como está em uma posição de incrível privilégio – em termos de condição econômica e de conhecimento desses sistemas – conseguiu usar as próprias técnicas para recuperar algum controle. Agora imagina que a solução é simplesmente o resto de nós fazermos o mesmo.

Mas deixemos de lado o fato de que é muito conveniente para Nir que todos coloquem a culpa em si mesmos em vez de lidar com problemas mais profundos – afinal de contas, ele ganha a vida no Vale do Silício. Vamos examinar algo mais básico. A verdade é que não é tão fácil para os demais fazerem o que Nir tem feito. Esse é um dos problemas do otimismo cruel – ele pega casos excepcionais, geralmente alcançados em circunstâncias excepcionais, e passa a tratá-los como se fossem lugar-comum. É fácil obter serenidade por meio de meditação quando você não fica desempregado e não está preocupado em como vai fazer para não ser despejado na próxima terça-feira. É mais fácil dizer não ao próximo hambúrguer ou à próxima notificação do Facebook, ou ao próximo comprimido de ansiolítico, se você não está exausto, estressado e precisando desesperadamente de algum tipo de alívio para conseguir atravessar as próximas horas de estresse. Mas, dizer às pessoas – como Nir faz, e como também faz o setor *tech*, cada vez mais – que é "muito simples" e que deveriam "apertar a porra do botão" é negar a realidade que a maioria das pessoas vive.

E, mais importante, não são elas que deveriam ter que fazer isto. O otimismo cruel parte do pressuposto de que não somos capazes de mudar significativamente os sistemas que estão destruindo nossa atenção, e que portanto temos que colocar foco principalmente em mudar nossos "eus" isolados. Mas por que deveríamos aceitar esses sistemas como algo definitivo? Por que aceitar um ambiente cheio de programas destinados a nos "engajar" e a nos "enlouquecer"?

Pude perceber isso, com maior clareza, quando pensei na analogia do próprio Nir com a obesidade que experimentou na infância. Acho que vale a pena gastar um momento analisando essa comparação, porque acho que nos diz muito sobre o que estamos fazendo de errado. Pode parecer inacreditável hoje, mas há cinquenta anos havia pouca obesidade no mundo ocidental. Observe uma foto de uma praia daquela época: todo mundo é magro, pelos nossos padrões. Então ocorreram várias mudanças. Substituímos o sistema de abastecimento de comida, baseado em produtos frescos e nutritivos, por outro que consiste principalmente em comida de baixa qualidade e ultraprocessada. De maneira massiva, estressamos nossas populações, e tornamos a alimentação baseada em praticidade muito mais atraente. Construímos cidades nas quais muitas vezes é impossível transitar a pé ou de bicicleta. Em outras palavras, o ambiente mudou, e isso – e não eventuais falhas individuais da sua parte ou da minha – mudou o nosso corpo. Ganhamos massa, em massa. O ganho de peso médio para um adulto entre 1960 e 2002 foi de quase 11 quilos.[138]

O que aconteceu então? Em vez de reconhecer que foram as forças mais amplas que fizeram isso conosco, de aceitar isso e construir um ambiente saudável no qual fosse mais fácil evitar a obesidade, somos ensinados pelo setor de dietas a culpar a nós mesmos como indivíduos. Aprendemos a pensar: engordei em razão de uma falha pessoal. Escolhi a comida errada. Fiquei guloso, preguiçoso, não tomei pé adequadamente de meus sentimentos e não sou bom o suficiente. Decidimos que da próxima vez vamos tentar contar melhor as calorias. (Já passei por isso.) Livros individuais sobre dietas e planos de dieta tornaram-se a resposta básica oferecida pela cultura à uma crise que antes de mais nada tem causas sociais.

Como isso está funcionando para nós? Os cientistas que estudam o assunto descobriram que 95% das pessoas em nossa cultura que perderam peso com uma dieta voltaram a ganhar peso dentro de um a cinco anos.[139] Isso ocorre com dezenove de cada vinte pessoas. Por quê? Porque não leva em conta a razão pela qual você (e eu) antes de mais nada ganhamos peso. Evita-se fazer uma análise sistêmica. Não se fala na crise de nosso suprimento de comida, que nos cerca com alimentos viciantes, altamente processados, sem relação com o que gerações anteriores de humanos comiam. Não explica a crise de estresse e ansiedade que nos leva a comer em excesso. Não lida com o fato de que vivemos em cidades nas quais você precisa se espremer dentro de uma caixa de metal para chegar a qualquer lugar. Livros de dieta ignoram o fato de você viver em uma sociedade e em uma cultura que estão lhe moldando e pressionando, diariamente, a agir de determinadas maneiras. Uma dieta não muda seu ambiente mais amplo – e é esse ambiente a causa da crise. Você cumpre a dieta e ainda está em um ambiente não saudável que lhe pressiona a ganhar peso. Tentar perder peso no ambiente que construímos é como tentar subir uma escada rolante que desce. Algumas pessoas podem heroicamente dar um *sprint* e atingir o topo – mas a maioria vai voltar ao início da escada, achando que o erro foi seu.

Se ouvirmos Nir e as pessoas como ele, receio que iremos reagir a esse aumento dos problemas de atenção da mesma maneira que reagimos aos crescentes problemas de ganho de peso – e tendo os mesmos resultados desastrosos. Não é apenas o Vale do Silício que pressiona para que adotemos essa abordagem. Quase todos os livros existentes sobre problemas de atenção (e eu li um monte deles na pesquisa para este livro) apresentam esses problemas como simples falhas individuais que exigem ajustes individuais. São livros sobre dietas "digitais". Mas livros sobre dietas alimentares não resolvem a crise de obesidade e livros sobre dietas digitais não resolverão a crise de atenção. Precisamos entender as forças mais profundas que estão em ação.

Há quarenta anos, quando começou a crise de obesidade, teria sido possível achar outra maneira de reagir a ela. Poderíamos ter dado ouvidos à evidência de que a mera prática de contenção individual – em um ambiente imutável – raramente funciona por muito tempo, exceto em um em cada vinte casos, como o de Nir. Poderíamos ter olhado em vez disso para aquilo que funciona: mudar o ambiente de maneiras específicas. Poderíamos ter adotado políticas de governo para baratear o preço de alimentos frescos e nutritivos e torná-los mais acessíveis, e aumentar o preço e dificultar o acesso à comida de baixa qualidade e com muito açúcar. Poderíamos ter reduzido os fatores que levam as pessoas a ficarem tão estressadas a ponto de buscar conforto na comida. Poderíamos ter construído cidades em que as pessoas tivessem maior facilidade para caminhar ou andar de bicicleta. Poderíamos ter proibido que os anúncios de *junk food* fossem dirigidos às crianças, e moldassem seu gosto para a vida toda. Por isso, países que tomaram algumas dessas medidas – como Noruega, Dinamarca ou Holanda – têm níveis bem mais baixos de obesidade, e países que focaram em dizer às pessoas que ganham sobrepeso que elas precisam mudar individualmente suas escolhas, como Estados Unidos e Reino Unido, têm níveis muito altos de obesidade.[140] Se toda a energia que pessoas como eu colocaram em sentir vergonha e passar fome tivessem em vez disso exigido essas mudanças políticas, haveria bem menos obesidade agora, e muito menos infelicidade.

Tristan acredita que precisamos de uma mudança similar na consciência em relação à tecnologia. Quando ele prestou depoimento no Senado, declarou: "Você pode tentar ter autocontrole, mas há mil engenheiros do outro lado da tela trabalhando contra você". Isso é justamente o que Nir se recusa a reconhecer plenamente – embora ele mesmo tenha sido um desses designers. Ressalto mais uma vez: apoio cada um dos conselhos individuais que ele dá. Você realmente deveria pegar seu celular e desligar suas notificações. Deveria identificar seus gatilhos internos. E assim por diante. (Tristan também endossa isso). Mas não é de modo algum "muito simples" passar disso a ser capaz de manter a atenção dentro de um ambiente projetado – em parte pelo próprio Nir – para invadir e tomar seu foco de assalto.

Minha discussão com Nir ficou um pouco acalorada conforme íamos tratando do assunto. Como esta é uma das poucas entrevistas deste livro em que houve certo litígio, para ser justo com ele, postei o áudio no site do livro, para que você possa ouvir na íntegra as suas respostas – inclusive aquelas que não tenho espaço para citar aqui. Nossa conversa esclareceu meu pensamento de maneira realmente útil. Ele me fez perceber que para termos nossa atenção de volta precisamos adotar algumas soluções individuais – mas temos que ser honestos o suficiente para dizer às pessoas que apenas o esforço delas provavelmente não será suficiente para tirar a maioria de nós desse buraco. Teremos também que enfrentar coletivamente as forças que estão tirando nosso foco e obrigá-las a mudar.

A alternativa ao otimismo cruel – isto é, simplesmente contar às pessoas essa história simplista que as leva a fracassar – não é o pessimismo, ou seja, a ideia de que não se é capaz de mudar nada. É o otimismo autêntico. É com ele que você honestamente reconhece as barreiras que lhe impedem de alcançar sua meta e de estabelece um plano a ser levado adiante junto a outras pessoas a fim de desmantelar essas barreiras, uma por uma.

Percebi, então, que me restava agora uma questão realmente difícil. Como, exatamente, começar a fazer isso?

Os primeiros vislumbres de uma solução mais profunda

Depois de conhecer melhor como funciona nossa tecnologia, fiquei com duas questões claras e urgentes. Primeira: quais são as mudanças específicas que poderiam ser feitas, na prática, nessa tecnologia invasiva, para impedir que prejudique nossa atenção e nosso foco? E, segunda: como levar essas imensas corporações a introduzir essas mudanças no mundo real?

Tristan e Aza – apoiados na própria experiência e no trabalho essencial da professora Shoshana Zuboff – acreditam que para encontrarmos uma solução duradoura precisamos ir direto à raiz do problema. Por isso é que, uma manhã, Aza me disse, sério: "Poderíamos simplesmente proibir o capitalismo de vigilância". Parei para tentar entender o que estava dizendo. Ele explicou que isso significaria o governo proibir qualquer modelo de negócios on-line que rastreasse as pessoas a fim de descobrir suas fragilidades para depois vender esses dados privados pela melhor oferta para que outros pudessem mudar seu comportamento. Esse modelo, diz Aza, é "fundamentalmente antidemocrático e anti-humano", e precisa ser impedido.

Isso me soou dramático e francamente impossível da primeira vez que ouvi, mas Tristan e Aza explicaram que há uma abundância de precedentes históricos de coisas que se tornaram muito disseminadas e a sociedade descobriu que causavam grandes danos, levando-a a proibir o mercado de adotá-las. Basta pensar na tinta com chumbo. Ela estava presente na maioria dos lares norte-americanos – e então descobriu-se que causava danos ao cérebro de crianças e adultos, comprometendo a capacidade de focar. Como Jaron Lanier, um dos mentores de Tristan, apontou, quando descobrimos este fato, não dissemos que ninguém nunca mais poderia pintar a casa. Apenas proibimos o uso de chumbo na tinta. Sua casa continua sendo pintada até hoje – só que com produtos melhores. Ou então pense nos CFCs. Como mencionei, quando eu era criança, na década de 1980, havia aquela obsessão por sprays de cabelo e descobriu-se que uma substância presente nesses sprays estava destruindo a camada de ozônio que nos protege de alguns raios solares perniciosos. Isto deixou todo mundo aterrorizado. Proibimos os CFCs. Mas ainda temos sprays de cabelo, só que funcionam de outro jeito, e hoje a camada de ozônio está sendo recuperada. Há todo tipo de coisa que nós como sociedade civilizada decidimos que não pode ser comprada e vendida, como (por exemplo) órgãos humanos.

Então perguntei para eles; digamos que a gente consiga proibir o capitalismo de vigilância. O que aconteceria com as minhas contas do Facebook e do Twitter no dia seguinte, no ano seguinte? "Acho que teriam um momento de crise, assim como a Microsoft viveu seu momento de crise", respondeu Aza. Em 2001, o governo dos Estados Unidos decidiu que a Microsoft havia se tornado um monopólio. A companhia então se reinventou e agora "é uma espécie de adulto bonzinho na casa. Acho que com o Facebook ocorreria uma transformação similar".

Na prática, no dia seguinte à proibição essas companhias teriam que encontrar outras maneiras de se bancar. Há um modelo óbvio, e uma forma alternativa de capitalismo que todo mundo que lê isso já deve ter experimentado – a assinatura. Vamos imaginar que cada um de nós tivesse que pagar 50 centavos de dólar por mês para usar o Facebook. De repente, o Facebook não trabalharia mais para anunciantes nem ofereceria nossos desejos e preferências secretos como seu produto real. Não. Trabalharia para você. A função do site – pela primeira vez – seria descobrir o que nos deixa felizes e passar a nos dar isso, em vez de descobrir o que deixa os anunciantes felizes e como nos manipular para dar isso a eles. Portanto, se como a maiorias das pessoas você quer ser capaz de focar, o site precisaria ser redesenhado para oferecer-lhe isso. Se o que quer é estar socialmente conectado, em vez de isolado diante da sua tela, o Facebook teria que descobrir como tornar isso possível.

Existe outra maneira óbvia pela qual essas empresas poderiam sobreviver, que seria o governo adquiri-las para que virassem propriedade pública. Isso tiraria as mídias sociais da parte capitalista da economia. Talvez soe drástico, mas cada uma de vocês que está lendo este livro agora se beneficiaria, diretamente, desse modelo. Todos concordamos que é preciso haver esgoto – uma necessidade incontornável, a não ser que se queira voltar ao mundo de surtos de cólera e de fezes pelas ruas. Assim, em quase todos os países, o governo é proprietário das redes de esgoto, que ele mantém e regula, e mesmo ativistas ferrenhos antigoverno concordam que esse é um bom uso do poder do estado.

Adotando o mesmo modelo, nossos governos poderiam reconhecer que as redes sociais são hoje de utilidade pública e considerar que, quando conduzidas a partir dos incentivos equivocados, causam os equivalentes psicológicos dos surtos de cólera. Seria uma má ideia colocar o governo para dirigi-las – é fácil imaginar que líderes autoritários poderiam abusar delas. Felizmente, há uma opção melhor: é possível haver uma propriedade pública independente do governo. Na Grã-Bretanha, a BBC é de propriedade e financiada pelo povo britânico, e dirigida pelo seu interesse – mas sua gestão diária é independente do governo. Não é um modelo perfeito, mas é um modelo que funciona tão bem que continua sustentando a organização de mídia mais respeitada do mundo.[141]

Após essa mudança no tipo de incentivo financeiro – para assinatura ou propriedade pública, ou outro modelo – a natureza desses sites mudaria de uma maneira que já é possível começar a vislumbrar. Aza contou que "na realidade, tecnicamente não é difícil" redesenhar os grandes sites de redes sociais de modo que, em vez de destruírem o seu espectro de atenção e as nossas sociedades, fossem projetados para curá-las, a partir do momento em que os incentivos financeiros para fazer isso estivessem implantados. De início, senti dificuldades em entender, então perguntei qual seria a cara das redes após as mudanças que eles gostariam de ver. Tristan, Aza e outros começaram a expor primeiro as pequenas mudanças, depois as grandes mudanças, e por fim disseram o que seria necessário acontecer para que essas mudanças vingassem.

Começaram falando que essas empresas poderiam da noite para o dia remover um monte de aspectos desses aplicativos e sites que propositalmente embaralham nossa cabeça e nos mantêm on-line mais tempo do que gostaríamos de ficar. Aza disse: "Por exemplo, o Facebook amanhã poderia reunir todas as suas notificações, de modo que você só receberia um lote de notificações por dia... Teriam como fazer isso já no dia seguinte". (Tal medida já havia sido proposta por Tristan no seu explosivo *slide show* quando ainda estava no Google.) Portanto, em vez de receber "esse constante pinga-pinga de cocaína comportamental", dizendo a cada poucos minutos que alguém gostou da foto que postou, ou comentou seu *post* ou que vai fazer aniversário amanhã, e assim durante o dia inteiro, a pessoa receberia apenas uma atualização diária, como se fosse um jornal do dia, resumindo tudo. Seria levada a olhar isso uma vez por dia, em vez de ser interrompida várias vezes no espaço de uma hora.

"Eis mais um", disse ele. "Rolagem infinita." É a invenção dele, aquela que, quando você chega no fim da página, mais e mais coisas são carregadas, infindavelmente. "O que acontece é que isso captura seus impulsos antes que seu cérebro tenha a chance de realmente se envolver e tomar uma decisão." Facebook e Instagram e outras mídias poderiam simplesmente desligar a rolagem infinita – de modo que, ao pé da tela, você tivesse que tomar uma decisão consciente para continuar rolando.

Da mesma forma, esses sites poderiam também desligar as coisas que têm mostrado maior poder de polarizar as pessoas politicamente, roubando nossa capacidade de prestar atenção coletiva. Como já existe evidência de que o motor de recomendações do YouTube produz radicalização nas pessoas, Tristan disse a um entrevistador: "Simplesmente desligar isso. Eles podem desligar isso em um piscar de olhos".[142] Destacou que, na realidade, não é como se as pessoas no dia anterior à introdução das recomendações estivessem perdidas e precisando desesperadamente que alguém lhes dissesse o que deveriam ver em seguida.

Depois que as formas mais óbvias de poluição mental tivessem sido excluídas, disseram eles, começaríamos a ver em maior profundidade como esses sites poderiam ser redesenhados para facilitar que você se contivesse e voltasse a pensar em suas metas de longo prazo. "Não dá muito trabalho imaginar como seriam as novas interfaces", disse Aza. O exemplo mais óbvio nos remete à primeira conversa que tive com Tristan: poderia haver um botão que dissesse "esses são seus amigos que estão por perto agora e que disseram que gostariam de se encontrar com você hoje". Você clica no botão, faz conexão, esquece o celular e sai com eles. As redes sociais, em vez de serem um aspirador de pó que suga sua atenção para desviá-la do mundo exterior, seriam um trampolim que lhe mandaria de volta para esse mundo da maneira mais eficiente possível, junto às pessoas que você quer ver.

Similarmente, quando você criasse (digamos) uma conta no Facebook, ele poderia perguntar quanto tempo gostaria de gastar por dia ou por semana no site. Você escolheria dez minutos ou duas horas – a seu critério – e então o site lhe ajudaria a alcançar essa meta. Um dos recursos seria o site fechar de modo radical quando você alcançasse esse limite. Em testes, a Amazon descobriu que mesmo um atraso de 100 milissegundos no tempo que uma página demora para carregar acarreta uma substancial diminuição no número de pessoas que continuam nele para comprar o produto.[143] Aza disse: "Esse atraso simplesmente dá ao seu cérebro uma chance de acertar o passo com o seu impulso: será que eu quero mesmo continuar aqui? Não".

Além disso, o Facebook poderia perguntar a você, a intervalos regulares – que mudanças quer fazer na sua vida? Talvez você queira fazer mais exercício, ou retomar a jardinagem, ou se tornar vegetariano ou montar uma banda de *heavy metal*. Ele então juntaria você às outras pessoas das redondezas – amigos, ou amigos de amigos, ou estranhos interessados – que também desejassem fazer essa mudança e indicassem que estão procurando equivalentes aos colegas de academia. O Facebook se tornaria, diz Aza, "uma maneira de rodear você socialmente com os comportamentos que deseja". Uma bateria de evidências científicas mostra que se deseja ser bem-sucedido em mudar alguma coisa, deve juntar-se a grupos de pessoas que desejem o mesmo.

No presente momento, disseram eles, as mídias sociais estão projetadas para capturar sua *atenção* e vendê-la pela melhor oferta, mas poderiam ser feitas para compreender suas *intenções* e prestar melhor ajuda para que as realizasse. Tristan e Aza disseram que é tão fácil conceber e programar um Facebook desse jeito, voltado a afirmar a vida, quanto o Facebook que temos agora, voltado a drená-la. Penso que a maioria das pessoas, se você decidisse pará-las na rua e oferecer-lhes uma visão desses dois tipos de Facebook, diriam que querem aquele que atende às suas intenções. Então por que isso não acontece? Segundo Tristan e Aza, o problema é o modelo de negócios. Se neste exato momento essas empresas fizessem as mudanças que você acaba de ler, perderiam uma montanha de dinheiro. Dentro da atual estrutura econômica existente nessas companhias, elas não podem fazer o que é benéfico ao seu espectro de atenção ou à sociedade como um todo. Essa é a razão – mais que o resto –, sólida como pedra, pela qual tem que mudar o modelo de negócios se quiser mudar a maneira pela qual as mídias sociais nos afetam.

E o modelo de negócios só pode ser mudado por uma regulação imposta a essas companhias pelos governos, disseram eles. Só assim as mudanças que acabei de descrever deixariam de ser ameaças ao resultado final das empresas e passariam a ser maneiras muito empolgantes de atrair assinantes. Há um conflito fundamental entre os interesses das empresas de mídias sociais e os seus interesses – ser capaz de focar, ter amigos que pode ver off-line, conseguir discutir as coisas com tranquilidade. Ao se introduzir uma proibição ao capitalismo de vigilância e promover o deslocamento para outro modelo de negócios, esse conflito cessa. Como Tristan expressa, você passaria a pagar pelo seu interesse em se alinhar ao produto que usa. De uma hora para outra, essa equipe de engenheiros do Vale do Silício que fica atrás da tela não estaria mais trabalhando contra você e suas intenções mais profundas; trabalharia *para você* e tentaria *atender* às suas intenções mais profundas.

Um dia, Aza virou para mim e disse: "O fundamental é que ninguém gosta do jeito que está gastando tempo ou tomando decisões dentro dos moldes em que a tecnologia se apresenta. É difícil ir de uma montanha para a outra, porque temos que atravessar um vale. Esse é o papel da regulação – ajudar a tornar mais fácil essa travessia do vale. Mas a montanha do outro lado é muito, muito mais agradável".

Achei muito persuasivo grande parte do que Aza e Tristan haviam me relatado, mas preocupava-me o argumento deles de que precisaríamos recorrer à lei para impedir que estas companhias continuem como estão. Por várias razões. Primeiro, fiquei pensando se não estariam exagerando no equacionamento do problema. Quando conversei com Nir Eyal, ele disse: "Toda geração tem esses pânicos morais, que surgem quando nos dispomos a olhar apenas para os aspectos negativos" de uma questão. Ele me contou que "Tristan está repetindo, literalmente, o debate da década de 1950 sobre os quadrinhos", quando muitas pessoas acreditavam que as crianças estavam ficando violentas em razão de uma nova onda de quadrinhos sangrentos. Na década de 1950, "pessoas como Tristan foram ao Senado e disseram aos senadores que as revistas em quadrinhos estavam transformando as crianças em viciados, sequestrados [zumbis] – literalmente, é a mesma coisa... E hoje, encaramos os quadrinhos como muito inócuos".

Com base nisso, ele argumenta – e não está sozinho – que a ciência sobre a qual se apoiam Tristan e Aza e outros críticos do atual modelo de negócios é incorreta. Ele acredita que parte da Ciência Social sobre a qual tenho me apoiado nos dois últimos capítulos é obscura ou equivocada.

Vou lhe dar um exemplo detalhado, para que tenha uma ideia melhor sobre essa controvérsia. Tristan argumenta que o YouTube radicaliza as pessoas, com base em uma série de evidências que já mencionei. Nir responde apontando um recente estudo do codificador Mark Ledwich[144] que sugere que, na realidade, assistir ao YouTube tinha um leve efeito de desradicalização em seus usuários. Tristan, em resposta, dirige às pessoas ao professor universitário de Princeton, Arvind Narayanan,[145] e a muitos outros críticos desse estudo, que dizem que a pesquisa que Nir cita aqui não tem valor. Vamos examinar isso, passo a passo. As pessoas que dizem que o YouTube promove uma radicalização argumentam que esse efeito se dá ao longo de certo tempo. Você cria um perfil, entra no Youtube, e ele gradualmente acumula conhecimento sobre suas preferências e, então, para que continue assistindo, o conteúdo que lhe é oferecido torna-se mais extremo. Mas a pesquisa que Nir cita não estudou nenhum usuário inscrito. Tudo o que fizeram foi acessar um vídeo no YouTube – digamos, Boris Johnson fazendo um discurso – e sem fazer o login examinaram as recomendações que apareciam nas laterais. Se você usa o YouTube dessa maneira pouco usual, os vídeos não ficam mais extremistas ao longo do tempo, e seria justo dizer que o YouTube está desradicalizando. Mas números imensos de usuários do YouTube realmente fazem o login. (Não sabemos exatamente quantos, porque a plataforma faz segredo desta informação.)

Para cada maneira concebível pela qual as companhias de tecnologia poderiam estar nos prejudicando, há um bate-rebate como esse, com Tristan e Nir citando cientistas sociais rigorosos que têm chegado à conclusões opostas. Tristan apoia-se em acadêmicos de Yale, Harvard e da Universidade Nova York; Nir apoia-se em acadêmicos como o professor Andrew Przybylski da Universidade Oxford, que concorda com Nir, achando as advertências de Tristan excessivas. O que está acontecendo aqui, então? Nenhum dos dois está sendo insincero – é que medir as mudanças que esses sites estão produzindo é de fato complicado, difícil de compreender. Temos que ser honestos e admitir que estamos tomando decisões com base em um monte de incertezas. Na longa extensão da história, provavelmente haverá algumas áreas em que Nir se mostre com razão, e outras em que seja Tristan que esteja certo. O que nos deixa com um dilema básico. Nesse exato momento, precisamos tomar decisões a respeito de deixar que as empresas de mídias sociais continuem se comportando como vêm fazendo. Temos que ter uma noção do equilíbrio dos riscos.

Há duas coisas que me ajudaram a chegar a uma conclusão sobre o que deveríamos fazer em seguida. Uma delas foi um experimento de pensamento, e a outra foi uma evidência concreta a partir do próprio Facebook.

Vamos imaginar que Nir esteja errado, mas que mesmo assim possamos seguir seu conselho e permitir que o capitalismo de vigilância continue nos mantendo "ferozmente engajados", com uma regulamentação bem leve. Depois vamos imaginar que Tristan esteja errado, mas que mesmo assim aceitemos seguir seu conselho e regulamentar as Big Tech para que parem com suas práticas invasivas.

Se Tristan estivesse errado e ainda assim seguíssemos seu conselho, seríamos enganados e criaríamos um mundo em que a pessoa seria impactada com bem menos anúncios, gastaria menos, seria menos espionada e, em troca, teria que pagar uma pequena soma todo mês para ter a assinatura de algumas empresas de mídias sociais, ou então elas teriam sido de algum modo adquiridas como de utilidade pública, geridas em função de nossos interesses coletivos, como as de saneamento básico e de estradas. Agora imagine se fizéssemos o que Nir quer. O que aconteceria se ele estivesse errado? Ficaríamos com o quê? A atenção encolheria ainda mais, o extremismo político se expandiria e as tendências perturbadoras que vemos ao nosso redor continuariam aumentando.

A segunda coisa que me persuadiu foi ainda mais decisiva. Um dia, na primavera de 2020, foi revelado que o Facebook reflete sobre essas questões,[146] no privado, quando acham que nunca seremos capazes de dar-lhes ouvidos. Inúmeros documentos internos e comunicados do Facebook vazaram para o Wall Street Journal. Ficamos sabendo que a portas fechadas, a empresa tem reagido às reclamações de que seus algoritmos vêm prejudicando nossa atenção coletiva e ajudado a ascensão de Trump e a adoção do Brexit, e que reuniu uma equipe de alguns de seus melhores cientistas dando-lhes a tarefa de descobrir se isso de fato aconteceu, e, em caso afirmativo, ver o que poderiam fazer a respeito. A unidade foi chamada de Terreno Comum [Common Ground].

Depois de estudar todos os dados ocultos – as coisas que o Facebook não libera ao público – os cientistas da empresa chegaram a uma conclusão. Escreveram: "Nossos algoritmos exploram a atração que o cérebro humano tem pelo divisionismo" e que "se isto não for revisto" o site continuaria a turbinar seus usuários com "mais e mais conteúdo divisionista, em um esforço para captar a atenção do usuário e aumentar seu tempo na plataforma". Outra equipe interna do Facebook, cujo trabalho também vazou para o Journal, havia chegado de modo independente às mesmas conclusões. Descobriram que 64% de todas as pessoas que aderem aos grupos extremistas estavam conseguindo chegar a eles porque os algoritmos do Facebook os recomendavam diretamente. Isso significava que, ao redor do mundo, as pessoas estavam vendo em seus feeds grupos racistas, fascistas e até nazistas junto das palavras: "Grupos aos quais você deveria se juntar". Eles advertiram que na Alemanha, um terço de todos os grupos políticos no site eram extremistas. A própria equipe do Facebook foi franca, e concluiu: "Nossos sistemas de recomendação agravam o problema".

Depois de uma cuidadosa análise de todas as opções, os cientistas do Facebook concluíram que a solução era uma só: eles disseram que a rede teria que abandonar seu atual modelo de negócios. Como seu crescimento estava tão ligado aos resultados tóxicos, a empresa teria que abrir mãos de suas tentativas de crescimento. A única saída era a empresa adotar uma estratégia que seria "anticrescimento" – deliberadamente encolher, e optar por ser uma empresa menos rica, que não estaria arruinando o mundo.

Depois que o Facebook foi comunicado – com todas as letras, por seu próprio pessoal – a respeito do que estava fazendo, qual foi a reação dos seus executivos? Segundo a reportagem do Journal, eles zombaram da pesquisa, apelidando-a de uma abordagem do tipo "Coma mais verduras" [o conselho padrão que pais e médicos costumam dar]. Introduziram alguns pequenos ajustes, mas descartaram a maioria das recomendações. A equipe Terreno Comum foi desmontada e deixou de existir. O Journal reportou secamente: "Zuckerberg também sinalizou estar perdendo interesse no esforço de recalibrar a plataforma em nome do bem social... pedindo que não lhe trouxessem mais algo nesses moldes". Li isso e pensei no meu amigo Raull Santiago, em sua favela no Rio, sendo aterrorizado por helicópteros enviados pelo governo de extrema-direita eleito com a ajuda desses algoritmos – algoritmos tão poderosos que os apoiadores de Bolsonaro reagiram à sua vitória gritando, "Facebook! Facebook!".

Entendi que se o Facebook não se dispõe a parar de promover o fascismo – promovendo o nazismo na Alemanha – nunca se darão ao trabalho de proteger seu foco e sua atenção. Essas empresas nunca vão se conter. Os riscos de deixar que continuem se comportando da maneira que fazem são maiores que a probabilidade de terem uma reação mais forte a isso. É preciso colocar um freio nelas. E somos nós que temos que colocar esse freio.

Senti certo desalento. Por um momento, achei que não tinha a menor ideia de como poderíamos alcançar essa meta. Muitas pessoas vão até este ponto na argumentação, e então vacilam e desistem, tomadas por pessimismo. Dizem – sim, esse sistema está nos desorientando de maneiras terríveis, mas vamos ter simplesmente que nos adaptar, porque nada nem ninguém conseguirá detê-los. Vivemos em uma cultura em que há esse sentido de profundo fatalismo político em vários níveis. Constatei isso quando escrevi meu livro sobre a guerra às drogas, *Na fissura*, e viajei o mundo falando a respeito. Especialmente nos Estados Unidos, sempre ouvia: sim, você tem razão, a guerra às drogas é um desastre e um fracasso. (Mais de 80% dos norte-americanos concordam.) Sim, você tem razão que a descriminalização ou legalização seriam uma boa contribuição. Mas, não, isso nunca vai acontecer – portanto, conhece um bom advogado ou uma boa clínica de reabilitação para um parente viciado? O pessimismo político mantém as pessoas presas a uma busca de soluções puramente pessoais e individuais.

Mas a verdade é a seguinte: esse desespero não é apenas uma autoderrota; penso que ele está empiricamente equivocado. Ficava lembrando a mim mesmo – forças tão poderosas quanto as empresas de tecnologia foram derrotadas muitas vezes na história humana, e isso sempre acontece do mesmo jeito: quando pessoas comuns formam movimentos e reivindicam algo melhor, e não desistem até que tenham conseguido. Sei que pode soar vago ou idealista, então quero dar um exemplo muito prático de uma mudança que aconteceu na minha família, e muito provavelmente também na sua, nas últimas três gerações.

Tenho 41 anos. Em 1962, minhas avós tinham a idade que tenho agora. Naquele ano, minha avó escocesa, Amy McRae, morava em um prédio de apartamentos de classe trabalhadora na Escócia, e minha avó suíça, Lydia Hari, vivia em uma montanha nos Alpes suíços. Amy foi obrigada a abandonar a escola quanto tinha 13 anos, porque ninguém achava que valia a pena uma garota frequentar escola. Enquanto o irmão dela continuou estudando, ela foi trabalhar fazendo faxina de banheiros, algo que fez durante toda a sua vida laboral. Tinha vontade de trabalhar com pessoas sem-teto, mas, na prática, as mulheres eram impedidas de assumir empregos como esse, e disseram que ela precisava saber melhor qual era seu lugar como mulher e calar a boca. Lydia cresceu em uma aldeia suíça, e quando adolescente vivia desenhando e pintando. Queria ser pintora. Mas disseram-lhe que garotas não podiam pintar. Casou-se jovem e disseram-lhe que tinha que obedecer ao marido. Anos mais tarde, eu estava um dia sentado na cozinha dela, e vi seu marido erguer uma caneca de café e berrar "*Kaffee!*" (café) e a expectativa era que ela corresse para ir buscar e servi-lo. De vez em quando, ela fazia algum esboço, mas dizia que isso a deixava mais deprimida, porque a fazia lembrar o que a vida dela poderia ter sido.

Minhas avós viveram em uma sociedade em que as mulheres eram excluídas de quase todos os sistemas de poder e de quase todas as escolhas referentes à própria vida. Em 1962, não havia mulheres no ministério britânico nem no norte-americano ou no governo suíço. Mulheres eram menos de 4% dos membros do parlamento britânico e do senado dos Estados Unidos, e menos de 1% na Suíça, onde as mulheres nem sequer tinham permissão de votar em 17 dos 20 cantões (incluindo aquele em que minha avó vivia). Isso significava que as regras eram redigidas por homens e para os homens. Mulheres norte-americanas e britânicas não podiam fazer hipotecas ou abrir uma conta bancária exceto se fossem casadas e tivessem permissão por escrito do marido. Mulheres suíças eram proibidas de arrumar emprego a não ser com permissão por escrito do esposo. Não havia abrigos para casos de violência doméstica em nenhum lugar do planeta, e era legal em toda parte o homem estuprar sua mulher. (Quando na década de 1980 houve mobilização para proibir o estupro dentro do casamento, um deputado da Assembleia da Califórnia objetou dizendo, "Mas se você não pode estuprar a própria mulher, vai estuprar quem?".[147]) Na prática, homens podiam bater na esposa, porque a polícia não via isso como crime, e podiam molestar as filhas, pois falar a respeito disso era um tabu tão grande que ninguém nunca ia à polícia dar queixa.

Enquanto digito esses fatos, fico pensando na minha sobrinha de 15 anos. Assim como sua bisavó, ela adora desenhar e pintar, e toda vez que a vejo fazendo isso penso em Lydia, fazendo a mesma coisa em sua aldeia suíça, oitenta e cinco anos antes. Lydia foi instruída a parar de desperdiçar seu tempo para começar a servir os homens. O que dizem à minha sobrinha é: você será uma grande pintora, vamos procurar uma boa escola de arte. Minha sobrinha não conheceu minha avó, mas acredito que Lydia teria ficado feliz em saber de que maneiras o feminismo mudou o mundo.

Sei que é excepcionalmente irritante para um homem ver esse assunto explicado dessa maneira condescendente, ainda mais com tanto sexismo e misoginia que ainda existem no mundo, e com tantas mulheres ainda enfrentando barreiras imensas. Sei que o avanço dos direitos das mulheres está longe da vitória, e muitos dos que já foram feitos estão sob ameaça. Sei que em relação a isso há apenas uma coisa que definitivamente é verdadeira: a diferença entre a vida das minhas avós e a da minha sobrinha é uma conquista impressionante, e aconteceu por uma razão, e apenas uma. Houve um movimento organizado de mulheres comuns que se juntaram e lutaram por isso, e continuaram lutando mesmo quando ficou realmente difícil.

Existem, é claro, muitas diferenças entre a luta pelo feminismo e a luta por nosso foco. Mesmo assim, esse exemplo sempre volta à minha mente por uma razão muito básica. O movimento feminista nos ensina que forças imensas e aparentemente inamovíveis podem ser desafiadas por pessoas comuns – e que quando elas o fazem, podem trazer uma mudança efetiva. O poder concentrado dos homens em 1962 enquanto gênero era muito maior que o poder das Big Tech quando escrevo em 2021. Os homens controlavam quase tudo – todos os parlamentos, corporações e forças policiais – e vinham controlando desde que estas instituições existiam. Teria sido muito fácil, nessa situação, dizer – é impossível mudar; desista; as mulheres simplesmente vão ter que aprender viver subordinadas. Muitas pessoas são tentadas a pensar assim agora, ao verem as imensas forças que roubam nosso foco. Mas é assim que atua essa crença pessimista de que não temos poder e não somos capazes de mudar nada. É uma falsa crença.

Vejamos outro exemplo histórico. Sou gay. Em 1962, eu teria sido preso por isso. Hoje posso me casar. A homofobia teve vigência por dois mil anos, e agora não tem mais. A diferença – a única diferença – foi um movimento de pessoas comuns exigindo o fim das forças que frustravam sua vida. Eu sou livre porque as pessoas que vieram antes de nós não desistiram; elas se ergueram. De novo, é claro que há grandes diferenças entre a luta por igualdade das pessoas gays e esta luta. Mas há um paralelo crucial: nenhuma fonte de poder, nenhum conjunto de ideais, é tão vasto que não possa ser desafiado. O Facebook adoraria acreditar que o poder deles é inexpugnável e que não faz sentido lutar por mudanças porque isso nunca dará certo. Essas empresas são tão frágeis quanto qualquer outra força poderosa que no final tenha sido vencida.

Se não formarmos um movimento e lutarmos, qual é a alternativa? Tristan e Aza alertaram-me que estamos apenas no início do que o capitalismo de vigilância não regulamentado vai fazer conosco. Só vai se tornar mais sofisticado e mais invasivo. Eles me deram inúmeros exemplos. Eis um deles. Existe uma tecnologia chamada "transferência de estilo". Ao utilizá-la, você mostra a um computador centenas de pinturas de Van Gogh e depois dirige essa tecnologia a uma nova cena, e ela a recria no estilo de Van Gogh. Aza contou de que maneira a "transferência de estilo" poderia muito em breve ser usada contra você ou contra mim: "O Google hoje poderia ler todo o seu Gmail, criar um modelo capaz de imitar seu estilo e então vendê-lo a um anunciante. [O usuário] nem sequer sabe o que está acontecendo", mas começará a receber e-mails que são surpreendentemente amigáveis e persuasivos, porque soam exatamente como você. Aza explicou: "Pior ainda, podem examinar todo o seu Gmail, todos os e-mails que você respondeu de maneira rápida e positiva, e aprender esse estilo. Então assimilam o estilo que soa persuasivo de uma maneira única para você. Não há nada de ilegal. Não há leis que lhe protejam disso. Por acaso está invadindo sua privacidade? Eles não estão vendendo seus dados. Estão vendendo apenas um conhecimento assimétrico a respeito de como você funciona – que é mais do que conhece a respeito de si mesmo – pela melhor oferta".

É uma assimetria tão extrema que vai *hackear* vulnerabilidades que você nem sequer sabia que eram vulnerabilidades. Há inovações tecnológicas prestes a aparecer que farão as atuais formas do capitalismo de vigilância parecer tão toscas quanto *Space Invaders* é visto hoje por um garoto acostumado a jogar *Fortnite*. O Facebook, em 2015, solicitou patente para uma tecnologia que será capaz de detector suas emoções a partir das câmeras de seu laptop e celular. Se não conseguirmos regularizar, Aza adverte, "nossos computadores vão testar maneiras de descobrir todas as nossas vulnerabilidades, sem que ninguém nunca pare para perguntar – mas isso está certo? Teremos a impressão de estarmos ainda tomando as próprias decisões", mas será "um ataque frontal à nossa capacidade de agir e ao nosso livre arbítrio".

O mentor de Tristan, Jaron Lanier – um veterano engenheiro do Vale do Silício – contou-me que costumava prestar consultoria para muitos filmes distópicos de Hollywood, como *Minority Report*, mas precisou parar porque viu que estava concebendo tecnologias cada vez mais assustadoras para alertar as pessoas a respeito do que estava por vir – e que os designers reagiam dizendo: nossa, isso é muito incrível! Como será que nós podemos fazer algo assim?

James Williams contou: "Às vezes ouço pessoas dizendo que é tarde demais para fazer certas mudanças na web ou nas plataformas ou na tecnologia digital". Mas o machado, segundo disse ele, existiu por 1,4 milhão de anos antes que alguém tivesse a ideia de colocar-lhe um cabo. A web, em contraste com isso, "tem menos de dez mil dias de idade".

Percebi que estamos em uma corrida. De um lado, há o poder de tecnologias invasivas em rápida escalada, que estão descobrindo como funcionamos e causam fraturas em nossa atenção. De outro lado, é preciso que haja um movimento exigindo tecnologias que trabalhem para nós, não contra nós; tecnologias que alimentem nossa capacidade de focar, em vez de fraturá-la. No momento, o movimento para uma tecnologia humana é formado por algumas valentes pessoas como a professora Shoshana Zuboff, como Tristan e Aza. São o equivalente dos grupos esparsos de corajosas feministas do início da década de 1960. Todos nós precisamos decidir – vamos nos juntar a eles e travar uma luta? Ou vamos deixar as tecnologias invasivas vencerem por nossa omissão?

Força nº 8:

O surto do estresse e como ele desencadeia a vigilância

Quando admiti para mim mesmo que tinha um problema de atenção e fugi para Provincetown, a história que eu contava sobre o que havia acontecido com meu foco era simples: a internet e os celulares haviam acabado com ele. Agora, sei que essa era uma visão simplista demais – que o modelo de negócios por trás da tecnologia é mais importante do que a própria tecnologia – mas estava a ponto de aprender algo ainda mais importante. Essas tecnologias entraram em nossa vida em um momento em que estávamos particularmente vulneráveis a ser sequestrados por elas, quando nosso sistema imune coletivo estava baixo, por razões totalmente alheias à tecnologia e ao seu design.

De um jeito ou de outro, muitos de nós conseguimos suspeitar de algumas razões. No início de 2020, decidi me juntar ao Conselho para Psiquiatria Baseada em Evidências, e contratamos a YouGov – uma das principais empresas de pesquisa do mundo – para fazer (ao que me consta) a primeira pesquisa científica de opinião já realizada sobre a atenção nos Estados Unidos e na Grã-Bretanha. A pesquisa identificou pessoas que sentiam que sua atenção estava piorando, e então perguntava por que acreditavam que isso estava acontecendo. Davam-se a elas dez opções de escolha. A razão número 1 que as pessoas apontavam para seus problemas não eram os celulares. Era o estresse, escolhido por 48%. A segunda razão era a mudança de circunstâncias de vida, como ter um bebê ou envelhecer, também escolhida por 48%. O problema que vinha em terceiro lugar era a dificuldade para dormir ou o sono perturbado, apontado por 43%. Celulares vinham em quarto, com 37%.

Quando comecei a estudar em maior detalhe os aspectos científicos disso, descobri que as suspeitas das pessoas comuns não estão equivocadas. Há forças mais profundas que nossos celulares em ação na web – forças que nos fazem desenvolver uma relação disfuncional com a web.

Comecei a entender a primeira dimensão disso quando passei um tempo com a mulher que, mais tarde seria a autoridade médica oficial da Califórnia, e que realizou um avanço importante nessas questões. De todas as pessoas que contatei para este livro, ela talvez seja a que mais admiro. De início, quando lemos a história dela, pode parecer que a situação que descreve é tão extrema que não tem nada ver com nossa própria vida – mas acompanhe-me, porque o que ela descobriu pode nos ajudar a entender a força que está fraturando a atenção de muitos de nós.

Na década de 1980, nos subúrbios de Palo Alto, na Califórnia, uma jovem negra chamada Nadine sentia muita ansiedade ao voltar para casa da escola. Ela amava a mãe – que havia lhe ensinado algumas jogadas incríveis na quadra de tênis e sempre lhe dizia para estudar, porque depois que se adquire uma boa educação, ninguém pode tirá-la de você. Mas havia vezes em que a mãe – e não por culpa dela – comportava-se de maneira muito diferente. "O problema era", conforme Nadine escreveu mais tarde, "que nunca sabia que mãe ia encontrar. Todo dia, após a escola, era um jogo de adivinhação: vou encontrar a Mamãe feliz ou a Mamãe assustadora?"[148]

Duas décadas mais tarde, a dra. Nadine Burke Harris observava duas crianças sentadas diante dela em uma sala de consultório e sentiu algo – uma dor antiga, conhecida. As crianças tinham 7 e 8 anos, e poucas horas antes o pai delas enfiara as duas no carro, deixou de pôr o cinto de segurança nelas de propósito e saiu dirigindo até encontrar um muro. Então apontou o carro para o muro e pisou fundo no acelerador. Nadine observava aquelas crianças e pensava no quanto deviam ter ficado com medo. "Eu sabia intuitivamente como era esse tipo de medo", ela me contou. "Fui capaz de ter empatia em um nível fisiológico, se é que isso faz algum sentido. Sei o que acontece nessas horas." Aquelas crianças, fiquei sabendo, também tinham um pai com esquizofrenia paranoide.

Nadine lidara com a doença mental da mãe esforçando-se para ser sempre a melhor aluna da classe, da maneira que a mãe, nos seus momentos saudáveis, havia lhe ensinado. Entrou em Harvard, onde estudou Saúde Pública e Pediatria. Na hora de decidir o que faria com tudo o que havia aprendido, concluiu que queria ajudar crianças. Enquanto muitos de seus colegas de classe foram exercer a Medicina para pessoas ricas, Nadine foi para Bayview, uma das últimas partes de São Francisco ainda não gentrificadas, uma zona realmente pobre e problemática, com muita violência. Não muito tempo depois de começar a trabalhar ali, ela estava com alguns amigos quando ouviu um estampido forte. Correu até o local e viu um garoto de 17 anos que havia levado um tiro e sangrava. Nadine também ficou sabendo que naquele novo bairro havia avós que, às vezes, dormiam na banheira, por medo de serem atingidas por balas perdidas enquanto dormiam. Mais tarde, ela refletiu sobre como é viver o tempo todo no meio de uma violência aleatória como aquela. Viver em Bayview, ela concluiu, era estar constantemente mergulhado no medo e no estresse.

Um dia, um garoto de 14 anos com diagnóstico de Transtorno do déficit de atenção com hiperatividade (TDAH) – vou chamá-lo aqui de Robert –, foi levado para se consultar com Nadine. (Também alterei outros detalhes ao longo deste capítulo, a pedido dela, respeitando a confidencialidade médica em relação a seus pacientes.) Por um tempo, Robert recebera prescrição de tomar metilfenidato, uma medicação estimulante, que não parecia fazer qualquer diferença para ele. O garoto dizia não gostar de como se sentia ao tomá-lo, e queria parar de tomar, mas os médicos anteriores haviam insistido para que continuasse, e com doses cada vez mais elevadas.

Nadine perguntou para Robert e à mãe dele com que idade os problemas de atenção dele tinham começado a se manifestar. Tinha sido aos 10 anos. Ela perguntou: o que aconteceu então? Bem, eles explicaram que foi quando o garoto passou a viver na casa do pai. Conversaram a respeito do divórcio, e da vida do garoto – e então Nadine perguntou gentilmente: por que Robert foi viver com o pai? Demorou um tempo até os dois se disporem a contar a história, mas depois de algumas hesitações, a razão veio à tona. A mãe de Robert tinha um namorado, e um dia, ao chegar em casa, encontrou-o no chuveiro, abusando sexualmente do filho. A própria mãe havia sofrido abuso sexual ao longo de toda a infância, e viu-se condenada a ter pavor de homens abusivos e a se submeter às suas exigências. Naquela hora, sentiu-se impotente – portanto, fez algo de que se envergonhava profundamente. Em vez de chamar a polícia, mandou o filho morar com o pai. Toda vez que Robert voltava para visitá-la, seu abusador ainda estava lá, à sua espera.

Nadine pensou muito a respeito desse caso e começou a ponderar se aquilo teria alguma conexão com um problema mais amplo que vinha observando. Ao chegar ao posto médico de Bayview, notou que havia ali uma taxa impressionantemente alta de crianças com diagnóstico de problemas de atenção – muito mais alta do que em bairros mais saudáveis –, e que a primeira medida, e usualmente a única tomada, era medicá-las com estimulantes muito potentes, como metilfenidato ou anfetamina. Nadine acredita no poder da medicação para resolver todo tipo de problema – foi por isso que cursou Medicina –, mas começou a duvidar: e se estivermos fazendo um diagnóstico muito equivocado do problema que essas crianças enfrentam?

Nadine sabia que, algumas décadas antes, os cientistas haviam feito uma descoberta importante. Quando os seres humanos estão em um ambiente aterrorizante – como uma zona de guerra – com frequência entram em um estado emocional diferente. Ela deu um exemplo, um que já abordei brevemente um pouco antes. Imagine que está andando em um bosque e, de repente, se depara com um urso-pardo, que parece furioso e prestes a atacá-lo. Nessa hora, seu cérebro para de se preocupar com o que você vai comer no jantar, ou se conseguirá pagar o próximo aluguel. Ele adota um foco estreito e exclusivo em apenas uma coisa: o perigo. Você acompanha cada movimento do urso, e sua mente busca encontrar maneiras de fugir. Você se torna altamente vigilante.

Agora imagine que esses ataques de ursos passam a acontecer muitas vezes. Imagine que, de repente, um urso furioso aparece três vezes por semana na sua rua e leva embora um de seus vizinhos. Se isso ocorrer, provavelmente desenvolverá um estado conhecido como "hipervigilância". Você começa a procurar sinais de perigo o tempo todo – haja um urso bem na sua frente ou não. Nadine explicou: "Hipervigilância é essencialmente ficar procurando um urso a cada esquina. Sua atenção foca em indícios de potenciais perigos, em vez de focar em estar presente naquilo que de fato está acontecendo, ou na lição da escola que você deveria estar aprendendo, ou no trabalho que se supõe que deveria fazer. Não é que [pessoas nesse estado] não esteja prestando atenção. É que está prestando atenção a quaisquer dicas ou indícios de ameaça ou de perigo no ambiente. É nisso que seu foco está".

Imaginava Robert sentado em uma sala de aula tentando aprender Matemática, mas sabendo que em poucos dias teria que encontrar o homem que havia abusado sexualmente dele e que talvez quisesse fazer isso de novo. Nadine questionou: Como poderia ele, naquelas circunstâncias, colocar o poder de sua mente em efetuar somas? Sua mente estava de prontidão apenas para uma coisa – detectar perigos. Não se tratava de uma falha em seu cérebro – era uma reação natural e necessária às circunstâncias intoleráveis. Ela quis saber quantas daquelas crianças que vinham sendo tratadas e informadas de que tinham algum defeito inerente poderiam estar em uma situação similar. Com a equipe de sua clínica, Nadine decidiu investigar cientificamente a questão. Começou lendo os estudos científicos relevantes e aprendeu que havia um procedimento padrão para identificar se uma criança havia sofrido trauma, e qual a dimensão dele. É o chamado Levantamento de Experiências Adversas de Infância.[149] É bem direto. Você tem que perguntar: Já experimentou alguma dessas coisas ruins em sua infância – fatores como abuso físico, crueldade ou negligência? Depois pergunta-se sobre quaisquer problemas que a criança possa estar enfrentando no momento – como obesidade, dependência química e depressão.

Nadine decidiu que sua equipe estudaria todas as mais de mil crianças sob os cuidados deles a partir desse prisma, para avaliar quantos traumas de infância haviam experimentado, e se isso estava correlacionado com algum dos outros problemas que pudessem ter – como dores de cabeça ou abdominais, e (crucialmente) problemas de atenção. Fizeram essa avaliação detalhada em cada uma das crianças.

As que experimentaram quatro ou mais tipos de trauma tinham *32,6 vezes* mais probabilidade de receberem diagnósticos de transtornos de atenção ou comportamentais do que crianças que não tivessem experimentado nenhum trauma.[150] Outros cientistas nos Estados Unidos endossam esse achado de que crianças têm probabilidade bem maior de apresentar problemas de foco se vivenciarem traumas. Por exemplo, a dra. Nicole Brown, em um corpo de pesquisa separado, descobriu que o trauma infantil triplicava o desenvolvimento de sintomas de TDAH.[151] Um grande estudo realizado pela Agência Britânica de Estatísticas Nacionais[152] descobriu que, quando há uma crise financeira na família, as chances de uma criança receber diagnóstico de problemas de atenção aumentam 50%. Se há uma doença grave na família, sobe para 75%. Se um dos pais precisa ser levado a um tribunal, aumenta para cerca de 200%. Essa base de evidência é pequena, mas está crescendo e parece apoiar em termos gerais o que Nadine constatou em Bayview.

Nadine acreditou estar revelando uma verdade crucial a respeito de foco: para prestar atenção de maneiras normais, você precisa se sentir seguro. Precisa ser capaz de desligar as partes de sua mente que ficam varrendo o horizonte à procura de ursos, leões ou seus equivalentes modernos, e permitir que você mergulhe em um tópico seguro. Em Adelaide, na Austrália, conheci um psiquiatra infantil, o dr. Jon Jureidini, especialista nessa questão, e ele me contou que estreitar seu foco é "uma estratégia realmente boa em um ambiente seguro, porque significa que pode aprender coisas, florescer e se desenvolver. Mas se você está em um ambiente perigoso, a atenção seletiva [quando foca em apenas uma coisa] é de fato uma estratégia ruim. Em vez disso, o que você precisa é distribuir uniformemente a vigilância ao redor do seu ambiente, procurando pistas de perigo".

Depois de aprender isso, Nadine concluiu que, no caso de Robert, a conduta de seus médicos anteriores havia sido um tremendo equívoco. Ela me disse: "Adivinhe? Metilfenidato não serve para tratar agressão sexual". Para essas crianças, "as medicações estão tratando sintomas superficiais e não a causa... Se uma criança tem um comportamento horrível a maior parte do tempo isso, na verdade, é a melhor maneira que ela encontrou de alertar o sistema de que algo está errado". Nadine passou a acreditar que quando as crianças não conseguem prestar atenção, muitas vezes é sinal de que estão sob terrível estresse. Jon, o médico de Adelaide especializado no assunto, contou-me: "Se você medica uma criança nessa condição, contribui para que continue em uma situação violenta ou inaceitável". Um estudo comparou um grupo de crianças que haviam sofrido abuso sexual com um grupo da mesma idade de crianças que não haviam sofrido abuso, e constatou que as sobreviventes de abuso tinham o dobro da taxa usual de TDAH diagnosticável.[153] (Esta não é a única causa de TDAH – e vou falar das outras mais adiante.)

No caso de Robert, a abordagem adotada pode ter resultados desastrosos. Na Noruega, entrevistei a política Inga Marte Thorkildsen, que começou a investigar essas questões – e até escreveu um livro a respeito – depois que ficou chocada com um caso trazido por um de seus eleitores. Tratava-se de um garoto de 8 anos cujos professores haviam identificado nele sinais de hipervigilância. Não parava quieto nem sentado; corria o tempo todo; recusava-se a seguir as instruções que lhe eram dadas. Foi então diagnosticado com TDAH, e passou a tomar estimulantes. Pouco tempo depois, encontraram-no morto, com uma fenda de 7 centímetros no crânio. Fora assassinado pelo pai, que, soube-se depois, vinha sendo violento com ele há muito tempo. Quando conversei com Inga em Oslo, ela me disse: "Ninguém havia tomado nenhuma providência, apenas diziam, nossa, ele tem problemas de atenção, e blá-blá-blá. Nem sequer conversavam com o garoto enquanto ele recebia a medicação".

Nadine começou a questionar: Se aquela era a abordagem equivocada, qual seria a correta? Como poderia ajudar Robert, e todas as outras crianças como ele que estavam sob seus cuidados? Contou que passou a explicar aos pais: "Acredito que isso [a incapacidade de focar] é causado pelo fato de seu corpo [da criança] produzir muitos hormônios de estresse. Então nossa maneira de corrigir é a seguinte: precisamos criar um bom ambiente. Precisamos reduzir a quantidade de coisas assustadoras ou estressantes que seu filho está experimentando e vendo. E colocar no lugar um monte de coisas que amorteçam, introduzir um monte de cuidados, coisas que o alimentem. Para ser capaz de fazer isso, você, Mãe dele, tem que reconhecer e enfrentar a própria história daquilo que vem acontecendo na sua vida".

Não adianta nada dizer isso e depois não ter como oferecer à pessoa maneiras práticas de lidar com a questão. Portanto, ela batalhou para obter subvenção de entidades filantrópicas da região de São Francisco para transformar essa proposta em realidade. Em um caso como o de Robert, Nadine explicou, são necessários vários passos. Eles precisavam ajudar a mãe a obter terapia, para que compreendesse por que se sentia impotente para desafiar o abusador do garoto. Precisavam pôr a família em contato com ajuda legal para que conseguisse uma ordem de restrição contra o abusador, fazendo-o sair para sempre da vida de Robert. Tinham que prescrever sessões de ioga tanto para a criança abusada quanto para a mãe, para que se reconectassem com seus corpos. E ajudá-los a melhorar seu padrão de sono e de nutrição.

Nadine contou-me que é preciso "ampliar os recursos disponíveis para que fiquem à altura dos problemas que as pessoas estão enfrentando". Essas soluções mais profundas, enfatizou, exigem de fato um trabalho árduo – mas ela tem visto que transformam as crianças. "É frequente você ouvir que ao experimentar traumas de infância as pessoas ficam destruídas ou prejudicadas", mas, na realidade, "temos a capacidade de mudar". Ela vê isso o tempo todo na sua prática: "É impressionante o número de crianças que foram do fracasso ao quadro de honra por terem recebido o diagnóstico e o apoio corretos". É por essa razão que, para Nadine, o seu é um "trabalho feliz", pois "ele nos mostra o profundo potencial para mudança. É o que vejo na minha prática clínica. Isso é eminentemente tratável. É impressionante o quanto isso é tratável. E há muitas frutas ao alcance da mão". Ela acredita que se trabalharmos forte o suficiente para informar as pessoas, "Chegaremos lá: chegaremos ao ponto em que teremos transformado o panorama de como a sociedade e a Medicina – e todos nós – reagimos a essa questão".

Nadine acredita que só está sendo capaz de realizar esse trabalho por ter sido a criança assustada que foi nos subúrbios de Palo Alto, durante todos aqueles anos. "Os budistas dizem – seja grato pelo seu sofrimento, porque ele permite que você sinta empatia pelo sofrimento dos outros", disse ela.

Não muito antes da última vez em que a vi, ela acabara de ser nomeada Autoridade Médica Oficial da Califórnia, o cargo médico mais elevado do estado. Mas, por mais prestígio e poder que isso possa conferir, Nadine me contou que sente mais orgulho de outra coisa. Há pouco encontrou Robert e a mãe dele. E pôde ver – em razão da extensiva ajuda que os dois haviam recebido – como ambos estavam mudando. Ele não era mais medicado por problemas de atenção nem mostrava dificuldades em focar. Os dois vinham desenvolvendo empatia um pelo outro. Estavam curando-se em um nível profundo, de uma maneira que jamais teria sido possível medicando a criança. A mãe de Robert conseguia agora ver como o próprio abuso sexual que havia sofrido a deixara incapaz de proteger o filho, e estava conseguindo, pela primeira vez na vida, ver a si mesma de outro modo – e ter compaixão por si. Isso, por sua vez, significava que podia começar a sentir compaixão pelo filho. Ambos, disse Nadine, "estão vendo que a história pode ter um desdobramento diferente" a partir de agora.

▽

Nadine viu que o severo trauma que Robert experimentara havia sido devastador, mas também passou a ver que a vida em Bayview – com todo o estresse que gerava – era o que corroía a atenção. Os pacientes dela que não haviam sofrido abuso infantil ainda viviam boa parte do tempo preocupados, com receio de serem despejados, obrigados a passar fome ou a levar um tiro. Viviam sob uma constante pressão de baixo grau.

Quando me explicou isso, eu quis entender – será que existem outras formas de estresse que afetam a atenção? O que ocorre com aquelas bem menos angustiantes que o abuso sexual? Descobri que a evidência científica disso é um pouco complicada. As evidências em laboratório mostram que se é submetido a um estresse de leve a moderado terá no curto prazo um desempenho *melhor* em algumas tarefas que exigem atenção.[154] Todos temos essa experiência: eu, antes de subir em um palco para falar em público, sinto um leve aumento de pressão, mas isso me faz acordar, me recompor e ter melhor desempenho.

Mas, e se esse estresse for prolongado? Nessas circunstâncias, mesmo níveis leves de estresse "podem alterar significativamente os processos de atenção",[155] e foi isso o que uma equipe científica descobriu em um estudo típico. A ciência é tão clara a esse respeito que um resumo recente explicou: "É óbvio agora que o estresse pode causar mudanças estruturais no cérebro, com efeitos de longo prazo".[156]

Comecei a questionar – por que isso é assim? Uma razão é que o estresse costuma disparar outros problemas que sabidamente também minam nossa atenção. Por exemplo, o professor Charles Nunn, um destacado antropólogo evolucionário, investigou o aumento dos casos de insônia, e descobriu que temos dificuldades para dormir quando experimentamos "estresse e hipervigilância".[157] Se não se sente seguro, é incapaz de descontrair, pois seu corpo fica dizendo – você corre perigo; fique esperto. Então, a incapacidade de dormir, explica ele, não é uma disfunção – é "um traço adaptativo, sob circunstâncias de ameaça percebida".[158] Para poder lidar realmente com a insônia, Charles concluiu que "precisamos aliviar as fontes de ansiedade e estresse para efetivamente tratar a insônia". É preciso conhecer as causas.

Quais poderiam ser essas causas profundas? Eis uma delas: nos Estados Unidos, 6 de cada 10 cidadãos têm menos de 500 dólares na poupança para a eventualidade de alguma crise, e há muitos outros países no mundo ocidental caminhando na mesma direção. Como resultado de grandes mudanças estruturais na economia, a classe média está em declínio. Eu queria entender: o que acontece com sua capacidade de pensar com clareza quando está com estresse financeiro? Aprendi que isso vem sendo estudado minuciosamente por Sendhil Mullainathan, professor de Ciência Computacional da Universidade de Chicago,[159] que fez parte de uma equipe dedicada a estudar colhedores de cana de açúcar na Índia. Eles testaram as aptidões de pensar antes da colheita (quando os trabalhadores estavam sem dinheiro) e depois da colheita (quando tinham certa quantia). Constatou-se que, quando dispunham de alguma segurança financeira ao final da colheita, eram em média 13 pontos de QI mais inteligentes[160] – uma diferença extraordinária. Por quê? Qualquer um que leia isso e tenha passado por um estresse financeiro na vida sabe parte da resposta instintivamente. Quando se está preocupado com a sobrevivência financeira, tudo – de uma máquina de lavar que quebrou ao sapato que seu filho perdeu – vira uma ameaça à sua capacidade de tocar o barco em frente até receber de novo seu pagamento. Você fica mais vigilante, como os pacientes de Nadine.

Conforme estudava essa grande causa de estresse, continuei pensando em algo que Nadine havia me dito: é preciso "aumentar os recursos disponíveis para que fiquem à altura dos problemas que as pessoas estão enfrentando". Pensei então: o que isso significaria aplicado ao nosso estresse financeiro? Acontece que há um lugar que respondeu a essa questão. Na Finlândia, em 2017, uma coalizão do governo, formada por partidos de centro e de direita, decidiu tentar um experimento. Políticos e cidadãos ao redor do mundo têm sugerido regularmente que devemos dar a todo mundo uma pequena garantia de renda básica, todo mês. O governo então diria a você – estamos dando-lhe uma pequena quantia de dinheiro para cobrir o básico (casa, comida e roupa lavada), mas não mais que isso. Você não precisa oferecer nada em troca – queremos apenas que esteja seguro e conte com o mínimo necessário para sobreviver. Essa ideia tem sido debatida por todos, do presidente republicano Richard Nixon ao candidato democrata à presidência Andrew Yang.

A Finlândia decidiu parar de somente falar a respeito e implantou a medida.[161] Selecionaram aleatoriamente 2 mil de seus cidadãos com idade entre 25 e 58 anos, e disseram – pelos próximos dois anos, todo mês, vamos dar-lhes 560 euros, sem quaisquer contrapartidas. Junto à medida, o governo montou um rigoroso programa científico para ver o que aconteceria em seguida, e ao final do projeto publicou os resultados. Entrevistei dois dos principais cientistas que trabalharam nele: Olavi Kangas, professor do Departamento de Pesquisa Social da Universidade de Turku, e a dra. Signe Jauhilinen, e fiquei a par de seus achados.

Olavi disse que em relação à atenção e ao foco, "as diferenças foram muito significativas" – isto é, a partir do momento em que as pessoas passaram a receber uma renda básica, sua capacidade de foco melhorou significativamente. Signe disse que não haviam conseguido descobrir a razão exata, mas constataram que "problemas com dinheiro de fato prejudicam a concentração... Se precisa se preocupar com sua situação financeira... isso tira um bocado da capacidade do seu cérebro. Quando não tem que se preocupar, sua capacidade de pensar em outras coisas melhora".

O que a garantia de uma renda básica parece ter feito – apesar de ser uma quantia pequena – é dar a quem a recebe a sensação de que finalmente está em terreno estável. Quantas pessoas no mundo podem sentir isso nesse momento? Qualquer coisa que reduza o estresse melhora sua capacidade de prestar profunda atenção. A Finlândia mostrou que uma renda básica universal – suficiente para dar um padrão de segurança, mas sem chegar a tirar o incentivo de trabalhar – melhora o foco para lidar com uma das causas de nossa hipervigilância.

Isso me fez pensar novamente nos nossos problemas com celulares e a web. A internet chegou para a maioria de nós no final da década de 1990, em uma sociedade em que a classe média começava a declinar, e em que havia insegurança financeira cada vez maior, e dormíamos uma hora menos do que em 1945. Uma sociedade mais estressada é menos capaz de resistir às dispersões. Sempre foi difícil resistir à sofisticada mutilação humana do capitalismo de vigilância, mas a impressão era de que estamos mais frágeis, e mais fáceis de mutilar do que antes. Eu estava a ponto de investigar outras causas que também nos tornam cada vez mais vulneráveis.

Quero ser honesto sobre algo que complica o argumento que venho propondo neste livro. Existe uma maneira pela qual aquilo que Nadine tinha a me ensinar – e também a ciência mais ampla do estresse com a qual tive contato depois – desafia o teor mais amplo daquilo que estou escrevendo aqui.

Como disse na introdução, acho razoável argumentar que nossos problemas de atenção estão piorando, mesmo que não tenhamos estudos de longo prazo rastreando as mudanças ao longo do tempo na capacidade de focar das pessoas. Cheguei a essa conclusão porque podemos provar que há vários fatores que comprometem o foco e a atenção, e esses fatores vêm crescendo.

Mas há um contra-argumento. Você pode perguntar: e se houver tendências que contrabalançam, e que estejam acontecendo ao mesmo tempo e tornando nossa atenção melhor? Nadine tem mostrado que experimentar violência prejudica a capacidade de focar. Mas ao longo do último século, houve grande diminuição da violência no mundo ocidental. Sei que isso vai contra o que vemos no noticiário, mas é um fato – o professor Stephen Pinker, em seu livro *Os anjos bons da nossa natureza*, expõe a evidência disso muito claramente. É algo que parece contraintuitivo, em parte por sermos bombardeados o tempo todo por imagens de violência e ameaças na televisão e na web, mas é assim: você tem uma probabilidade bem menor do que seus ancestrais de ser atacado com violência ou assassinado. Não faz muito tempo, o mundo inteiro – em termos de violência e medo – era bem parecido com Bayview, ou pior.

A ameaça de ser espancado ou morto certamente é a maior fonte de estresse que qualquer pessoa pode enfrentar. E como tem diminuído, poderíamos achar que essa tendência teria *melhorado* a atenção e o foco. Quero ser sincero a respeito desse fato.

Será que essa tendência – isolada, mas altamente significativa –, que melhora nosso foco, contrabalança todos os outros fatores que o dificultam? Será que compensa os efeitos do imenso aumento na alternância de tarefas, o declínio no sono, os efeitos da vasta máquina do capitalismo de vigilância e o aumento da insegurança financeira? Penso que – no cômputo geral – não compensa. Mas isso não é coisa que consiga colocar em um computador para ele calcular os números – são efeitos muito difíceis de quantificar e comparar. Portanto, pessoas razoáveis poderiam discordar de mim. Talvez fosse possível que a evidência de Nadine sugerisse que nossa atenção, enquanto sociedade, estivesse melhorando.

Mas, então, aprendi que há outra força contrária à atenção em nossa cultura – e que vem aumentando ao longo de todo o meu tempo de vida.

Como cultura, aqui no mundo ocidental, trabalhamos mais tempo a cada década que passa. Ed Deci, professor de Psicologia que entrevistei na Universidade de Rochester, no norte do estado de Nova York, mostrou que a cada ano é acrescentado um mês àquilo que, em 1969, era considerado um expediente em tempo integral.[162] No início do século 21, o serviço de saúde do Canadá decidiu estudar como as pessoas do país gastavam seu tempo no trabalho. Estudaram mais de 30 mil pessoas em mais de uma centena de locais de trabalho – públicos e privados, pequenos e grandes – e acabaram produzindo uma das pesquisas mais detalhadas já feitas sobre como trabalhamos. Chegaram à conclusão de que, à medida que as horas de trabalho vão se estendendo mais e mais,[163] as pessoas tornam-se mais dispersivas e menos produtivas, e afirmaram: "Essas cargas de trabalho não são sustentáveis".[164]

Só compreendi a plenitude das implicações disso para a nossa atenção quando visitei dois lugares que haviam feito experimentos com maneiras de reduzir radicalmente a quantidade de estresse que as pessoas experimentam no trabalho. São locais a 16 mil quilômetros de distância um do outro, e seus experimentos são bem diferentes – mas acredito que ambos têm grandes implicações em como podemos reverter os danos feitos hoje à nossa atenção.

Os lugares que descobriram como reverter o surto de velocidade e exaustão

Andrew Barnes nunca parou. Trabalhava na City de Londres – a Wall Street do Reino Unido – após a desregulamentação do setor financeiro em 1987. Agora, as empresas podiam realmente se soltar e houve uma explosão de soberba financeira, com homens de terno berrando uns com os outros pelo piso da Bolsa de Valores enquanto transacionavam bilhões. Nesse mundo, você era considerado um vagabundo se chegasse depois das 7h30 e um otário se fosse embora antes das 19h30. Então, por seis meses, Andrew acordava quando ainda estava escuro e chegava em casa já de noite. Não conseguia mais sentir o sol no rosto.

Na City, todos acreditavam que trabalhar melhor era trabalhar mais, mesmo que o trabalho consumisse toda a sua vida. Ele se movimentava entre várias corporações agressivas. Em uma delas, todos os novos funcionários eram convocados em seu primeiro dia de trabalho e encontravam em cima da mesa uma carta de demissão já pronta. Eram instruídos a assiná-la, e comunicados: se desagradar seu chefe, pegaremos essa carta e você estará demitido. Andrew, aos poucos, concluiu que odiava aquela existência fatigante. "Se fizer um retrospecto, vou ver que sacrifiquei meus vinte e tantos anos no altar da ambição e, mais tarde na vida, provavelmente sacrifiquei minha família", contou-me. Sua louca sobrecarga de trabalho "custou-me alguns relacionamentos ao longo do caminho", e foi apenas muitos anos mais tarde que constatou "estou tendo agora que reconstruir meu relacionamento com meus filhos".

Andrew saiu da Inglaterra e foi para a Austrália e a Nova Zelândia, onde com o tempo acabou sendo realmente bem-sucedido, chegando a ser dono de uma série de grandes negócios. Quando fui visitá-lo, nos encontramos em um apartamento de cobertura com vista para o centro de Auckland –, mas a memória daqueles anos sem sol na City de Londres nunca o abandonou.

Um dia, em 2018, ele estava em um avião e, por acaso, viu uma reportagem em uma revista de negócios a respeito de uma pesquisa sobre produtividade no trabalho. Continha alguns números que o deixaram intrigado. O trabalhador britânico médio, segundo a pesquisa, só ficava realmente engajado no seu trabalho menos de três horas por dia.[165] Significava que durante a maior parte do tempo em que as pessoas estavam no trabalho, estavam mentalmente ausentes. Permaneciam muitas horas no escritório com a vida passando ao largo, mas não faziam muita coisa.

Andrew ficou pensando nisso. A companhia que ele dirigia na Nova Zelândia, chamada Perpetual Guardian [Guardião Perpétuo], tinha 12 escritórios e empregava mais de 240 pessoas, em um negócio dedicado a redigir testamentos e gerenciar fundos. Ele ficou se perguntando se esses baixos valores de produtividade também se aplicariam ao seu pessoal. É uma situação em que todos perdem. Os trabalhadores ficam entediados, dispersos e preocupados com outras coisas, particularmente com suas famílias, que não conseguem ver tanto quanto deveriam. Ao mesmo tempo, o empregador não conta com uma força de trabalho focada na tarefa a ser cumprida. No fundo da mente de Andrew, havia a memória dos anos em que trabalhara de maneira disfuncional e sentia que seu foco e capacidade de julgar ficavam tolhidos.

Então, um dia, ele questionou: e se eu mudasse radicalmente toda a empresa de modo que a partir de agora cada funcionário trabalhasse apenas quatro dias por semana, ganhando o mesmo salário? Isso liberaria tempo para que descansassem, tivessem uma vida social apropriada e ficassem mais tempo com a família – coisas que, muitas vezes, eles tentam encaixar nas brechas de seus expedientes. Talvez dando-lhes tudo isso os trabalhadores fossem capazes de focar em suas tarefas, digamos quarenta e cinco minutos a mais por dia, não? Esse seu cálculo rápido sugeria que nesse cenário a produtividade da empresa na realidade aumentaria. Dar às pessoas mais tempo para descansar e curtir a vida poderia levá-las a trabalhar de maneira mais produtiva quando estivessem no escritório.

Para ver se isso tinha chance de dar certo, começou a examinar o histórico de experimentos já feitos de alterar a extensão do expediente de trabalho das pessoas. Por exemplo, na Grã-Bretanha durante a Primeira Guerra Mundial, havia fábricas de munição que faziam as pessoas trabalharem sete dias por semana. Quando reduziram para seis dias, eles descobriram que, no geral, a fábrica produzia mais. Andrew perguntou-se: o quanto seria possível estender este princípio?

Então decidiu tentar algo ousado. Marcou uma conferência de vídeo e disse a todos os seus funcionários que em breve continuariam tendo o mesmo salário pelos cinco dias de trabalho semanais, mas só seriam solicitados a trabalhar quatro dias. No entanto, disse a eles – em compensação, precisam encontrar maneiras genuínas de realizar o mesmo trabalho. Minha intuição, disse ele, é que vocês serão mais produtivos, mas precisam me mostrar que estou certo; vamos testar essa mudança por dois meses e, se nesse período não tivermos uma queda de produtividade, vou tornar o esquema de quatro dias permanente. "Pensei, como assim? Será que ouvi direito?", foi o que me revelou Amber Taare quando entrevistei funcionários no escritório da Perpetual em uma cidade chamada Rotorua, que fica bem afastada da sede da companhia. Os funcionários ficaram empolgados, mas cautelosos. Será que um plano como aquele iria realmente funcionar? Será que havia alguma pegadinha que não estivessem conseguindo ver? Gemma Mills, que também trabalha na filial de Rotorua, disse-me: "Eu não botava muita fé que fosse dar certo". A equipe de gestores de Andrew também ficou muito cética. "O meu gerente de RH não acreditava", contou Andrew. Os gerentes estavam certos de que a produtividade seria afetada e temiam que a culpa fosse atribuída a eles.

Andrew deu à companhia o prazo de um mês para se preparar, no qual todos tinham que pensar em como poderiam trabalhar melhor, e chamou uma equipe de pesquisadores da universidade para medir os resultados efetivos. Pequenos drenos de produtividade que haviam se arrastado durante anos foram identificados e finalmente corrigidos. Uma pessoa, por exemplo, tinha a tarefa de introduzir dados e perdia uma hora do seu dia para introduzi-los duas vezes, porque havia dois sistemas diferentes conversando entre eles. Então Andrew insistiu com o departamento de TI para que resolvessem o problema. Centenas de mudanças como essa começaram a acontecer pela companhia. Em outro escritório, a equipe comprou um pequeno lote de bandeiras, e todos combinaram que, se não quisesse ser interrompido, bastava colocar uma bandeira sobre a mesa para indicar que estava concentrado.

"Demorou um pouco para enfiar o conceito na cabeça, porque era muito desafiador", foi o que ouvi de Russell Bridge, outro funcionário da Perpetual Guardian. "Se você trabalha muito tempo no esquema de oito horas por cinco dias, ele fica muito entranhado." Mas a mudança aconteceu. As pessoas passaram a usar esse dia a mais de folga de várias maneiras. Amber tirou sua filha de 3 anos da creche um dia da semana, para poder brincar mais com ela. Gemma disse: "Bem, isso dava a você um dia a mais para se recuperar", e com isso, "comecei a me sentir bem melhor". Russell começou a fazer ele mesmo pequenos reparos na casa e a passar "tempo de qualidade com a família". Contou que isso o ajudou a perceber que "os humanos foram projetados para que tenham tempo livre e [com isso] ficamos mais produtivos". Ele notou que quando voltava ao trabalho, estava mais "revigorado".

Quase todos com quem falei que haviam feito esse experimento enfatizaram ter notado principalmente que uma das mudanças se destacava das demais. Como Gemma expressou: "Fiquei menos inclinada a me dispersar". Por quê? Ela disse que, para ela, foi como uma descompressão. "Acho que o cérebro não desliga tão fácil quando você vai e vai e vai. Não tem esse tempo para desligar e relaxar... Seu cérebro fica habituado a não parar de pensar." Mas ela descobriu que com "esse dia extra para relaxar" podia começar a se descontrair – portanto, quando voltava ao trabalho sua mente estava mais presente.

É claro, os funcionários tinham uma razão interessada para acreditar nisso – queriam manter esse tempo adicional de folga. Mas o mais importante eram as medidas objetivas. O que os acadêmicos que estudaram as mudanças descobriram? Todos os sinais de dispersão, concluíram, haviam sido radicalmente reduzidos.[166] Por exemplo, o tempo que as pessoas gastavam nas redes sociais durante o expediente – que foi medido monitorando seus computadores – caiu 35%. Ao mesmo tempo, os níveis de engajamento, trabalho em equipe e estímulo no trabalho – alguns deles medidos observando os funcionários, e alguns pela maneira com que descreviam a si mesmos – aumentaram entre 30% e 40%. Os níveis de estresse caíram 15%. As pessoas contaram que dormiam mais, descansavam mais, liam mais e relaxavam mais. A equipe de gestores de Andrew – que no início estava cética – chegou a uma conclusão surpreendente: admitiram que a companhia estava conseguindo em quatro dias o mesmo que conseguia antes em cinco. As mudanças passaram a ser permanentes.

A dra. Helen Delaney, que estudou essas mudanças como parte do seu trabalho na Faculdade de Administração e Economia da Universidade de Auckland, contou-me rindo: "Esperava-se que fosse um fracasso monstruoso, mas não foi – acho que podemos dizer assim. O trabalho foi realizado, os clientes estavam satisfeitos e a equipe estava feliz". Quando os entrevistou em profundidade, ela concluiu que "a esmagadora maioria dos funcionários adorou a semana de trabalho de quatro dias... Gostaram muito. Quem não gostaria?". Para a dra. Helen, essa folga adicional deu-lhes duas coisas. Primeiro, "permitiu que nutrissem aqueles relacionamentos com outras pessoas que se perdem no frenesi da vida moderna". Um alto gestor contou a ela que era difícil fazer conexão com seu filho, mas que agora passava boa parte de seu tempo livre com o menino, e "percebi que realmente gosto de estar com meu filho, e que ele gosta de mim, e é ótimo podermos passar mais tempo juntos". Em segundo lugar, "eles também falaram bastante a respeito de terem o que chamam de 'tempo para mim'". Diziam a ela "sem gente ao meu redor, nem filhos, nem parceiro, sem ninguém – consigo ser eu mesmo".

Algo similar tem sido tentado em vários outros lugares, e embora os experimentos sejam bem diferentes, vêm chegando a resultados próximos. Na década de 1920, no Reino Unido, W. G. Kellogg – o fabricante de cereais – reduziu a jornada de trabalho de seus funcionários de oito para seis horas, e os acidentes de trabalho (uma boa medida da atenção) tiveram queda de 41%.[167] Em 2019, no Japão, a Microsoft passou para a semana de quatro dias, e reportaram uma melhora de 40% na produtividade.[168] Em Gotemburgo, na Suécia, por volta da mesma época, uma residência para idosos passou de oito para seis horas de trabalho por dia sem diminuição salarial, e como resultado seus funcionários dormiam mais, tinham menos estresse e tiravam menos licenças por doença.[169] Na mesma cidade, a Toyota cortou duas horas por dia de trabalho, e a partir daí seus mecânicos produziram 114% em relação ao nível anterior, e os lucros aumentaram 25%.[170]

Tudo isto sugere que, quando as pessoas trabalham menos, seu foco melhora de modo significativo. Andrew disse que precisamos avaliar melhor a lógica de que mais trabalho é sempre melhor trabalho. "Há um tempo para trabalhar, e há um tempo para não ter que se preocupar com isso", disse ele, mas hoje, para a maioria das pessoas, "o problema é que não o temos. Tempo, reflexão e um pouco de descanso para ajudar-nos a tomar melhores decisões. Portanto, pelo simples fato de criar a oportunidade, a qualidade do que eu faço e do que a equipe faz, melhora". Andrew seguiu o próprio conselho. Agora ele sai todo fim de semana – algo que nunca havia feito na vida – e vai para a casa que tem em uma ilha vizinha sem nenhum dispositivo conectado à internet. Gemma, uma das funcionárias que me contou ter ficado preocupada no início, disse: "Sabe, tem muito mais coisa para fazer do que trabalhar até dar meia-noite... Você precisa ter uma vida fora disso".

Mais tarde, na Universidade Stanford, discuti essas questões com Jeffrey Pfeffer, professor de Comportamento Organizacional naquela instituição. Ele falou que a razão pela qual isso funciona é de uma obviedade ofuscante. Pergunte a qualquer pessoa que goste de esportes, ele disse. "Se eu quiser ganhar uma partida de futebol, [ou] se quiser ganhar uma partida de beisebol, será que é bom que meu time esteja exausto?" Deixou essa questão no ar. Então, por que, perguntou, com o resto de nós seria diferente?

Um dia, fui fazer uma caminhada pela praia de Auckland, pensando no que havia visto ali – e me veio à mente que era o primeiro lugar em que estivera que desafiava diretamente a lógica de nossa sociedade sempre acelerada. Vivemos em uma cultura que nos faz andar mais depressa, falar mais rápido, trabalhar mais, e somos ensinados a pensar que é daí que decorre a produtividade e o sucesso. Mas ali havia um grupo de pessoas dizendo: Não. Nós vamos desacelerar e criar mais espaço para descanso e atenção.

De momento, essa mesma decisão parece um luxo impossível para a maioria de nós. A maioria não consegue desacelerar, por medo de fazer isso e perder o emprego ou o *status*. Hoje, apenas 56% dos norte-americanos têm uma semana de férias por ano. É por isso que o fato de dizer às pessoas o que elas precisam fazer para melhorar sua atenção – isto é, dedicar-se a uma coisa por vez, dormir mais, ler mais livros e deixar a mente vagar – pode tão facilmente ser interpretado como otimismo cruel. A maneira pela qual nossa sociedade funciona atualmente significa que elas não podem fazer essas coisas. Mas não precisa ser assim. Nossa sociedade pode mudar. Conforme refletia sobre isso, eu senti certo desconforto, porque há algumas razões pelas quais o fato de eu contar a você a história do que aconteceu na Nova Zelândia dessa maneira poderia deixá-lo com uma impressão enganosa. Eu gosto muito de Andrew Barnes – ele é um empregador esclarecido e decente, o que não é usual – mas não quero que fique imaginando que também pode ter ilusões de que seu patrão terá uma epifania e lhe dará uma semana de quatro dias. Para que essa mudança aconteça, você muito provavelmente terá que tomar um caminho diferente.

Veja, por exemplo, o fim de semana, que há mais de cem anos tem dado à maioria dos trabalhadores uma fatia garantida de descanso e reflexão. Como isso foi aprovado? No século 18, conforme a Revolução Industrial ganhava corpo, muitos trabalhadores eram obrigados pelos empregadores a trabalhar dez horas por dia, seis dias por semana. Isso os destruía, física e mentalmente. Então, eles começaram a se juntar e a pedir tempo para viver. A primeira greve por jornadas de trabalho mais curtas teve lugar na Filadélfia em 1791. A polícia esmagou os trabalhadores, e na sequência muitos deles foram fuzilados. Mas não desistiram. Lutaram ainda mais. Em 1835, estavam organizando uma Greve Geral por uma jornada de oito horas. Foram necessárias décadas de campanhas como essa para finalmente conseguirem uma jornada de oito horas, além de um fim de semana para quase todos.

Com poucas e honrosas exceções, como a de Andrew, os donos de corporações não aceitam voluntariamente que lhes dê menos de seu tempo, nem o Facebook. Eles precisam ser forçados a aceitar isso. A introdução do fim de semana foi o maior desafio já feito à sociedade acelerada. Somente uma luta como essa possibilitará uma semana de quatro dias.

Essa visão está associada a outro grande obstáculo para alcançar essa meta. Uma semana de quatro dias é aplicável a trabalhadores assalariados – mas é cada vez maior o número de pessoas obrigadas a aderir a uma "economia de autônomos" ou "economia por tarefas" [*gig economy*], onde têm que se virar para realizar vários trabalhos sem contrato ou horário fixo. Isso é resultado de uma mudança muito específica: em países como Estados Unidos e Reino Unido, os governos enfraqueceram os sindicatos e em grande medida conseguiram inutilizá-los. Tornaram cada vez mais difícil a união de trabalhadores para reivindicarem coisas como contratos de trabalho e horários fixos. A única solução de longo prazo para isso é tentar de maneira contínua reconstruir os sindicatos – para que as pessoas voltem a ter poder para exigir seus direitos básicos. Isso já começou. Por exemplo, nos Estados Unidos, trabalhadores em restaurantes de *fast-food* estão se sindicalizando e exigindo um salário-mínimo de 15 dólares por hora, e vêm sendo incrivelmente bem-sucedidos. Garantiram aumentos de salário para mais de 22 milhões de trabalhadores e conseguiram a difícil façanha de obter apoio majoritário tanto em estados que votaram em Donald Trump quanto em estados que votaram em Joe Biden.

Mas penso que não se trata só dos empregadores; também temos de lutar contra algo dentro de nós mesmos. Quando passei um tempo com os funcionários da Perpetual Guardian, achei convincente o que eles disseram, mas, no íntimo, continuei com um pé atrás, tentando ver se havia falhas naquilo que estavam me dizendo. De início, não consegui entender o porquê. Mas, a certa altura, compreendi que muitas vezes só acho que trabalhei o suficiente se, no final do dia, sinto-me muito cansado ou totalmente exaurido. A equipe que projetou o computador Macintosh original vestia camisetas com os dizeres "Trabalhando 90 horas por semana e adorando!".[171] Esse também poderia ser o lema insano de muitas categorias profissionais. Muitos de nós construíram identidades em torno de trabalhar até desabar de exaustão. Chamamos isso de sucesso. Em uma cultura construída com base em uma velocidade sempre crescente, é difícil desacelerar, e quase todos sentimo-nos culpados quando fazemos isso. Essa é uma das razões pelas quais é importante atuarmos juntos – como uma mudança estrutural, da sociedade.

Quando a covid-19 se espalhou pelo mundo, muitas pessoas pensaram – em meio a toda a tragédia e horror – que talvez isso produzisse pelo menos algum bom resultado. Muitos (não todos) viram-se liberados das idas e vindas diárias ao trabalho e da pressão de precisarem ser vistos na mesa o tempo todo. Portanto, tinha-se a expectativa de que seria possível haver um pequeno espaço adicional para descansar. Mas as horas de trabalho aumentaram durante a pandemia – apenas no primeiro mês e meio de *lockdown*, o trabalhador médio nos Estados Unidos aumentou em três horas por dia sua jornada.[172] Na França, na Espanha e no Reino Unido, as pessoas trabalharam duas horas a mais por dia em média.[173] Não ficou totalmente claro o porquê. Algumas pessoas acham que foi por causa das reuniões via videoconferência, que consomem muito tempo; outros que foi em razão de toda a insegurança econômica, que levou as pessoas a ficarem ainda mais empenhadas em mostrar que estavam trabalhando, com receio de serem demitidas.

O que isso mostra é que nenhuma grande força externa vai nos libertar da pressão de ter que trabalhar cada vez mais horas – nem mesmo uma pandemia global. Só conseguiremos isso por meio de uma luta coletiva para mudar as regras do jogo.

Mas a covid também mostrou algo mais, que é relevante para uma semana de quatro dias. Mostrou que os negócios podem mudar suas práticas de trabalho radicalmente, em um período de tempo muito curto, e continuar funcionando bem. Quando falei com Andrew Barnes pelo Zoom no início de 2021, ele me disse: "Se um alto executivo de um banco britânico dissesse, um ano e meio atrás, que 'podemos dirigir um banco de 60 mil funcionários a partir de casa', você diria 'sem chance', certo?". E, no entanto, foi o que aconteceu e de maneira bem natural. "Portanto... com certeza pode tocar um negócio em quatro dias, em vez de cinco, não é?" Andrew contou que outros gestores costumavam comentar com ele que uma semana de quatro dias não teria como dar certo, porque não conseguiriam confiar em seus funcionários se não pudessem vê-los. Andrew ligou para eles e disse que precisariam repensar: "Todos trabalham de casa. É impressionante, mas o trabalho vem sendo feito".

Nossa maneira de trabalhar parece fixa e imutável – até ela mudar, e então compreendemos que antes de mais nada ela não precisa ser assim.

A 16 mil quilômetros de distância, em Paris, trabalhadores apresentaram uma proposta paralela para ajudar a desacelerar a vida deles. Antes do surgimento dos *smartphones*, era muito incomum um chefe contatar seu funcionário depois que ele saía do escritório e ia para casa. Quando eu era criança, vários amigos meus tinham pais com empregos que exigiam muito – mas quase nunca recebiam um telefonema do chefe depois que voltavam para casa. Era raro na década de 1980: quando a jornada terminava, terminava e pronto. As únicas pessoas que viviam sendo sempre chamadas eram médicos, presidentes e primeiros-ministros.

Mas, desde que nossa vida profissional passou a ser dominada pelo e-mail, há uma expectativa cada vez maior de que os funcionários atendam a qualquer hora, de dia ou de noite. Um estudo descobriu que um terço dos profissionais franceses sentiam que não conseguiam desligar nunca, por medo de perder um e-mail que, segundo seus chefes, eles teriam obrigação de responder.[174] Outro estudo descobriu que a mera expectativa de que você tem que estar de plantão causava ansiedade nos trabalhadores, mesmo que não chegassem a ser contatados em qualquer noite.[175] Com efeito, a ideia do horário de expediente desapareceu, e estamos todos de plantão o tempo inteiro. Em 2015, médicos franceses relataram estar vendo uma explosão de pacientes sofrendo de "*le burnout*", e os eleitores começaram a exigir ações – então o governo francês encomendou a Bruno Mettling, chefe da Orange, uma empresa de telecomunicações, que estudasse a evidência e achasse uma solução. Ele concluiu que, essa maneira de trabalhar, ficando o tempo todo de plantão era desastrosa para a saúde das pessoas e para sua capacidade de realizar bem o seu trabalho. Propôs uma reforma importante: disse que todo mundo deve ter o "direito de se desconectar".

É algo simples: a pessoa tem o direito de definir claramente seu horário de trabalho e tem o direito, quando essas horas de trabalho terminam, de se desconectar e não precisar ver seu e-mail nem ter qualquer outro contato de trabalho. Assim, em 2016, o governo francês colocou isso na lei. Agora qualquer empresa com mais de cinquenta funcionários precisa negociar formalmente com seus trabalhadores e combinar as horas nas quais podem ser contatados – e todas as demais horas estão isentas de obrigações. (Companhias menores podem estipular seus próprios estatutos, mas não precisam consultar formalmente seus trabalhadores.) Desde então, várias companhias sofreram penalidades por tentar obrigar as pessoas a responderem e-mail fora do horário. Por exemplo, a Rentokil, uma empresa de controle de pragas, precisou pagar a um gerente de filial 60 mil euros como indenização depois que se queixou por ele não ter respondido e-mails enviados fora do horário de trabalho.

Na prática, quando fui a Paris e falei com meus amigos que trabalham em empresas, eles disseram que as mudanças nesse sentido estão ocorrendo com muita lentidão – a lei não está sendo aplicada por um regulador rigoroso, portanto a maioria dos franceses ainda não experimenta uma grande mudança. Mas é o primeiro passo na direção em que todos devemos caminhar.

Sentado em um café de Paris, pensei no que havia visto. Não faz sentido dar às pessoas belos livros de autoajuda falando sobre os benefícios de se desconectar se elas não tiverem o direito legal de fazer isso. Na realidade, alardear os benefícios de relaxar para pessoas que não têm permissão do chefe para relaxar acaba sendo uma provocação insana – é como dizer às vítimas da fome o quanto se sentiriam melhor se jantassem no Ritz. Se alguém tem independência financeira e não precisa trabalhar, então provavelmente pode fazer essas mudanças agora mesmo. Para o resto de nós, precisa fazer parte de um esforço coletivo a fim de reivindicar o tempo e o espaço que nos foram tirados – para podermos finalmente descansar, e dormir e recuperar nossa atenção.

Forças nº 9 e 10:

Nossas dietas deteriorantes e a poluição crescente

Durante a minha infância e meus anos de adolescência, todo verão, eu era banido da minha casa no subúrbio de Londres para um lugar que me parecia tão de outro mundo quanto os anéis de Saturno. Meu pai nasceu em uma casa de madeira nos Alpes suíços. "Você tem que ir para a fazenda", meu pai gritava, "vai aprender a ser homem!" E por seis semanas ao ano, eu era acordado toda manhã pelo canto de um galo, em uma névoa de profunda confusão, no quartinho que meu pai compartilhara com os quatro irmãos quando era criança.

Tinha 9 anos quando passei meu primeiro verão sozinho com meus avós suíços. Aprendi que, durante a vida toda, os dois haviam se alimentado principalmente da comida que eles mesmos costumavam cultivar, criar e matar. Tinham uma horta imensa, onde plantavam frutas e verduras, e criavam os próprios animais para consumo. Mas, quando punham sua comida na mesa na minha frente, eu ficava olhando e tentando reconhecer se aquilo era de fato comestível. Na minha casa, minha mãe e minha outra avó eram mulheres escocesas da classe trabalhadora, e me criaram com uma dieta de batatas fritas, frituras variadas, refeições processadas de supermercado e vastas porções de chocolate. Compramos um micro-ondas quando eu tinha uns 7 anos, e a partir daí vivi principalmente de pizza congelada e de batatas fritas em saquinhos *zip lock*. Portanto, nas minhas primeiras semanas na Suíça, eu implorava que me dessem fritas, pizza, qualquer coisa que eu interpretasse como comida, e me recusava a comer o que minha avó preparava. "*Ce n'est pas nourriture!*", eu dizia com sinceridade: "Isso não é comida".

Meus avós ficavam desconcertados. Um dia minha avó cedeu e me levou à cidade, que ficava a algumas horas dali, para comer em um McDonald's. Ela mesma não pediu nada, só ficou observando, com uma expressão de nojo compassivo, enquanto eu comia um Big Mac com fritas. Um dia, anos mais tarde, em Las Vegas, eu me deparei com uma pessoa em situação de rua que estava mentalmente muito comprometida e que estava comendo alimentos apodrecidos e cheios de vermes, catando lixo atrás do cassino Rio. Acho que minha expressão naquela hora foi exatamente igual à da minha avó naquele dia do McDonald's em Zurique.

Nas duas gerações entre meus avós e eu, houve uma transformação radical em um dos elementos mais básicos de nossa condição de humanos – aquilo que colocamos dentro de nosso corpo como combustível. Entrevistei especialistas ao redor do mundo que disseram que todos sabemos que essa mudança tem sido ruim para a nossa cintura e o nosso coração, mas temos negligenciado outro efeito crucial: isso rouba grandes partes de nossa capacidade de prestar atenção.

Dale Pinnock é um dos nutricionistas mais conhecidos na Grã-Bretanha e quando nos sentamos juntos para uma refeição em Londres, tentei não olhar para os suculentos hambúrgueres do cardápio e pedi tofu com legumes, só para impressioná-lo. Ele disse que, para entender por que tantos de nós têm dificuldades para focar, devemos pensar nessa questão da seguinte maneira: "Se colocar xampu, em vez de óleo, no motor de um carro, não vai ficar depois coçando a cabeça tentando entender por que enguiçou. No entanto, todos os dias, em todo o mundo ocidental, colocamos para dentro de nosso corpo substâncias que estão muito distantes daquilo que deveria ser o combustível humano". Ter atenção sustentada, disse ele, é um processo físico que requer que seu corpo seja capaz de fazer certas coisas. Assim, se você perturba seu corpo – privando-o dos nutrientes de que ele necessita, ou enchendo-o de poluentes –, sua capacidade de prestar atenção também fica comprometida.

Dale, e outros especialistas nessa questão com os quais tive contato ao redor do mundo, descreveram três maneiras gerais pelas quais nossa alimentação está agora prejudicando nosso foco. A primeira é que hoje temos uma dieta que causa regularmente picos e baixas de energia. Ele diz que se você come (digamos) um bolinho recheado, seu "açúcar no sangue vai às alturas, e depois desaba de volta. Isso afeta como focará fisicamente, porque se sua energia vai lá embaixo e não é capaz de dar plena atenção às coisas". Mas a maioria de nós começa o dia com o equivalente a um bolinho recheado, embora sem perceber. "Pense nesse padrão típico. As pessoas no café da manhã comem, por exemplo, uma tigela de cereais ou um pedaço de pão branco." Como isso tem pouca fibra, a glicose – que é o que lhe dá energia – "é liberada muito rápido. Portanto, o açúcar no seu sangue realmente fica bem alto, e muito rápido, o que é ótimo – por cerca de vinte minutos". Depois "ele desaba, e quando desaba é que você se sente arrasado", e nesse ponto "fica com o cérebro nublado".

Em geral, isso acontece mais ou menos no mesmo momento em que você se senta à mesa de trabalho e faz o maior esforço para conseguir pensar. Seu filho experimenta essa queda de energia ao se sentar para assistir à aula, e não consegue nem ouvir o que o professor fala. Quando "você tem um nível baixo, muito baixo de energia, e sente a toda hora que precisa de algo para levantar o pique... É o nível de açúcar no sangue que desabou". Quando isso acontece, você e seu filho querem mais coisas açucaradas ou carboidratos, a fim de conseguir outro surto de foco. "Se a cada refeição você consome essa porcaria de carboidratos baratos, então vai ficar nessa montanha-russa o tempo todo", disse Dale. E acrescentou que, ao consumir esse tipo de comida junto à cafeína, o efeito do açúcar no sangue é potencializado: "Se a pessoa só come um *croissant*, seu açúcar no sangue obviamente sobe muito, mas quando toma junto um café, ele sobe ainda mais, e ao desabar faz isso com mais intensidade". Esses picos e baixas acontecem ao longo do dia, e nos deixam muito esgotados, sem conseguir focar direito por períodos extensos. Ele disse que tudo isso – mudando um pouco a metáfora – é "como colocar combustível de foguete em um Mini Cooper. Ele simplesmente vai queimar e se esgotar muito rápido – porque o Mini não consegue lidar com isso. Mas se você abastece com a gasolina que ele foi projetado para consumir, vai funcionar muito bem".

Há um consenso científico tão sólido de que nossas dietas atuais causam essas baixas de energia que o site oficial do Serviço Nacional de Saúde Britânico, que é meticuloso na checagem de fatos, alerta a respeito.[176] Portanto, diz Dale, se queremos melhorar o foco e a atenção de nossos filhos, o primeiro passo deve ser "parar de dar-lhes a porra da Coca-Cola no café da manhã com uma tigela de açúcar e leite. Procure dar primeiro uma comida adequada". Se fizermos isso, diz ele, veremos resultados muito rapidamente, porque "o cérebro em desenvolvimento é muito reativo às mudanças". (Ele mais tarde explicou que, no momento, os pais enfrentam um exército de anunciantes que tentam fazer seus filhos comerem mal, e um sistema de fornecimento de alimentos projetado para *hackear* nossas fragilidades – logo voltarei a este assunto.)

A segunda maneira pela qual nossas dietas afetam nosso foco é que agora a maioria de nós come de um jeito que nos priva dos nutrientes necessários ao pleno desenvolvimento e funcionamento de nosso cérebro.[177] Ao longo de quase toda a nossa história, os seres humanos comeram, grosso modo, como meus avós – consumiram comida fresca da qual conheciam a origem. Como explicado por Michael Pollan, um grande escritor de alimentação e que também é uma grande influência para Dale, nas duas gerações entre meus avós e eu, a comida sofreu uma profunda degradação. Na metade do século 20, houve uma rápida passagem da comida fresca para a comida pré-cozida, processada, vendida em supermercados e produzida para ser reaquecida. Essa comida precisa ser preparada para a venda de uma maneira completamente diferente. É cheia de estabilizantes e conservantes para garantir que não se deteriore nas prateleiras dos supermercados, e o que aconteceu foi que esse processo industrial removeu da comida muito de seu valor nutricional.

Depois, conforme fomos nos acostumando mais a essa comida radicalmente diferente da que tínhamos antes, a indústria de alimentos foi achando maneiras cada vez mais sofisticadas de visar diretamente nossos centros de prazer primitivos. Encheram nossa comida de açúcar, em uma quantidade que nunca ocorre na natureza, e de gorduras transgênicas e de várias novas invenções sem precedentes. Nos Estados Unidos e no Reino Unido, a maioria das coisas que comemos hoje cai na categoria de "comida ultraprocessada" – que é, como Michael Pollan aponta, tão distante de tudo na natureza que é difícil imaginar até mesmo quais devem ser seus ingredientes originais.

Existe alguma incerteza a respeito de como isso tem afetado nosso foco, mas temos alguns indícios muito fortes. Desde a década de 1970, foram projetados vários estudos científicos para descobrir o que acontece com a nossa atenção quando mudamos a dieta. Para dar um exemplo, em 2009, uma equipe de cientistas holandeses pegou 27 crianças que haviam sido identificadas como tendo problemas de foco e dividiu-as em dois grupos.[178] Quinze delas foram colocadas em uma "dieta de eliminação", o que significa que não podiam consumir o lixo que comemos todos os dias – como conservantes, aditivos e corantes sintéticos – e, portanto, teriam que comer o tipo de comida que meus avós reconheceriam como tal. As outras 12 crianças comeram a comida usual no ocidente. A equipe monitorou-as por várias semanas para ver o que acontecia. Constataram que mais de 70% das crianças que haviam cortado os conservantes e corantes melhoraram sua capacidade de prestar atenção, e a média dessa melhora foi de nada menos que 50%.

Mas, esse foi um pequeno estudo – portanto a mesma equipe decidiu fazer uma continuação. Dessa vez, pegaram cem crianças e repetiram o experimento, acompanhando-as por cinco semanas. De novo, constatou-se que a maioria das crianças que havia ficado na dieta de eliminação teve grande melhora em sua atenção e foco, e em mais da metade delas essa melhora foi impressionante.

Os cientistas desses estudos investigaram principalmente a noção de que a dificuldade de foco daquelas crianças devia-se ao fato de serem alérgicas a algo na dieta do dia a dia. É possível. Mas tenho a impressão de que seus experimentos provavelmente se encaixam mais no enfoque mais amplo que eu vinha aprendendo: aquele que sugere que ao consumir o tipo de comida que evoluímos para comer nosso cérebro funciona melhor. Em Nova York, tomei café da manhã com o dr. Drew Ramsay, um dos pioneiros da "psiquiatria nutricional" – um novo campo que busca a conexão entre nossa maneira de comer e nossos desafios psicológicos. Ele disse que gostaria de perguntar àqueles que duvidam desses achados de onde "eles pensam que a atenção vem... O cérebro é feito de alimentos. Portanto, existe essa conexão fundamental". Seu cérebro, contou-me ele, só se desenvolve e prospera se obtém uma ampla gama de nutrientes-chave. Para citar um exemplo bem estudado, se você tem uma dieta desprovida de ômega-3 – que é abundante em peixes –, seu cérebro sofre com isso. E não é suficiente substituir esses alimentos por suplementos – seu corpo absorve nutrientes a partir dos alimentos de maneira muito mais eficaz do que das cápsulas.

A terceira razão é de outra ordem. Nossas dietas atuais não são apenas carentes daquilo de que precisamos – elas também contêm ativamente substâncias químicas que parecem agir no nosso cérebro quase como uma droga. Por exemplo, em 2007, um grupo de cientistas de Southampton, Inglaterra, selecionou 297 crianças que tinham ou 3 anos ou estavam entre os 8 e 9 anos, e as dividiram em dois grupos.[179] Um deles consumia uma bebida contendo os aditivos comuns que fazem parte da nossa dieta, e o outro grupo recebeu uma bebida sem aditivos. As crianças foram monitoradas para ver como se comportavam. As que tomaram os corantes de alimentos mostraram probabilidade bem maior de se tornarem hiperativas. A evidência disso foi forte e decisiva o suficiente para que, após a descoberta, vários países da União Europeia proibissem esses corantes – mas os órgãos regulatórios dos Estados Unidos se recusaram a fazer o mesmo, e tais corantes ainda são consumidos diariamente em alguns dos cereais e petiscos mais populares do país. Fiquei pensando que isso talvez ajude a explicar algumas das diferenças entre as taxas de TDAH da Europa e dos Estados Unidos.

Dale disse que, se quisermos entender o que realmente está acontecendo, devemos procurar ao redor do mundo lugares em que as pessoas estejam mais em forma física e mentalmente do que nós, e mostrem baixos níveis de diagnóstico de TDAH ou demência. Se fizermos isso, explicou ele, de início ficaremos confusos, porque as dietas que essas pessoas comem são de fato muito diferentes entre si: algumas têm muito peixe, outras têm pouco; algumas têm muitos vegetais, outras não; algumas têm montes de carboidratos e outras quase nenhum. Se procurarmos por algum ingrediente mágico, não vamos encontrar. Mas "há uma coisa que unifica todas elas. Todas, em primeiro lugar, excluem esse lixo que está nos adoecendo. Todas deixam de fora os carboidratos refinados, a comida processada e os óleos de baixa qualidade. Todas se baseiam em alimentos integrais... Essa é a chave, esse é o segredo: simplesmente voltar aos alimentos integrais. Alimentos do jeito que são originalmente". Ele citou Michael Pollan, que diz que devemos comer apenas comida que nossos avós teriam reconhecido como tal, e comprar basicamente das prateleiras que ficam nas bordas do supermercado – as frutas e os legumes de um lado, e o açougue e a peixaria de outro. O que fica no meio disso, ele adverte, na realidade nem deveria ser considerado como comida.

No entanto, em vez de incentivarmos uma alimentação saudável para as crianças, com frequência empurramos nelas o pior tipo de comida. Em Boston, outro psiquiatra nutricional, o dr. Umadevi Naidoo, contou-me que alguns anos atrás cortaram a verba que bancava a merenda escolar nos Estados Unidos, e "as companhias de alimentos entraram no jogo e forneceram máquinas de venda automática de comida". Portanto, "a conexão óbvia é que, se agora as crianças estão comendo barras de chocolate e biscoitos, que são ultraprocessados", haverá "definitivamente" uma conexão com o aumento de problemas de atenção em crianças. Esses fatores – e muitos outros – explicam porque o professor Joel Nigg, o especialista em TDAH que entrevistei em Portland, escreveu: "Uma mudança na maré está a caminho... Se você acha que o TDAH de seu filho tem algo a ver com a comida, a ciência agora concorda com você".[180]

△

Gostei de todas as pessoas que eu estava conhecendo – mas, uma parte de mim, sentia-se realmente incomodado no decorrer dessas conversas. Muitas das minhas emoções estão associadas às comidas que, segundo eles, matavam o foco. Fui criado de modo a encontrar conforto em comida não saudável, que é o que desejo comer quando estou deprimido. Ao refletir sobre como essa dieta poderia estar me afetando, comecei a pensar de novo na minha temporada em Provincetown. Lá não há cadeias de *fast-food* – nenhum McDonald's! Nenhum KFC! Nem mesmo um Burger King! Há apenas uma pizzaria, Spiritus Pizza. Portanto, por três meses, não comi outra coisa a não ser comida saudável e fresca, ou seja, um período muito maior que qualquer outro da minha vida, exceto os longos verões na Suíça. Fiquei pensando que talvez isso também tivesse a ver com o fato de eu focar tão facilmente e tão bem ali.

Enquanto investigava essas coisas, continuava pensando na última vez em que havia visto minha avó suíça. Ela já tinha seus 80 e tantos anos, e caminhávamos juntos pela sua montanha, ela mais rápido do que eu. Fez-me entrar no seu imenso jardim, do qual ela mesma cuidava – arrancando ervas daninhas, observando o progresso das cenouras e do alho-poró – enquanto suas galinhas ciscavam por ali soltas. Então, com movimentos ágeis das mãos, escolheu a comida que iríamos comer juntos naquela noite, e fiquei vendo-a cozinhar. Para ela, isso era tão natural quanto respirar. Para mim, percebo agora, era como uma revelação.

No entanto, imagino que apresentar desse modo essa evidência às pessoas beira ao cruel otimismo. Imagine *influencers* do Instagram pegando esses pontos e postando: "Vejam! É só mudar o que come para ter seu foco de volta! Foi o que eu fiz! E você pode fazer também!". No entanto, a verdade é que se trata – assim como boa parte do que aprendi para escrever este livro – basicamente de um problema estrutural. Ninguém que conheço dispõe de uma fazenda na montanha como meus avós – as pessoas precisam providenciar sua comida nos supermercados. Esses supermercados estão cheios de comida barata e ultraprocessada, promovida para nós desde que nascemos por enormes verbas de publicidade. Para superar esse problema, cada um de nós tem seu papel no sentido de promover mudanças individuais, mas há uma necessidade bem maior de lidar com as grandes forças que estão por trás disso. Hoje – como Tristan me ensinou – toda vez que tenta deixar seu celular de lado precisa enfrentar mil engenheiros atrás da tela que tentam fazer você pegá-lo de volta, e toda vez que tenta abrir mão da comida processada, precisa enfrentar uma equipe de especialistas em marketing que tenta fazer com que fraqueje e volte para ela. Muito antes de você chegar a ter alguma noção disso, eles já trabalhavam para fazê-lo associar sensações positivas à comida não saudável. Eles me programaram muito bem para que eu aumentasse suas margens de lucro em vez da saúde do meu cérebro, e não estou sozinho nisso. Essa máquina precisa ser desligada, para que não continue distorcendo o paladar e roubando o foco de mais gerações.

A próxima causa da nossa crise de atenção é potencialmente o maior de todos os fatores a respeito dos quais escrevi neste livro. Sabemos que ficar exposto à poluição de substâncias químicas industriais – no ar ou nos produtos que compramos – é ruim para todos nós. Se quando comecei a pesquisar este livro você tivesse me perguntado sobre isso, eu poderia ter lhe explicado, em termos bem básicos, que a poluição do ar, por exemplo, causa asma e outros problemas respiratórios. Mas fiquei perplexo quando soube que há uma evidência crescente sugerindo que essa poluição também prejudica gravemente nossa capacidade de focar.

Para melhor compreender, li bastante a respeito da ciência em torno dessa questão e entrevistei cientistas da linha de frente das descobertas desses efeitos. A professora Barbara Demeneix – prestigiosa cientista francesa que venceu vários prêmios importantes, incluindo a Légion d'Honneur, a mais alta premiação civil na França – explicou-me: "Em cada um dos estágios da sua vida, diferentes formas de poluição vão afetar seu espectro de atenção", e concluiu que esse fator explica por que "estamos tendo um aumento exponencial das doenças do neurodesenvolvimento... [incluindo] TDAH de maneira geral". Segundo ela, estamos agora rodeados de tantos poluentes que "não há como termos hoje um cérebro normal".

A forma de poluição que mais conhecemos como cidadãos comuns é a que está no ar à nossa volta, portanto, fui entrevistar Barbara Maher, professora de Ciência Ambiental na Universidade de Lancaster na Inglaterra, que tem realizado pesquisas com potencial de mudar o quadro de como isso afeta nosso cérebro.[181] Ela explicou que se você vive hoje em uma grande cidade, respira todo dia uma sopa química – uma mistura de vários contaminantes, incluindo os expelidos pelos motores automotivos. Seu cérebro não evolui para absorver essas substâncias químicas, como o ferro, por meio do sistema respiratório, e não sabe como lidar com elas. Portanto, pelo simples fato de viver em uma cidade poluída, disse ela, você já está experimentando uma "agressão cronicamente repetida ao seu cérebro", e ele reage ficando inflamado. Perguntei a ela: o que acontece se isso se prolonga por meses e anos? Ela respondeu que "acaba levando a danos nas células nervosas, os neurônios. Dependendo da dose [isto é, do quanto a poluição é grave], e dependendo da sua suscetibilidade genética, ao longo do tempo suas células cerebrais acabarão sendo danificadas".[182]

Ela descobriu que quanto pior a poluição, pior o dano ao seu cérebro. Se passar anos absorvendo esse dano, você tem maior probabilidade de desenvolver uma das piores formas de degeneração cerebral, a demência. No Canadá, um estudo concluiu que as pessoas que vivem a cinquenta metros de uma grande estrada têm probabilidade 15% maior de desenvolver demência do que as outras.[183] Mas perguntei a Barbara: o que a inflamação acarreta ao seu funcionamento mental quando ocorre cedo na vida? "É provável que se houver um impacto crônico, isso cause agressão, perda do controle e déficit de atenção."

A evidência é especialmente preocupante quando se trata do cérebro de crianças, que ainda está em desenvolvimento, disse ela.[184] "Temos visto agora evidência da instalação dessas doenças degenerativas em crianças muito, mas muito jovens, em ambientes altamente poluídos. Essa é a sua próxima geração. Um colega meu no México tem feito ressonâncias magnéticas, e já é possível ver volumes de tecido cerebral encolhendo em jovens gravemente afetados."[185] Quanto mais uma zona é poluída, pior o dano – a ponto de alguns terem "lesões. Você chega a ver placas e emaranhados [no cérebro, como em pacientes de demência], mesmo no caso de pessoas bem jovens". Um cientista de Barcelona, o professor Jordi Sunyer, testou a capacidade de prestar atenção de crianças em idade escolar de vários pontos da cidade – e descobriu que quanto pior a poluição, pior o desempenho das crianças.[186]

Isso me pareceu de fato assustador. É o sinal de que há um assassino de foco, literalmente à nossa volta, o que me deixou perplexo. Como combater isso? Passei a coletar alguns indícios depois que soube desses dados. Comecei examinando o efeito de um poluente específico da nossa atenção: o chumbo. Já na antiga Roma sabia-se que o chumbo era venenoso para os seres humanos. O arquiteto Vitrúvio, por exemplo, implorou às autoridades romanas que não usassem chumbo na construção das tubulações da cidade. Mas, por séculos, o chumbo foi usado para pintar casas e nas tubulações de água, e depois no início do século 20 foi acrescentado à gasolina, e portanto espalhado no ar de todas as cidades do mundo e respirado por seus habitantes. Os cientistas foram quase unânimes em advertir que a gasolina com chumbo provavelmente teria efeito desastroso. Quando, em 1925, a General Motors anunciou que o acréscimo de chumbo à gasolina era um "presente de Deus", seu CEO foi alertado pela dra. Alice Hamilton, principal especialista em chumbo nos Estados Unidos, de que ele estava brincando com fogo. "Onde há chumbo", disse ela, "cedo ou tarde aparece algum caso de intoxicação."[187] Era evidente que isso poderia ter um efeito terrível no cérebro: em doses elevadas, a intoxicação por chumbo faz a pessoa alucinar, perder a razão ou morrer. Nas fábricas em que a gasolina com chumbo era produzida havia episódios de membros da equipe ficando violentamente insanos e morrendo por exposição a ele.

Sempre houve uma forma de gasolina sem chumbo disponível, que não trazia esses riscos, mas as grandes corporações resistiam a isso vigorosamente, ao que parece, por razões comerciais: haviam patenteado a versão com chumbo, e ganhavam dinheiro com ela. Por quarenta anos, a indústria de chumbo bancou pesquisas científicas voltadas a desvendar se o chumbo era confiável – e assegurava-se ao mundo que os cientistas haviam concluído que era.

O fato é que essa decisão de permitir que a gasolina com chumbo dominasse o mercado roubou grande parte do foco das pessoas ao redor do mundo. Fui entrevistar Bruce Lanphear, professor de Ciências da Saúde na Universidade Simon Fraser, no Canadá. Ele explicou que quando era um jovem acadêmico, na década de 1980, recebeu uma proposta para ocupar o cargo em Rochester, no norte do estado de Nova York, para estudar os efeitos do chumbo nas aptidões cognitivas de crianças. Ele sabia que as crianças ainda estavam expostas a muito chumbo, mesmo com a proibição em 1978 de colocá-lo na tinta, porque milhões de pessoas ainda viviam em casas que haviam sido pintadas com essas tintas, e a gasolina com aditivos de chumbo ainda era usada em toda parte. Ele quis saber que efeitos isso vinha tendo nessas pessoas.

Como parte do projeto no qual trabalhava, todas as crianças de Rochester faziam exames de sangue para ver quanto chumbo havia em seus corpos. Quando Bruce viu os resultados, ficou assustado.[188] Uma de cada três crianças na cidade tinha envenenamento por chumbo. Em crianças negras, a proporção era de uma em cada duas. Rochester não era um caso incomum – outra pesquisa realizada poucos anos antes concluiu que os norte-americanos por volta da década de 1970 tinham

600 vezes mais chumbo em seu corpo que os humanos da era pré-industrial, e a Agência de Proteção Ambiental estima que, entre 1927 e 1987, 68 milhões de crianças foram expostas a níveis tóxicos de chumbo nos Estados Unidos, isto só como consequência da gasolina com chumbo.

Bruce e outros cientistas mostraram que o chumbo compromete severamente a capacidade de focar e de prestar atenção. Segundo o que me explicou, se você é exposto a chumbo quando criança, tem "probabilidade duas e meia vezes maior de atender aos critérios para TDAH". O efeito é ainda mais acentuado quando combinado com outras formas de poluição. Por exemplo, se sua mãe foi exposta a chumbo durante a gravidez e fumava cigarros, você tem *oito vezes mais* probabilidade se receber um diagnóstico de TDAH.[189]

Antes da chegada de Bruce, as mães de Rochester – como outras mães em todos os Estados Unidos – haviam sido alertadas sobre os perigos da intoxicação por chumbo, e depois informadas de que a falha era delas. As autoridades diziam – seus filhos estão sendo expostos dessa maneira porque, como mães, vocês têm falhado em varrer adequadamente suas casas. Caprichem mais no trabalho doméstico e façam seus filhos lavarem melhor a mãos. Isso era parte de uma pressão mais ampla: a própria indústria de chumbo afirmava que o problema estava principalmente na "falta de instrução dos pais negros e porto-riquenhos", que "falhavam" em proteger seus filhos do chumbo que havia em suas casas.[190]

Mas quando Bruce estudou o assunto, descobriu que toda essa varrição de casa e lavagem de mãos não fazia nenhuma diferença.[191] Viu que uma cidade inteira, e toda uma geração de crianças, havia sido envenenada, e que as famílias eram responsabilizadas por isso, alegando-se que não tinham higiene suficiente. Alguns cientistas têm ido além em culpar as vítimas. Dizem que o problema não é que as famílias vivam com altos níveis de um metal que seria danoso ao cérebro, mas que as crianças têm uma doença mental. Afirmam que elas sofrem de um transtorno psicológico denominado "síndrome de pica" [alotriofagia], que faz crianças de 3 ou 4 anos grudarem a boca insensatamente em pedaços de tinta com chumbo. Essas crianças foram rotuladas como tendo "apetite pervertido", e (mais uma vez) alegou-se que o problema parecia afetar principalmente crianças negras e mestiças.

Em cada estágio, a partir da década de 1920, a indústria do chumbo criou e incentivou essas táticas diversionistas. Também comprou a lealdade de alguns cientistas, que sistematicamente lançaram dúvidas sobre a evidência de que o chumbo causa danos ao cérebro. Bem no início, na década de 1920, um cientista, chamado Thomas Midgley, anunciou em uma coletiva de imprensa que era perfeitamente seguro usar produtos de chumbo. Ele não revelou aos jornalistas ali reunidos que ele mesmo acabava de se recuperar de uma terrível dose de intoxicação, causada pelos próprios produtos que estava promovendo. Na realidade, em cada estágio, a indústria do chumbo continuou insistindo – e enquanto houvesse alguma dúvida a respeito do perigo, alegava ter permissão de continuar enfiando chumbo no corpo das pessoas.

Durante toda a pesquisa para este livro, eu sempre me esforcei para deixar bem estabelecida na minha mente a natureza estrutural da crise de atenção. Vivemos em uma cultura muito individualista, constantemente pressionados a ver nossos problemas como falhas individuais, e a buscar soluções individuais. Você não consegue focar? Tem problemas de sobrepeso? De falta de dinheiro? Depressão? Culturalmente, nós somos levados a pensar: é culpa minha. Deveria ter encontrado um jeito de ficar afastado disso e evitar esses problemas ambientais. Acontece que agora, toda vez que me sinto assim, penso naquelas mães de Rochester cujos filhos eram intoxicados por chumbo, e eram alertadas apenas a varrer melhor a casa ou então informadas de que seus filhos tinham um desejo "pervertido" de chupar lascas de tinta com chumbo. Vemos agora nitidamente que havia um grande problema com uma causa profunda no ambiente – e que, no entanto, a reação básica era dizer às pessoas que colocassem toda a sua energia em uma atividade individual frenética e deslocada que não fazia a menor diferença, ou (pior ainda) que deveriam culpar os próprios filhos que estavam sendo envenenados.

A partir do momento em que a culpa era colocada em indivíduos isolados, e eles eram instruídos a resolvê-lo simplesmente ajustando o próprio comportamento, o problema só se agravava. Então, eu decidi investigar – o que levou à eliminação do problema? Aprendi que foi uma coisa, e apenas uma. Ele cessou quando cidadãos comuns informaram-se melhor a respeito das evidências científicas e se juntaram para exigir que seus governos mudassem a lei para impedir essas companhias de envenená-los. No Reino Unido, por exemplo, a campanha contra a gasolina com chumbo foi liderada por uma dona de casa chamada Jill Runnette, que em 1981 conseguiu fazer o governo cortar em dois terços o chumbo na gasolina. (Mais tarde, foi proibido de vez.) Ela fez isso como autoproteção e para proteger as crianças de sua sociedade.

De certo modo, senti esse evento como uma metáfora de toda a nossa crise de atenção. Nossa atenção e foco têm sido atacados, saqueados e envenenados por imensas forças externas – que nos dizem para fazer o equivalente a varrer nossas casas e lavar melhor as mãos, quando o necessário seria lutar por uma proibição como a que vetou chumbo na tinta e na gasolina. De várias maneiras, a história da resistência ao envenenamento por chumbo é um modelo que podemos seguir agora. Seus riscos foram muito claros durante décadas – a dra. Alice Hamilton apresentou documentação minuciosa a respeito disso já em meados da década de 1920 –, mas as coisas só mudarão quando houver um movimento democrático específico de cidadãos comuns contra as forças que roubam nosso foco. Em 1975, o norte-americano médio tinha um nível de chumbo no sangue de 15 microgramas por decilitro. Hoje, ele baixou para 0,85 micrograma por decilitro. O QI médio de uma criança de pré-escola, segundo estimativa dos cientistas do Centro de Controle e Prevenção de Doenças dos Estados Unidos, aumentou cinco pontos em razão dessa proibição.[192] Isso prova que é possível fazer sensíveis progressos na luta contra o assassino da nossa atenção.

Mas Barbara Demeneix alertou-me que, desde então, "há muitas outras substâncias [prejudiciais à atenção] que... estão tendo maior presença no mercado" e que ela teme que isso atenue os benefícios da diminuição do chumbo. Então perguntei a ela – quais são as substâncias a que estamos expostos hoje que têm potenciais efeitos sobre a atenção? "Vamos começar com os principais vilões: pesticidas, plastificantes, retardadores de chama e cosméticos." Segundo ela, "dos mais de duzentos pesticidas no mercado europeu, cerca de dois terços afetam o desenvolvimento do cérebro e também a sinalização do hormônio da tiroide". Quando macacos são expostos ao mesmo nível de bifenilas policloradas (PCBs, um poluente comum) a que os humanos estão atualmente expostos, desenvolvem sérios problemas de memória operacional e de desenvolvimento mental.[193] Uma equipe de cientistas estudou a quantidade de um poluente chamado bisfenol A, ou BPA[194] – usado no revestimento de 80% das latas de metal – a que as mães estão expostas. Descobriram que a exposição a essa substância química permite prever quais delas terão filhos com problemas comportamentais.

Há quase vinte anos, Barbara está envolvida em testes de neurotoxicidade do desenvolvimento – ciência que avalia de que modo as substâncias químicas às quais estamos expostos, tanto nos produtos que compramos quanto nos alimentos que ingerimos, afetam o desenvolvimento dos fetos e bebês. Ela foi convidada pelo Parlamento Europeu a realizar uma grande pesquisa sobre essa questão e coordena vários outros projetos de pesquisa – e ao fazer isso, sua preocupação voltou-se principalmente para uma área. Ela me explicou que a partir do momento em que se é concebido, seu desenvolvimento é modelado por hormônios, que "regulam a fase inicial do desenvolvimento". Então começou a pesquisar se essas substâncias químicas têm efeito sobre essa sinalização endócrina.[195] O que descobriu é que muitas delas criam um efeito equivalente a uma "interferência de rádio", danificando o sistema que guia o desenvolvimento do ser humano, especialmente de seu cérebro, fazendo com que partes dele se desencaminhem. Isso afeta a atenção, explica ela, porque todo esse sistema guia como o cérebro de uma pessoa se desenvolve. Se o cérebro não se desenvolve normalmente, sua atenção pode ficar muito comprometida.

Entre 2005 e 2012, ela testou muitas substâncias comuns que temos à nossa volta – e quanto mais substâncias sua equipe testava, mais evidências coletava de que o sistema endócrino está sendo desarranjado por nosso atual ambiente. Ela adverte que toda criança hoje nasce "pré-contaminada" por um "coquetel tóxico".[196]

Mas há divergências. Alguns cientistas acreditam que esses perigos estão sendo muito exagerados. Por exemplo, o Conselho Americano de Ciência e Saúde tem ridicularizado as afirmações de Barbara, argumentando que você precisaria ser exposto a uma dose muito elevada de algumas dessas substâncias químicas para que produzissem os efeitos que a médica descreve. Esse grupo é bancado por empresas químicas[197] e grandes corporações agrícolas, que têm interesse particular nesse debate, o que sugere que deveríamos encarar o ceticismo delas com algum ceticismo da nossa parte –, embora isso não signifique necessariamente que estejam erradas. Serão necessárias mais verbas para estudar essas questões detalhadamente.

Às vezes, a impressão é de que uma história igual à do chumbo está agora acontecendo com outras substâncias que prejudicam a atenção. Os setores que se beneficiam de seu uso bancam a grande maioria das pesquisas a respeito; agem para promover sistematicamente dúvidas sobre os possíveis danos; e argumentam que enquanto restar alguma dúvida quanto à periculosidade de seus produtos, elas devem ter permissão de continuar a usá-los.

Quando ouço isso, sinto a tentação de perguntar aos cientistas que entrevisto: Muito bem, e quais são os produtos que contêm esses poluentes, e como posso excluí-los da minha vida? Vocês dizem que o BPA reveste as latinhas de metal – devo então evitar as latinhas? Mas Barbara Demeneix contou-me que tentar evitar poluentes no nível pessoal hoje em dia é em grande parte uma tolice, considerando o grau em que o cenário está lotado deles. "Podemos comer bio [isto é, produtos orgânicos]. Podemos arejar nossas casas com a maior frequência possível. [Podemos] viver no campo." Mas quando se trata desses disruptores endócrinos, "não há escapatória. Não há escapatória". Não no nível do indivíduo isoladamente.

Para compreender o que podemos realmente fazer para resolver o dano que a poluição provoca na nossa atenção, fui encontrar Bruce Lanphear junto às pedras da baía Horseshoe, na costa oeste do Canadá, em um dia de neblina. Ele acabara de fazer um passeio de caiaque e, na água diante de nós, focas batiam suas barbatanas por ali e desapareciam sob as ondas. "Dê uma olhada nisso", ele disse. "As nuvens. A água. O verde."

Da nossa conversa, tirei que há duas maneiras em que precisamos reagir agora. Primeiro, em relação às novas substâncias químicas, precisamos de uma nova abordagem. Ele disse que, "as substâncias químicas são consideradas inocentes até que um estudo atrás do outro mostre que são tóxicas". Portanto, se quer colocar um produto no mercado contendo uma nova substância química, você pode usar o que quiser, e então, nos anos seguintes, cientistas com verba reduzida terão que se esforçar para avaliar se ela é segura ou não. "Para saber a razão disso, basta perguntar: quem dá as cartas? A indústria." Precisamos agir de modo diferente, disse. "Basicamente, deveríamos tratar novas substâncias químicas, novos poluentes, como se fossem drogas." A substância química precisaria ter sua segurança testada *antes* de começar a ser utilizada pelas pessoas comuns – e só deveria entrar na sua casa e na sua corrente sanguínea depois de aprovada em testes rigorosos.

Em segundo lugar, para as substâncias químicas já amplamente utilizadas, precisamos fazer esses testes, e a pesquisa tem que ser realizada por cientistas que não sejam bancados pela indústria. Então, se descobrirmos que alguma delas é prejudicial, precisaremos nos unir como cidadãos e exigir sua proibição, e assumir hoje – finalmente – a liderança disso. Mais tarde, Barbara Demeneix disse de modo direto: "Precisamos ter isto sob controle o mais rápido possível".

Barbara Maher contou-me que na sua área de expertise, a poluição atmosférica, precisamos pressionar nossos governos para que acelerem a transição legal para carros elétricos, que reduzem em grande parte o problema. Destacou, além disso, que até lá há passos a serem dados para pressionar nossos líderes a acelerar o processo: se plantarmos árvores em locais de grande poluição, elas absorverão muito da poluição, limpando o ar de várias toxinas.

Conforme compreendia tudo isso, eu fiquei pensando no que Barbara Demeneix me havia dito: "Não há maneira de ter um cérebro normal hoje em dia". É possível que daqui a cem anos, olhem para nós e não entendam bem por que tínhamos que nos esforçar tanto para prestar atenção, e digam, "Eles estavam rodeados de poluentes e substâncias químicas que inflamavam seus cérebros e prejudicavam seu foco. Viviam expostos a BPAs e PCBs, e respiravam metais. Os cientistas da época sabiam o dano que haviam feito ao cérebro e à nossa capacidade de focar. Então, por que se surpreendiam tanto por terem de se esforçar para prestar atenção?". Essas pessoas no futuro já saberão se nós, depois de aprender isso, conseguimos nos unir para proteger nosso cérebro – ou se permitimos que a sua degradação prosseguisse.

Força nº 11:
O aumento do TDAH e como estamos reagindo a isso

Há cerca de quinze anos, algo estranho começou a acontecer quando meus sobrinhos eram pequenos. Seus professores achavam que muitas crianças da classe deles estavam ficando agitadas e incapazes de focar. Não queriam sentar-se quietas ou fazer as lições. Por volta dessa época, uma ideia que não existia no Reino Unido quando eu era criança – ou que, no mínimo, era excepcionalmente rara – começou a se espalhar pelo país. Alguns pesquisadores e médicos defendiam que essas crianças tinham um transtorno biológico, e que por isso não prestavam a atenção. Essa ideia proliferou com incrível rapidez por todo o mundo de fala inglesa. Entre 2003 e 2011, os diagnósticos de transtorno de déficit de atenção e hiperatividade (TDAH) nos Estados Unidos cresceram 43% no geral e 55% entre meninas. Agora, nós estamos em um ponto em que 13% dos adolescentes nos Estados Unidos receberam esse diagnóstico, e como resultado a maioria deles está tendo prescrição de poderosos estimulantes.

No Reino Unido, o aumento também foi extraordinário: para cada criança com diagnóstico de TDAH quando eu tinha 7 anos, em 1986, há agora cem crianças nesta condição. Só entre 1998 e 2004, o número de crianças que tomam estimulantes dobrou.

Quando se trata dos nossos problemas de atenção como adultos, costumamos identificar prontamente todo um conjunto de influências em nós – o aumento das tecnologias invasivas, estresse, falta de sono e assim por diante. Mas quando nossos filhos enfrentam os mesmos desafios, ao longo dos últimos vinte anos nós temos sido atraídos a aceitar uma história simples e cruel: que esse problema é em grande parte o resultado de um desastre biológico. Eu quis investigar isso em profundidade. De todos os capítulos deste livro, este é o que achei mais difícil de escrever, porque é o assunto em que há maior divergência entre os cientistas de renome dessa área. Ao entrevistá-los, soube que não concordam sequer nas questões mais básicas – incluindo se o TDAH realmente existe da maneira em que foi apresentado à maioria das pessoas, isso é, como doença biológica. Portanto, avançarei devagar e com cautela neste capítulo. Esse é o tópico para o qual entrevistei mais especialistas – mais de trinta – e por muito tempo voltei a eles com mais questões.

Mas já quero esclarecer algumas coisas sobre as quais cada especialista com quem conversei concorda: todo mundo que tem um diagnóstico de TDAH tem um problema real. Não estão inventando ou fingindo. Seja qual for a causa, se você ou seu filho está tendo que se esforçar para conseguir foco, não é culpa sua: você não é incompetente, indisciplinado ou qualquer dos demais rótulos estigmatizantes que pode ter recebido. Você merece empatia e ajuda prática para encontrar soluções. A maioria dos especialistas acredita que, no caso de algumas crianças, pode haver uma contribuição biológica para o seu foco precário – embora tenham divergências quanto à dimensão dessa contribuição. Precisamos ser capazes de ter uma conversa calma e honesta a respeito de outros aspectos da controvérsia do TDAH, ao mesmo tempo que mantemos essas verdades em nossas mentes.

A questão de concluir se as crianças que não conseguem focar têm ou não um problema biológico é, na verdade, um debate relativamente novo, e mudou bastante nos últimos anos. Em 1952, a Associação Americana de Psiquiatria redigiu um guia sobre todas as coisas que podem dar errado na saúde mental de uma pessoa, e a ideia de que as crianças que têm dificuldades para focar estejam sofrendo de um transtorno biológico não foi incluída. Em 1968, a noção havia ganhado popularidade suficiente entre os psiquiatras para ser acrescentada, mas eles acreditavam que se aplicava a um número muito pequeno de crianças. A cada ano que passava, o número de crianças identificadas com esse problema explodiu, a ponto de que, em muitas cidades do

Sul dos Estados Unidos, 30% dos meninos receberem diagnóstico de TDAH ao chegarem aos 18 anos. Enquanto escrevo, isso aumenta ainda mais – um grande número de adultos vem sendo informados agora que têm essa deficiência, e mais de 3 milhões já recebem prescrição de estimulantes. O mercado para estimulantes com receita vale agora algo em torno de 10 bilhões de dólares.

Conforme tudo isso explodia, a discussão em torno do problema ficou polarizada. De um lado, há quem diga que o TDAH é um transtorno causado principalmente por algo que está funcionando mal nos genes e no cérebro do indivíduo, e que um número muito grande de crianças e adultos deveria estar tomando esses estimulantes para tratar disso. Essa visão prevalece bastante nos Estados Unidos. De outro lado, há os que dizem que os problemas de atenção são reais e dolorosos, mas que é incorreto e prejudicial vê-los como um transtorno biológico que exija uma massiva prescrição de medicação, e que deveríamos oferecer outras formas de ajuda. Essa visão prevalece em lugares como a Finlândia.

Vamos começar pela questão puramente biológica, e por que tantas pessoas encontram verdade e alívio nela. Um dia, em um trem da Amtrak, eu conversava com uma mulher e ela me perguntou qual era o meu trabalho. Quando contei que estava escrevendo um livro sobre as dificuldades das pessoas em prestar atenção, ela começou a me contar do filho dela. Não anotei nada na hora, então me lembro apenas dos aspectos gerais do que ela disse – mas a experiência do menino era típica. Há alguns anos, ele tivera problemas na escola – não era capaz de prestar atenção na aula e enfrentava um monte de dificuldades. Ela ficou preocupada com o menino, e ainda tinha que lidar com o julgamento dos outros pais. Por fim, os professores da escola sugeriram que ela levasse o filho a um médico. Este conversou com o garoto e, então, contou à mãe que o diagnóstico era de TDAH. Disse que isso significava que o filho tinha uma genética diferente em relação às outras crianças, e por isso desenvolvera um tipo diferente de cérebro, que não era como o da maioria. Por isso era bem mais difícil para ele ficar sentado quieto e com foco. Stephen Hinshaw, professor de Psicologia na Universidade Stanford, similarmente contou-me que a genética responde por "75% a 80%" do TDAH,[198] uma cifra aproximada, baseada em grandes séries de estudos científicos.

É angustiante quando lhe dizem que seu filho tem uma deficiência. Ela ficou chocada – mas, ao mesmo tempo que essa mensagem é transmitida aos pais, eles também são informados de que há muitos pontos positivos: o comportamento do filho não é culpa deles. Na realidade, você merece empatia por estar lidando com algo que é de fato difícil. E, o melhor de tudo, existe uma solução. O filho dela recebeu prescrição para metilfenidato, um estimulante. Quando começou a tomar, ele parou de ficar tão inquieto e se batendo pelas paredes. Mas disse que não gostava de como a medicação o fazia sentir-se – uma criança que conheço contou-me que era como se desligassem o cérebro dela quando tomava o remédio – então a mãe ficou em conflito, com razão. No final, decidiu continuar dando-lhe a medicação até ele completar 18 anos, por achar que no mínimo isso evitaria que ele fosse expulso da escola. Não há nenhum aspecto dramático nessa história: ele não teve um infarto nem começou a usar metanfetaminas. No balanço geral, ela acredita ter feito a coisa certa.

Sinto muita empatia por ela. Mas há várias razões pelas quais eu também fico preocupado com o fato de haver cada vez mais pessoas nessa situação, e que agora acreditam que esse é um problema basicamente genético que precisa ser tratado à base de estimulantes. Acho que a melhor maneira de começar a entender as razões talvez seja dar um passo de lado, momentaneamente, e examinar o que aconteceu quando o conceito de TDAH se espalhou para além das crianças, e para além dos adultos, até uma categoria totalmente diferente de criaturas viventes.

Um dia, na década de 1990, Emma, uma *beagle* de 9 anos de idade foi levada ao veterinário. Sua dona, muito aflita, explicou o problema. A cadela ficava ansiosa o tempo todo – comia compulsivamente e, às vezes, ficava ricocheteando pelas paredes e latindo sem parar. Se fosse deixada sozinha, ela enlouquecia ainda mais. A dona usava muito uma palavra para descrever Emma: hiperativa. E implorou ao veterinário que a ajudasse a descobrir o que fazer.

O veterinário que consultou era um homem chamado Nicholas Dodman, um imigrante inglês que – ao longo de seus trinta anos de profissão – acabou virando um dos principais especialistas em veterinária dos Estados Unidos e professor da Universidade Tufts. De início, Nicholas recomendou que Emma e sua dona procurassem um treinamento para cães, no qual aprenderiam novas aptidões a fim de poder interagir melhor. Funcionou – mas não completamente. A dona disse que os problemas de Emma haviam diminuído cerca de 30%. Quando soube disso, Nicholas concluiu que Emma na realidade tinha TDAH – um conceito que, até ele mesmo dar suas contribuições pioneiras na interpretação do comportamento animal, só havia sido aplicado a humanos. Ele prescreveu metilfenidato ao cão, dizendo à tutora de Emma que a misturasse à comida da cadela duas vezes ao dia. Quando voltou ao veterinário não muito tempo depois, a tutora estava impressionada. Segundo ela, o problema havia sido resolvido. A cadela parara de ficar se batendo pelas paredes da casa e comendo a toda hora. Sim, Emma ainda uivava muito quando deixada sozinha, mas afora isso, era a cadela que sua dona sempre quisera ter.

Quando encontrei Nicholas em sua casa em Massachusetts, isso já era corriqueiro em sua clínica. Ele prescrevia regularmente metilfenidato e outros estimulantes aos animais que diagnosticava como tendo TDAH. Nicholas é um pioneiro, e tem sido chamado de o "Flautista de Hamelin", aquele que todos seguem quando se trata de medicar animais por problemas psiquiátricos.[199]

O curioso é como acabou assumindo essa posição. Ele contou que tudo começou por acaso, como ocorre com muitos achados científicos. Em meados da década de 1980, Nicholas foi chamado como veterinário para atender um cavalo chamado Poker, que tinha um problema. Tratava-se de uma aerofagia obsessiva – o chamado "*cribbing*", um comportamento marcadamente compulsivo que 8% dos cavalos desenvolve quando confinados em estábulos a maior parte do dia. É uma ação repetitiva, desajeitada, em que o cavalo agarra algo sólido com os dentes – por exemplo a beirada da cerca de madeira diante dele – e depois arqueia o pescoço, e fica engolindo e grunhindo alto. Faz isso muitas vezes, compulsivamente. Na época, os chamados "tratamentos" para aerofagia eram chocantemente cruéis. Alguns veterinários abriam orifícios no rosto do cavalo para ele não conseguir sugar o ar, ou colocavam anéis de metal nos lábios do animal para que não pudesse morder a cerca. Nicholas ficava horrorizado com essas práticas, e ao buscar alternativas teve a ideia repentinamente. E se desse àquele cavalo uma medicação? Decidiu dar-lhe uma injeção de naloxona, um bloqueador dos receptores opioides. "Em poucos minutos, o cavalo sossegou completamente", conta ele. "O proprietário ficou pasmo, dizia 'Oh, meu Deus, oh, meu Deus.'" Depois de vinte minutos, o cavalo voltou ao *cribbing*, mas "depois repetimos isso [a injeção] muitas vezes com vários cavalos diferentes, e o efeito sempre foi exatamente o mesmo". Ele disse: "O que me fascinou é que você conseguia mudar o comportamento de maneira muito radical alterando a química do cérebro... Sabe, isso mudou minha carreira".

A partir daí, Nicholas passou a acreditar que é possível resolver os problemas de muitos animais tratando-os de maneiras que, até então, só haviam sido aplicadas aos humanos. Por exemplo, foi consultado pelo Zoológico de Calgary [no Canadá] a respeito de um urso-polar que ficava andando de um lado para outro sem parar, e recomendou que lhe dessem uma dose copiosa de um inibidor seletivo de recaptação de serotonina. O urso parou de andar e sentou-se tranquilo em sua jaula. Hoje, graças em parte a essa mudança do ponto de vista de Nicholas, há papagaios tomando ansiolíticos, e muitas espécies, desde galinhas a cavalos-marinhos, recebem antipsicóticos, e gatos tomam antidepressivos. Um membro da equipe do Zoológico de Toledo [estado de Ohio, nos Estados Unidos] contou a um repórter[200] que as drogas psiquiátricas são "sem dúvida uma ferramenta de gestão maravilhosa, e é assim que as encaramos. O simples fato de conseguirmos aliviar o estresse dos animais nos deixa um pouco mais à vontade". Cerca da metade dos zoológicos dos Estados Unidos admite agora dar medicação psiquiátrica a seus animais, e 50% a 60% dos proprietários que vêm à clínica de Nicholas pedem medicação psiquiátrica para seus *pets*. Às vezes, soa como o filme *Um estranho no ninho*, só que para pássaros de verdade.

Antes de me encontrar com Nicholas, achava que já sabia como ele iria justificar isso. Ou seja, que iria me contar a história que muitos médicos contam aos pais que têm filhos com problemas de atenção

– que se trata de um transtorno com causas biológicas e que é por isso que precisam adotar soluções biológicas na forma de drogas. Mas não foi assim. Na realidade, sua explicação partiu de onde sua jornada na ciência havia começado – com cavalos que tinham aerofagia. "Nunca ninguém viu um cavalo na natureza fazer isso. É uma condição da 'domesticação', isto é, de mantermos cavalos em situações que não são naturais", disse ele. "Se nunca tivessem sido enfiados em um estábulo, e não tivessem sido submetidos a essa pressão psicológica, não desenvolveriam isso."

Ao descrever o que acontecia com aqueles cavalos, ele usou uma frase que eu gravei. Dizia que aqueles cavalos sofriam em razão de "objetivos biológicos frustrados". Cavalos querem vagar, correr e pastar. Quando não podem expressar sua natureza inata, seu comportamento e seu foco ficam bagunçados, e começam a assumir outras atitudes. Segundo ele, "a pressão de ter seus objetivos biológicos impedidos é tamanha que abre uma caixa de Pandora", e a partir daí eles passam a tentar qualquer comportamento que consiga "aliviar essa pressão psicológica esmagadora ou essa incapacidade de fazer qualquer coisa... Cavalos passam cerca de 60% de seu tempo na natureza pastando, portanto não admira que uma das coisas que lhes dá alívio seja uma espécie de simulação do ato de pastar, e é nisso que consiste a aerofagia".

Ele admitiu, tranquilamente, que sua abordagem de drogar animais em casos apelidados de "zoocose" – a loucura que animais costumam desenvolver quando enjaulados – é uma solução extremamente limitada. Perguntei se, por exemplo, drogar o urso-polar havia resolvido o problema. "Não", respondeu. "É um curativo. O problema é terem tirado um urso-polar do seu ambiente e o enfiado em um zoológico... Na natureza, ursos-polares andam quilômetros pela tundra do Ártico. Procuram locais onde haja focas, eles nadam e as comem. O recinto [a jaula onde esse urso-polar estava confinado] não tem nada a ver com a vida real. Portanto, ele faz o mesmo que um presidiário, fica andando para tentar apaziguar a dor interior de lhe ter sido negada uma vida real... Eles preservam todos aqueles instintos, todos intactos, e não têm como utilizá-los."

A solução a longo prazo é fechar os zoológicos, disse ele, e deixar todos os animais vivendo em um ambiente compatível com a sua natureza. Ele me falou de um cachorro que não conseguia focar em nada e passava o tempo todo obsessivamente caçando o próprio rabo. Vivia em uma quitinete em Manhattan. Aí, um dia, seus donos se separaram e ele foi mandado para uma fazenda no norte do estado – e parou de caçar o próprio rabo e seus problemas de foco desapareceram. Todos os cães deveriam correr pelo menos uma hora sem guia todos os dias, mas "não são muitos" os cães de estimação que podem fazê-lo, contou. Estão frustrados, e isso causa problemas.

Ele, no entanto, não pode fazer esse mundo passar a existir em um passe de mágica. Na ausência dessas soluções de longo prazo, ele me perguntou o que eu achava que poderia ser feito. Discutimos isso por um longo tempo. Tentei explicar-lhe que embora entendesse seu ponto de partida, sentia-me instintivamente desconfortável com isso. Aqueles animais manifestavam aquele comportamento como uma forma de expressar sua aflição – Poker, o cavalo, odiava ficar confinado, e Emma, a *beagle*, odiava ser deixada sozinha. Isso porque cavalos precisam correr e cães precisam fazer parte de um bando. Minha preocupação era que ele, ao encobrir esses sinais com drogas, incentivasse os donos desses animais a um tipo de fantasia – que fosse possível pegar uma criatura, ignorar sua natureza e fazê-la viver uma vida adaptada às necessidades do dono, não do animal, e sem qualquer custo. Precisamos encarar o sofrimento do animal, e não encobri-lo.

Ele ouviu, pensativo, e respondeu com uma descrição dos porcos que vivem e morrem na brutalidade das fazendas industriais, arrancados de suas mães ainda bebês, passando a vida inteira em baias nas quais não conseguem sequer dar meia-volta. Ele perguntou: "Posso melhorar bastante a vida desse porco e fazê-lo tolerar essa situação intolerável sofrendo menos dor psicológica se eu colocar um antidepressivo no seu bebedouro. Você seria contrário a isso?".Mas as escolhas com as quais estava me confrontando, disse eu, não deveriam existir. Sua hipótese, respondi, é concessiva demais – aceita como ponto pacífico um ambiente disfuncional e supõe que tudo o que podemos fazer é tentar adaptar-nos a ele e aliviar um pouco a situação. Precisamos de escolhas melhores que essas. "O que eu quero dizer é que a realidade não é uma escolha", retrucou. "É o que temos, sabe disso, não? Então você precisa lidar com o que tem."

Comecei a me perguntar – será que crianças que têm dificuldades para focar estão de algum modo em condição similar à de Emma, a *beagle*, sendo medicadas por um problema que na realidade é ambiental? Aprendi que os cientistas discordam frontalmente disso. Sabemos que o grande aumento no diagnóstico de crianças com problemas de atenção coincide com várias outras grandes mudanças no estilo de vida delas. Atualmente, elas agora têm menos permissão de circular – em vez de brincar na rua e no bairro, passam a maior parte do tempo em casa ou em salas de aula na escola. As crianças agora são alimentadas com uma dieta muito diferente – carente de vários nutrientes necessários para o desenvolvimento cerebral, e com muito açúcar e corantes que afetam negativamente a atenção. A escolarização também mudou, e consiste quase que inteiramente em prepará-las para provas que envolvem muito estresse, com pouquíssimo espaço para exercitar sua curiosidade. Será que é apenas coincidência que os diagnósticos de TDAH estejam aumentando em paralelo com essas grandes mudanças, ou existe uma conexão? Já discuti a evidência de que nossas dramáticas mudanças na dieta e o aumento da poluição sejam causas do aumento nos problemas de atenção em crianças, e vou voltar no próximo capítulo a tratar da evidência de como outras mudanças podem afetar a atenção delas.

Mas quero começar com alguém que teve atitude pioneira em reagir de outro modo ao TDAH em crianças. Durante três anos, entrevistei várias vezes o dr. Sami Timimi, um destacado psiquiatra infantil do Reino Unido e um dos críticos mais proeminentes e francos da atual maneira de falarmos sobre o TDAH. Fui vê-lo em Lincoln, cidade construída há mais de mil anos em torno de uma catedral e que parece desde então suspirar de nostalgia pelo passado. As partes antigas da cidade foram tomadas por lojas de rede que pagam salários baixos, e Sami mudou-se para lá e descobriu que lidava com pessoas que estavam às voltas, e não por culpa delas, com baixos salários e pouca esperança de melhorar de vida. Constatou que as pessoas em Lincoln precisavam de muita ajuda em termos práticos – mas surpreendeu-se ao descobrir que pareciam esperar outra coisa dele. Segundo expressou, achavam "que um psiquiatra era basicamente alguém que prescreve medicação", e tratavam-no como uma máquina de fornecer comprimidos. Ele herdou de seu antecessor 27 crianças que tomavam drogas estimulantes para TDAH, e as escolas locais pressionavam para que mais delas tomassem medicação. Teria sido fácil para Sami simplesmente manter essa abordagem.

Mas ele refletiu a respeito. Acreditava que para assumir com seriedade a sua responsabilidade como médico daquelas crianças precisava de um tempo para examinar a fundo a vida que levavam e seus ambientes. Uma das crianças diagnosticada com TDAH, e que recebera prescrição de estimulantes pelo médico que antecedeu Sami, era um garoto de 11 anos, que ele chamou de Michael por questões de confidencialidade. Michael veio arrastado pela mãe até o consultório, e se recusou a conversar com ele. Ficou apenas sentado ali, emburrado e com raiva, enquanto a mãe explicava que não sabia mais o que fazer. Contou que Michael vivia arrumando briga na escola, que se recusava a prestar atenção e mostrava-se agressivo. Enquanto explicava isto, o menino a interrompia a toda hora, irritado, pedindo para irem embora.

Sami não quis decidir nada com base apenas naquela primeira consulta. Sentiu que precisava saber mais – e continuou entrevistando a mãe e o filho por vários meses. Queria entender quando aqueles problemas haviam começado. Aos poucos, conforme ia tateando, emergiu que dois anos antes o pai de Michael havia se mudado para outra cidade, e quase não tinha mais contato com o filho. Foi logo depois disso que o menino começou a dar trabalho na escola. Sami imaginou que talvez estivesse se sentindo rejeitado. Contou-me: "Quando você é criança, não está desenvolvido intelectualmente para se afastar um pouco e olhar as coisas sob um prisma mais racional, mais objetivo... Se seu pai diz que vai voltar para vê-lo, mas não aparece, você imagina que deve ser porque há algo de errado com você. Que deve ser porque ele não quer mais vê-lo. Deve ser porque você não é bom o suficiente, que é porque só causa problemas".

Um dia, Sami decidiu ligar para o pai de Michael. Ele concordou em vir ao consultório e os dois conversaram sobre a situação. O pai foi repreendido e decidiu voltar à vida do filho de uma maneira mais estruturada e consistente. Sami chamou Michael e disse-lhe que não havia nada de errado com ele. Que não era sua culpa que o pai tivesse se afastado. Que ele não tinha nenhum transtorno. Apenas ficara decepcionado, e isso não era culpa dele. Que agora a situação iria mudar. Assim que Michael foi se reconectando com o pai, foi largando a medicação estimulante ao longo de alguns meses. Sami fez isso aos poucos porque os efeitos da abstinência da droga podem ser severos e terríveis. O tempo foi passando e várias coisas mudaram para Michael. Ele agora contava com um modelo masculino. Sabia que não era uma má pessoa e que não havia feito o pai se afastar. Parou de arrumar encrenca na escola e começou a estudar de novo. Sami sentiu ter identificado e resolvido a questão subjacente – e assim os problemas de atenção aos poucos desapareceram.

Outra das crianças aos cuidados de Sami era um garoto de 9 anos chamado Aden, que se comportava bem em casa, mas ao que parece tinha mau comportamento na escola. Sua professora dizia que ele era hiperativo e distraía os demais alunos, então fazia pressão para que tomasse estimulantes. Sami decidiu visitar a escola e ficou perplexo com o que viu. A professora passava o tempo todo berrando com a classe, mandando todo mundo ficar quieto, e punia Aden e mais alguns poucos alunos de modo irracional, parecendo não gostar deles. A classe era uma bagunça, e Aden estava sendo apontado como o culpado daquilo. De início, Sami tentou ajudar a professora a mudar sua visão a respeito do menino, mas ela não deu ouvidos, então ele sugeriu que os pais de Aden transferissem o garoto para uma escola menos caótica. Depois que se adaptou à nova escola, Aden começou a melhorar e seus problemas de atenção também desapareceram.

Sami ainda prescreve ocasionalmente medicação estimulante para algumas crianças, mas é raro, por um curto período e só depois de tentar todas as outras opções. Ele diz que, na grande maioria dos casos, as crianças que vêm ao seu consultório com problemas de atenção, se ele as ouve e oferece um apoio prático para mudar o ambiente delas, o problema é quase sempre reduzido ou eliminado.

Ele contou que, quando as pessoas ficam sabendo que uma criança foi diagnosticada com TDAH, costumam imaginar que é como um diagnóstico de, digamos, pneumonia – isso é, que o médico identifica um patógeno ou doença subjacente e então receita algo que lide com o problema físico. Mas com o TDAH não há exames físicos que o médico possa realizar. Tudo o que pode fazer é conversar com a criança e com as pessoas que a conhecem e ver se o comportamento dela se enquadra em algum item da lista de verificação elaborada pelos psiquiatras.

E é assim. Ele diz: "O TDAH não é um diagnóstico. Não é mesmo. É apenas uma descrição de certos comportamentos que às vezes se manifestam juntos. Só isso". Tudo o que está afirmando quando uma criança é diagnosticada com TDAH é que ela tem dificuldades para focar. O diagnóstico "não diz nada a respeito do 'porquê'". É como alguém dizer a você que a criança tem tosse, e então ausculta a tosse e diz – sim, esta criança tem tosse. Se um médico identifica que uma criança tem problemas de atenção, esse deveria ser o primeiro passo do processo – e não o último.

Fiquei comovido com as experiências de Sami – mas também questionei: como podemos saber se esse tipo de abordagem – ouvir a criança e tentar resolver o problema subjacente – realmente funciona, e que não é algo que se restrinja a esses episódios comoventes? Aprofundei-me nessa questão. Soube que há um número muito grande de estudos investigando o que acontece quando você dá às crianças drogas estimulantes (vou falar dos resultados um pouco mais adiante). Há alguns estudos a respeito do que acontece quando ensina os pais a estabelecerem limites, a darem um *feedback* consistente e assim por diante (a evidência é variável, mas em geral você nota uma leve melhora). Mas eu queria saber: existe alguma pesquisa sobre o que acontece quando intervém da maneira que Sami faz?

Descobri que – pelo menos a partir do que pude investigar – existe no mundo inteiro, ao que parece, apenas um grupo de cientistas que estudou algo próximo dessa questão, em um notável estudo de longo prazo. Então fui a Minneapolis, onde realizaram essa pesquisa, para conversar com eles. Em 1973, Alan Sroufe, que se tornou professor de Psicologia Infantil ali, iniciou um grande projeto coletivo de pesquisa, que visava responder a uma questão de porte relativamente ambicioso – que fatores em sua vida modelam você de fato? Nós nos encontramos em um café de um centro de jardinagem nos subúrbios da cidade. Alan é um cientista afável, fala baixinho, e no final de nossa conversa foi pegar seus netos na escola. Por mais de quarenta anos, Alan e sua equipe estudaram as mesmas 200 pessoas,[201] todas nascidas de famílias pobres. Elas foram acompanhadas e analisadas em todo o seu percurso, do nascimento até a meia-idade. Esses cientistas mediram uma imensa gama de fatores na vida dessas pessoas – desde seus corpos às suas vidas domésticas, de suas personalidades aos pais que tinham. Uma das coisas que queriam entender era: que fatores na vida de uma pessoa podem levá-la a desenvolver problemas de atenção?[202]

No início, Alan estava relativamente confiante em relação à resposta que iriam encontrar. Acreditava – como a maioria dos cientistas da época – que o TDAH era inteiramente causado por algum problema biológico interno no cérebro da criança, portanto tinha certeza de que uma das medições mais importantes que fariam seria das condições neurológicas da criança ao nascer. Também mediram o temperamento dos bebês nos primeiros meses, e depois, com o tempo, mediram as mais diversas coisas – como o quanto os pais tinham uma vida estressante, e o quanto a família contava com apoio social. O olhar deles concentrava-se agudamente nessas medições neurológicas.

Quando as crianças estavam com 3 anos e meio, os cientistas começaram a fazer previsões a respeito de quais delas iriam desenvolver o TDAH. Eles queriam perceber: que fatores aumentavam a sua probabilidade? Alan ficou surpreso com o que iam descobrindo conforme as crianças ficavam mais velhas e algumas eram de fato diagnosticadas com problemas de atenção. Viram que seu *status* neurológico ao nascer não ajudava de modo algum a prever quais iriam desenvolver problemas grandes de atenção. Então o que seria? Descobriram que "o contexto em que estão é a coisa mais importante", relatou, e que o fator crucial era "o nível de caos no ambiente". Se uma criança é criada em um ambiente onde há muito estresse, ela tem probabilidade bem maior de desenvolver problemas de atenção e receber o diagnóstico de TDAH. Concluíram que níveis elevados de estresse na vida dos pais geralmente vêm em primeiro lugar. Ele disse: "É possível você ver isso se desdobrando".

Mas por que uma criança que cresce em um ambiente estressado desenvolve maior probabilidade de ter esse problema? Eu, obviamente, voltei a pensar em tudo que aprendi com Nadine Burke Harris. Alan ofereceu uma camada adicional de explicação –compatível com os achados dela. Explicou que quando se é muito jovem, aos ficar perturbado ou com raiva, você precisa de um adulto para acolhê-lo e tranquilizá-lo. Com o tempo, conforme cresce, se tiver sido suficientemente reconfortado, aprenderá a se confortar. Aprenderá a interiorizar essa segurança e relaxamento que sua família lhe deu. Mas pais estressados, embora não tenham culpa disso, têm maior dificuldade para reconfortar os filhos – por estarem eles mesmos sob forte pressão. Isso significa que seus filhos não aprendem a se acalmar e a se centrar. Como resultado, têm maior probabilidade de reagir às situações difíceis com raiva ou aflição – sentimentos que comprometem o foco. Para dar um exemplo extremo, disse ele – imagine você sendo despejado de seu apartamento e tendo que dar ao seu filho todo o acolhimento que ele precisa naquela noite. E acrescentou – não é só a pobreza que causa isso – pais de classe média também têm que lidar com estresse. Ele contou: "Muitos pais vivem fases em que estão sobrecarregados pelas suas circunstâncias de vida, a ponto de não conseguirem prover um ambiente estável e tranquilo para os filhos". A pior reação a essa constatação é "apontar o dedo acusador para os pais". Isto só causa mais estresse e mais problemas para as crianças, além de não corresponder à verdade: "Aqueles pais estavam fazendo seu melhor. Garanto a você que amavam seus filhos". A parentalidade ocorre dentro de um ambiente – e se esse ambiente sobrecarrega os pais de estresse, é inevitável que afete seus filhos.

Depois de coletar evidência a respeito durante décadas, Alan concluiu[203] que "nada daquilo em que originalmente eu acreditava revelou ser verdadeiro", e uma "clara maioria" das crianças que mais tarde receberiam o diagnóstico "não haviam nascido com TDAH; desenvolveram o problema em reação às suas circunstâncias".

Havia uma questão crucial, disse Alan, que era decisiva para que os pais superassem esses problemas – e que diz muito sobre o trabalho de Sami. Era: "Tem alguém aí dando-lhe apoio?". As famílias que estudaram, às vezes, conseguiam ajuda de pessoas de seu entorno. Geralmente não era um profissional – elas simplesmente conseguiam arrumar um parceiro que dava apoio, ou um grupo de amigos. Descobriram que quando era possível contar com apoio social desse tipo, "as crianças tinham menor probabilidade de enfrentar problemas no estágio seguinte". E por quê? Alan escreveu: "Pais que experimentam menos estresse podem reagir melhor aos seus filhos; e estes então se sentem mais seguros". Esse efeito era tão palpável que "o preditor mais forte de mudança positiva era um aumento no apoio social disponível aos pais durante esses anos intermediários".[204] O apoio social, ponderei eu, é a principal coisa que Sami oferece às famílias cujos filhos têm dificuldades com a atenção.

No entanto, há um desafio aqui. Sem dúvida, quando se dá a uma criança um estimulante, a atenção dela tem melhora significativa a curto prazo.[205] Todos os especialistas que entrevistei, seja qual for sua a posição nesse debate, concordam com isso, e é algo que também constatei. Conheci um garotinho que ficava o tempo todo correndo de lá para cá, gritando e batendo pelas paredes, e que ao tomar a medicação prescrita ficou sentado quieto e, pela primeira vez na vida, conseguiu olhar as pessoas nos olhos e sustentar o olhar. É clara a evidência de que esse efeito é real, e que é propiciado pelas drogas. Tenho muitos amigos adultos que usam estimulantes quando precisam concluir com urgência um projeto de trabalho, e o mesmo efeito ocorre neles. Em Los Angeles, em 2019, encontrei minha amiga Laurie Penny, roteirista britânica de vários programas de TV no Reino Unido, que me contou que usa esses estimulantes prescritos quando quer produzir algum trabalho de grande impacto, porque a ajudam a se concentrar. Isso me parece uma decisão razoável que os adultos podem tomar.

Mas existe uma razão pela qual a maioria dos médicos ao redor do mundo são muito cautelosos em prescrever drogas para crianças, e nenhum país (com a única exceção de Israel) chega perto de prescrevê-las tão liberalmente quanto os Estados Unidos.

Minhas preocupações a esse respeito começaram a se cristalizar quando encontrei uma mulher chamada Nadine Ezard, diretora clínica dos serviços de álcool e drogas do Hospital St. Vincent em Sydney, Austrália. Ela é médica e trabalha com pessoas que têm problemas de vício e, na época em que nos encontramos, em 2015, os australianos estavam no meio de um severo aumento na dependência de metanfetaminas. Por um momento, os médicos não sabiam ao certo como reagir. No caso da heroína, há uma droga que eles podem prescrever legalmente às pessoas viciadas e que é um substituto razoável, a metadona – mas com as metanfetaminas não parece haver algo equivalente. Então Nadine – junto a um grupo de outros médicos – participou de um experimento crucial, apoiado pelo governo.[206] Começaram a dar a dextroanfetamina (um estimulante que é receitado mais de um milhão de vezes por ano nos Estados Unidos para crianças com diagnóstico de TDAH) para as pessoas com vício em metanfetaminas.

Na época em que falei com ela, já haviam testado isso com cinquenta pessoas, e os resultados de um experimento ainda maior serão divulgados depois que este livro for publicado. Ela me contou que quando tomam esse estimulante, as pessoas viciadas em metanfetaminas sentem menor desejo pela droga, porque alivia um pouco da "fissura": "Elas dizem que quando começam a tomar sentem que é a primeira vez em longo tempo que o cérebro delas deixa de ficar absolutamente focado na metanfetamina. Que de repente sentem essa libertação". Referindo-se a um de seus pacientes, relembra: "Ele pensava na metanfetamina o tempo todo. Podia estar no supermercado, em qualquer lugar, [e] sua tomada de decisões era sempre do tipo – 'Será que vai sobrar dinheiro para comprar a droga?' Então [ao tomar dextroanfetamina] sentia-se aliviado". Ela comparou isso com dar adesivos de nicotina a fumantes.

Ela não é a única cientista que enxergou similaridades entre as metanfetaminas e outras anfetaminas que os Estados Unidos prescrevem rotineiramente às crianças. Mais tarde, fui ver Carl Hart, professor de Psicologia na Universidade Columbia, que realizou experimentos prescrevendo estimulantes para pessoas viciadas em metanfetamina.[207] Quando recebiam o medicamento no laboratório, essas pessoas com longa dependência à metanfetaminas reagiam de maneiras quase idênticas tanto ao fármaco quanto à metanfetamina.

O programa de Nadine é uma maneira bem pensada e compassiva de tratar pessoas com vício – mas fiquei perturbado ao saber que as drogas que estamos dando às crianças são um substituto razoável das metanfetaminas. Sami contou-me: "É um pouco bizarro perceber que está prescrevendo legalmente com uma mão as mesmas substâncias que com a outra mão diz que são muito perigosas se você tomar ilicitamente... A química delas é similar. Atuam de modo parecido. Afetam neurotransmissores muito semelhantes". Mas – como Nadine reforçou – há algumas diferenças importantes. Eles dão doses mais altas para as pessoas que se recuperam da dependência às metanfetaminas do que às crianças com diagnóstico de TDAH. E dão em forma de comprimidos, o que faz com que sejam liberadas mais lentamente no seu cérebro do que quando fumadas ou injetadas. E drogas de rua – por serem proibidas e precisarem ser vendidas por criminosos – contêm todo tipo de contaminantes, ausentes nos comprimidos que compra na farmácia. Mesmo assim, decidi pesquisar um pouco mais a prescrição em massa dessa droga para as crianças.

Durante anos, muitos pais eram informados de que podiam saber se o filho tinha TDAH de uma maneira simples, relacionada com essas medicações. Muitos médicos lhes diziam que uma criança normal, ao tomar esses comprimidos, ficava maníaca e doidona, enquanto a criança com TDAH desacelerava, focava e prestava atenção. Mas quando os cientistas testaram essas drogas tanto com crianças com problemas de atenção como com crianças sem tais problemas, isso se revelou falso. Todas as crianças – na realidade, todas as pessoas – ao tomarem metilfenidato focam e prestam atenção melhor por um tempo.[208] O fato de a droga produzir efeito não é evidência de que tenha um problema biológico subjacente – é prova apenas de que você tomou um estimulante. É por isso que, durante a Segunda Guerra Mundial, o exército dava estimulantes aos operadores de radar – com isso ficava mais fácil manter o foco na tarefa muito tediosa de observar uma tela que a maior parte do tempo não mudava. É também por isso que pessoas que cheiram uma carreira de algum estimulante ficam muito chatas e saem em longos monólogos – ficam muito focadas na própria linha de pensamento e ignoram a expressão de tédio desesperado que surge no seu rosto.

Há evidência científica de vários riscos associados à dar essas drogas para as crianças. O primeiro risco é físico – há evidência de que tomar estimulantes tolhe o crescimento.[209] Crianças que tomam uma dose padrão perdem três centímetros de altura ao longo de um período de três anos, em relação à altura que poderiam alcançar.[210] Vários cientistas têm alertado que estimulantes elevam o risco de a criança ter problemas cardíacos[211] e morrer em função disso. Obviamente, problemas cardíacos são raros em crianças – mas quando milhões tomam essas drogas, mesmo um pequeno aumento no risco significa um aumento real nas mortes.

No entanto, James Li, professor-adjunto de Psicologia que fui conhecer na Universidade de Wisconsin, em Madison, contou-me algo que descobri ser a coisa mais preocupante. Explicou: "Simplesmente não sabemos os efeitos de longo prazo. Isso é um fato". A maioria das pessoas supõe – eu, certamente – que essas drogas foram testadas e julgadas seguras, mas ele explicou que "não houve muita pesquisa sobre as consequências a longo prazo para o desenvolvimento cerebral". Isso é especialmente preocupante, diz, porque "somos muito precipitados em dá-las para crianças novas. Crianças são nossa população mais vulnerável, pois os cérebros delas estão se desenvolvendo... Essas drogas atuam diretamente no cérebro, certo? Não são um antibiótico".

Ele disse que a melhor pesquisa de longo prazo que temos é em estudos com animais – e os achados são preocupantes. Decidi lê-los, e eles mostram que se você dá metilfenidato para ratos adolescentes durante três semanas[212] – o que equivale a dá-lo a humanos por vários anos – descobre que o *striatum*, uma parte crucial do cérebro que lida com experiências de recompensa, encolhe significativamente em ratos adolescentes. Em outro estudo,[213] constatou-se necrose no hipocampo. Isto é, morte celular em uma parte crucial do cérebro. Ele disse que não se pode supor que essas drogas afetam os humanos do mesmo jeito que afetam ratos, e enfatizou que há alguns benefícios em tomá-las – mas que precisamos estar cientes de que "há o benefício, e há o risco. No momento, estamos operando em termos do benefício de curto prazo".

Quando entrevistei outros cientistas, aprendi também que os efeitos positivos dessas drogas – apesar de reais – são surpreendentemente limitados. Na Universidade Nova York, Xavier Castellanos – professor de Psiquiatria em Crianças e Adolescentes – explicou que a melhor pesquisa sobre os efeitos dos estimulantes chegou a uma conclusão importante. Eles melhoram o comportamento de crianças em tarefas que exijam repetição, mas *não* melhoram sua aprendizagem. Eu sinceramente não acreditei nele, mas depois fui examinar isso no estudo que os apoiadores da prescrição de estimulantes me indicaram como sendo o padrão ouro da pesquisa sobre TDAH.[214] Após catorze meses tomando estimulantes, as crianças tiveram desempenho 1,8% melhor em testes escolares. Mas crianças que no mesmo período receberam apenas orientação quanto ao seu comportamento melhoraram 1,6%.

De maneira igualmente crucial, a evidência sugere que os efeitos positivos iniciais dos estimulantes não duram. Qualquer um que tome estimulantes desenvolve tolerância à droga – o corpo se acostuma a ela, então você precisa de doses maiores para ter o mesmo efeito. Uma hora alcança-se a dose máxima que as crianças podem tomar.

Um dos cientistas com os quais falei, e que ficou mais alarmado, foi o dr. Charles Czeisler, especialista em sono da Escola de Medicina de Harvard, que me contou que um dos principais efeitos de tomar estimulantes é que você dorme menos. Isso, explicou, tem implicações muito preocupantes para o desenvolvimento do cérebro de jovens – particularmente todos os jovens que vê usando estimulantes para conseguir estudar horas e horas. "Prescrever todas essas anfetaminas às crianças me faz lembrar da crise dos opioides, só que ninguém fala sobre isso", disse ele. "Quando era criança, se alguém me desse anfetaminas, se as vendesse a crianças, seria preso. Mas como ocorre com a crise dos opioides... ninguém faz nada a respeito. É um pequeno segredo inconfessável da nossa sociedade."

A maioria dos cientistas que entrevistei nos Estados Unidos – e conversei com muitos dos mais prestigiosos especialistas em TDAH – disseram acreditar que prescrever estimulantes é seguro e traz muitos benefícios que compensam os riscos. Na realidade, muitos cientistas norte-americanos argumentam que expor contra-argumentos – como faço aqui – é francamente perigoso: dizem que diminui a probabilidade de os pais trazerem as crianças para serem medicadas com estimulantes, e com isso elas sofrerão desnecessariamente e se sairão pior na vida. Também acreditam que isso pode fazer as pessoas pararem de tomar medicação de repente, o que é perigoso – causa uma terrível crise física de abstinência. Mas no resto do mundo, a opinião científica mostra-se mais dividida, e é mais comum deparar com ceticismo ou com uma oposição aberta a essa abordagem.

Existe uma razão decisiva que leva muitas pessoas – como a mulher que conheci no trem da Amtrak – a se convencerem de que os problemas de atenção de seus filhos decorrem em grande parte de um transtorno físico. É porque foram informadas de que o problema é causado primariamente pela conformação genética do filho. Como já mencionei, o professor Stephen Hinshaw diz que os genes explicam "75% a 80%" do problema, e muitas vezes são indicados valores até mais altos. Se este é principalmente um problema biológico, então à primeira vista faz sentido uma solução biológica – e o tipo de intervenção que Sami e outros defendem seria no máximo uma medida adicional. Ao me aprofundar nisso, passei a achar que a verdade é complexa – não se encaixa em nenhuma das enfáticas afirmações dos dois lados desse debate polarizado.

Eu queria muito saber de onde vêm essas estatísticas que mostram que uma porcentagem muito alta do TDAH é causada por um transtorno genético? Fiquei surpreso ao saber, por meio dos cientistas que apresentam essas estatísticas, que não vêm de nenhuma análise direta do genoma humano. Quase todas empregam um método mais simples conhecido como estudo de gêmeos. Eles pegam um par de gêmeos idênticos. Se um deles receber o diagnóstico de TDAH, verificam se o outro teve o mesmo diagnóstico. Depois pegam um par de gêmeos não idênticos. Se um receber o diagnóstico de TDAH, eles verificam se o outro gêmeo teve igual diagnóstico. Então repetem isso várias vezes, até terem uma amostra suficientemente grande, e comparam os valores.

A razão de fazerem isso é simples. Todos os pares de gêmeos desses estudos – idênticos ou não – crescem na mesma casa, com a mesma família, então se descobrir uma diferença entre os dois tipos de gêmeos, segundo esse raciocínio, ela não pode ser atribuída ao ambiente. Em vez disso, a diferença tem que ser explicada pelos genes. Os gêmeos idênticos são muito mais similares geneticamente do que os não idênticos, então ao descobrir que algo tem maior incidência em gêmeos idênticos, os cientistas concluem que há um componente genético.[215] Você pode avaliar o quanto disso é determinado pelos genes pela dimensão dessa diferença. Esse método tem sido usado há anos por cientistas de prestígio em várias áreas.

Quando os cientistas investigam o TDAH dessa maneira, descobrem *sempre* que os gêmeos idênticos têm probabilidade bem maior de receberem o diagnóstico do que os não idênticos. Mais de vinte estudos chegaram a esse resultado – ele é consistente.[216] É daí que surge a ideia da alta probabilidade de o TDAH ser geneticamente determinado.

Mas um pequeno grupo de cientistas acredita que talvez haja um sério problema com essa técnica. Falei com uma das pessoas que tem defendido esse ponto com maior detalhamento científico, o dr. Jay Joseph, psicólogo em Oakland, Califórnia. Ele me apresentou os fatos. Tem sido bem provado – em um conjunto diferente de estudos científicos – que gêmeos idênticos na realidade *não* experimentam os mesmos ambientes que os não idênticos experimentam.[217] Gêmeos idênticos passam mais tempo juntos que os não idênticos. São tratados de um jeito mais similar – pelos pais, amigos e pela escola (na realidade, é comum as pessoas não conseguirem sequer diferenciar um do outro). Têm maior probabilidade de ficarem confusos em relação à própria identidade e de se sentirem mesclados ao seu gêmeo. São psicologicamente mais próximos. Jay contou que na maioria dos aspectos, "o ambiente dos dois é mais similar... Eles copiam mais o comportamento um do outro. São tratados mais como iguais. Todas estas coisas levam a um comportamento similar – seja qual foi o comportamento".

Portanto, explicou, há *outra* coisa além dos genes que poderia explicar a lacuna encontrada em todos esses estudos. Poderia ser o fato de que "gêmeos idênticos crescem em um ambiente mais propenso a modelar comportamentos similares que o ambiente dos gêmeos não idênticos". Seus problemas de atenção talvez sejam mais parecidos não porque os genes são mais similares, mas porque suas vidas são similares. Se há fatores no ambiente que causam problemas de atenção, é mais provável que sejam experimentados na mesma proporção por gêmeos idênticos do que no caso dos não idênticos. Portanto, segundo ele, "Estudos de gêmeos são incapazes de desemaranhar as potenciais influências exercidas pelos genes e pelo ambiente". Isso significa que as estatísticas que costumamos ver – de 75% a 80% de probabilidade de o TDAH ter causas genéticas, por exemplo – assentam-se em bases não confiáveis.[218] Tais valores são, segundo Jay, "enganosos e mal compreendidos". Outros cientistas de renome – como o dr. Gabor Maté, talvez o médico mais conhecido do Canadá, e que entrevistei em Vancouver – disse-me que ficou convencido disso.

No entanto, parecia-me implausível que tantos cientistas de prestígio tivessem se apoiado nessa técnica e que ela, na verdade, fosse falha. Sabia que em meus livros anteriores eu mesmo me apoiara em evidências de estudos de gêmeos. No entanto, ao perguntar para alguns cientistas que defendem que o TDAH é primariamente genético sobre as falhas desses estudos, muitos reconheceram prontamente que essas críticas têm alguma legitimidade, e com uma franqueza desconcertante. O mais comum seria simplesmente conduzirem a conversa para outras razões pelas quais acreditam que o problema tem base genética. (Vou falar delas logo adiante.) Portanto, acabei achando que os estudos de gêmeos são uma espécie de técnica zumbi, à qual as pessoas continuam se referindo embora saibam que não há como defendê-la plenamente, porque nos diz o que queremos ouvir – isso é, que esse problema reside principalmente nos genes de nossas crianças.

Quando você deixa de lado esses estudos de gêmeos, disse o professor James Li, "repetidas vezes, em cada estudo", o exame do papel que cada gene individual desempenha em causar o TDAH mostra que "não importa como você [o] meça, é sempre pequeno. O efeito do ambiente é sempre maior". Portanto, ao absorver tudo isso, comecei a questionar – será que os genes não têm nenhum papel no TDAH? Algumas pessoas chegaram perto de defender isso – e é nesse ponto que acho que os céticos em relação ao TDAH exageram.

James explicou que embora os estudos de gêmeos superestimem o papel dos genes, há uma nova técnica chamada hereditariedade SNP, que descobre o quanto uma característica é geneticamente determinada, por meio de um método diferente do usado em estudos de gêmeos. Em vez de comparar tipos de gêmeos, esses estudos comparam a configuração genética de duas pessoas que não têm qualquer relação entre elas. Pode ser, por exemplo, eu e você, para ver que combinações de genes entre nós se correlacionam com algum problema que nós possamos ter – como (por exemplo) depressão, obesidade ou TDAH. Esses estudos atualmente constatam que cerca de 20% a 30% dos problemas de atenção estão relacionados aos seus genes.[219] James disse que essa é uma nova maneira de estudar a questão, que só examina genes de variação comum, portanto no final a proporção causada por nossa genética pode acabar sendo um pouco maior. Assim, conforme explicou, é errado descartar um componente genético – mas também é errado dizer que ele determina todo o problema ou a maior parte dele.[220]

Uma das pessoas que mais me ajudou a compreender alguns aspectos dessas questões foi o professor Joel Nigg, que entrevistei na Universidade de Saúde e Ciência de Oregon, em Portland. Ele presidiu a Sociedade Internacional para Pesquisa em Psicopatologia de Crianças e Adolescentes, e é figura de destaque nesse campo.

Ele me disse que antes costumava-se pensar que algumas crianças eram simplesmente programadas por seus genes para serem diferentes e desenvolverem outros tipos de cérebro. Mas – como ele mesmo tem escrito – agora "a ciência avançou".[221] As pesquisas mais recentes mostram que "genes não determinam destinos; afetam probabilidades".[222] Alan Sroufe, que realizou o estudo de longo prazo sobre os fatores que causam TDAH, disse a mesma coisa: "Os genes não operam no vácuo. Essa é a principal coisa que aprendemos com os estudos de genes... Os genes são ligados e desligados em reação aos estímulos ambientais". Como Joel coloca, "nossas experiências literalmente nos afetam"[223] e mudam a maneira de nossos genes serem expressos.

Para me ajudar a pensar como isso funciona, Joel traçou uma analogia. Ele explica: "Se o seu filho está cansado, exaurido, vai pegar mais facilmente um resfriado na escola no inverno. Ele fica mais suscetível" – mas "se não houvesse o vírus do resfriado", então nem a criança exausta nem a descansada iriam pegar um resfriado.[224] Similarmente, seus genes podem torná-lo mais vulnerável a algum disparador presente no ambiente – mas ainda assim é preciso que haja um disparador no ambiente. Ele escreve: "De várias maneiras, a verdadeira grande notícia a respeito do TDAH hoje é que reavivamos nosso interesse pelo ambiente".[225]

Joel acredita que os estimulantes têm um papel. Diz que em uma situação ruim, são melhores que nada, e podem dar às crianças e a seus pais algum alívio. "Se estou imobilizando um osso quebrado em uma batalha, não estou curando-o, entende? Mas pelo menos o sujeito vai andar, mesmo que fique com uma perna torta o resto da vida."

Mas se formos fazer isso, diz ele, precisamos também fazer uma pergunta crucial: "Onde é que o problema está localizado? Precisamos encarar o que nossas crianças estão enfrentando". Ele diz que, no momento, elas enfrentam forças muito poderosas que sabemos que prejudicam sua atenção – estresse, má nutrição, poluição: todas são coisas que decidi que iria investigar melhor depois de ele ter me falado a respeito. "Eu diria que não devemos aceitar essas coisas. Não devemos aceitar, por exemplo, que nossas crianças tenham que crescer no meio de uma sopa química [de poluentes]. Não devemos aceitar que tenham que crescer com pontos de venda de alimentos que não têm quase nada parecido com comida ... Isso deveria mudar... No caso de algumas crianças, existe realmente algo de errado com elas porque seu ambiente não para de agredi-las. Nesse caso, é até um pouco criminoso não dizer nada além de, 'Vamos aplacá-las com medicações para que possam lidar com esse ambiente danoso que criamos'. Será que isso é muito diferente de dar sedativos a prisioneiros para que lidem melhor com o fato de estarem presos?" Ele acredita que você só pode dar drogas eticamente se ao mesmo tempo estiver tentando resolver o problema mais profundo.

Ele assumiu um ar grave e disse: "É como aquela velha metáfora que diz... um dia os aldeões estão na margem do rio e veem um corpo morto flutuando rio abaixo. Então fazem a coisa certa. Recolhem o corpo e dão-lhe enterro apropriado. No dia seguinte, dois corpos descem o rio e eles fazem a mesma coisa, enterrando os corpos. Isso prossegue por um tempo até que finalmente começam a se perguntar – de onde vêm esses corpos que descem o rio? E será que deveríamos fazer algo para deter isso? Então sobem o rio para descobrir".

Ele inclinou-se para frente de sua cadeira e disse: "Nós podemos tratar essas crianças – mas cedo ou tarde precisamos descobrir por que isso está acontecendo". Eu entendi então que era hora de subir o rio.

Força nº 12:

O confinamento físico e psicológico das crianças

Há alguns anos, eu estava sentado tomando café ao pôr do sol em uma pequena aldeia junto a uma floresta em Cauca, sudoeste da Colômbia. Ali moram alguns milhares de pessoas, cultivando as bebidas cafeinadas que bebemos ao redor do mundo para manter-nos alerta. Fiquei observando-as enquanto iam aos poucos descontraindo ao final do dia. Os adultos colocaram mesas e cadeiras na rua, e conversavam animadamente à sombra de uma montanha verdejante. Fiquei observando as pessoas indo de uma mesa para a outra, e então notei algo que raramente vejo no mundo ocidental. Por toda a aldeia, as crianças brincavam livremente, sem supervisão de adultos. Algumas tinham um aro e faziam-no rodar pelo chão, em grupo. Outras brincavam de pega-pega à beira da floresta, e se incitavam a entrar nela, e trinta segundos mais tarde saíam de lá correndo, berrando e rindo. Até crianças muito pequenas – 3 ou 4 anos no máximo – corriam por ali, e havia apenas crianças um pouco mais velhas tomando conta delas. De vez em quando, uma caía e voltava correndo para a mãe. As demais só voltavam para casa quando os pais chamavam, lá pelas 8 horas da noite, com as ruas finalmente esvaziadas.

Veio-me à mente que devia ser assim que meus pais encaravam a infância, em dois lugares muito diferentes – uma aldeia alpina suíça, e um prédio de apartamentos de classe trabalhadora na Escócia. As crianças circulavam livremente sem os pais a maior parte do dia, desde bem pequenas, e só voltavam para comer e dormir. Na verdade, essa provavelmente foi a infância de todos os meus ancestrais, até onde posso dizer, recuando milhares de anos. Em alguns períodos, as crianças deixaram de viver assim – quando obrigadas a trabalhar em fábricas, por exemplo, ou durante o pesadelo acordado da escravidão – mas na longa história humana, essas foram exceções extremas.

Hoje, não sei de nenhuma criança que viva como as daquela aldeia. Nos últimos trinta anos, imensas mudanças ocorreram na infância. Em 2003, nos Estados Unidos, apenas 10% das crianças costumavam passar algum tempo brincando livremente fora de casa.[226] Agora, a infância acontece, de maneira esmagadora, a portas fechadas, e quando as crianças conseguem brincar, são supervisionadas por adultos ou a brincadeira acontece nas telas. O tempo que passam na escola também mudou drasticamente. Os sistemas escolares nos Estados Unidos e no Reino Unido foram redesenhados por políticos para obrigar os professores a gastarem a maior parte do tempo preparando e exercitando as crianças para a realização de provas. Nos Estados Unidos, apenas 73% das escolas elementares têm hoje *alguma* forma de recreio. Brincar e explorar livremente são coisas que despencaram do alto de um rochedo.

Essas mudanças aconteceram tão rápido, e todas ao mesmo tempo, que é difícil medir, usando algum critério científico, os efeitos que a transformação pode ter tido na capacidade de as crianças prestarem atenção e focarem. Não temos como designar aleatoriamente algumas crianças que vivem livres nessa aldeia em Cauca, e outras que passam o dia trancadas em casa em subúrbios norte-americanos, e depois de um tempo voltar a encontrá-las e ver o quanto focam bem. Mas existe, quero crer, uma maneira de começar a esclarecer alguns dos efeitos dessa mudança. Uma ideia é dividir essa grande transformação em partes componentes menores, e ver o que a Ciência nos diz a respeito desses efeitos.

Uma das maneiras que encontrei para fazer isso foi acompanhar a história de uma mulher notável que conheci, chamada Lenore Skenazy. Ela não é cientista. É ativista. E foi levada a tentar entender como essa transformação está afetando crianças em razão de uma experiência chocante que teve na sua vida. Levei-a para que começasse a trabalhar com alguns dos melhores cientistas que estudam essas questões. Junto a eles, ela tem apresentado propostas práticas e pioneiras para compreender por que tantas crianças estão tendo dificuldade para focar – e como restaurar essa capacidade.

Na década de 1960, em um subúrbio de Chicago, uma garota de 5 anos saiu andando de casa, sozinha. Era uma caminhada de quinze minutos até a escola onde Lenore estudava, e todo dia ela fazia esse trajeto sozinha. Ao chegar perto da escola, era ajudada a atravessar a rua em segurança por outra criança, um menino de 10 anos com uma faixa amarela cruzada no peito, cuja tarefa era parar os carros e fazer as crianças menores atravessarem. Ao final de cada dia na escola, Lenore saía andando pelos portões, sem nenhum adulto, e dava uma volta pelo bairro com os amigos dela, ou tentava achar trevos de quatro folhas, que ela colecionava. Em frente à casa dela, costumava rolar um jogo de *kickball* [beisebol para crianças], organizado espontaneamente pelas crianças, e às vezes ela também jogava. Quando tinha 9 anos, às vezes sentia vontade de pegar a bicicleta e pedalar uns quilômetros até a biblioteca para pegar alguns livros, e então se recolhia para ler em algum lugar tranquilo. Outras vezes, batia na porta dos amigos para ver se queriam brincar. Se Joel estivesse em casa, brincavam de Batman, e se Betsy estivesse livre, brincavam de A Princesa e a Bruxa. Lenore queria sempre ser a bruxa. Finalmente, quando ficava com fome ou começava a escurecer, ia para casa.

Para muitos de nós, essa cena parece exagerada ou até chocante. Nos Estados Unidos, ao longo da última década, houve muitos casos de pessoas que ao verem crianças de uns 9 anos andando desacompanhadas pela rua ligavam para a polícia para reportar isso como um caso de negligência dos pais. Na década de 1960, porém, isso era o normal no mundo inteiro. A vida de quase todas as crianças transcorria mais ou menos assim. Ser criança significava sair pelo seu bairro e ficar zanzando, encontrar outras crianças e inventar as próprias brincadeiras. Os adultos tinham apenas uma vaga ideia de onde você poderia estar. Pais que mantinham seus filhos o tempo todo trancados em casa, ou os levavam a pé até a escola, ou ficavam perto deles enquanto brincavam, interferindo nas brincadeiras, eram vistos como excêntricos.

Quando Lenore cresceu e teve filhos, na cidade de Nova York na década de 1990, tudo havia mudado. O que se esperava dela é que levasse os filhos à escola e esperasse vê-los entrar pelos portões, e depois viesse buscá-los no final do dia. Ninguém deixava as crianças brincando na rua sem supervisão, nunca. As crianças ficavam dentro de casa o tempo todo, a não ser que houvesse um adulto para tomar conta delas. Uma vez, Lenore levou a família a um *resort* no México, e as crianças se juntavam toda manhã na praia, geralmente para alguma brincadeira que inventassem na hora. Foi a única vez que ela viu o filho levantar antes dela. Ele corria até a praia para encontrar as demais crianças. Ela nunca tinha visto o filho tão feliz. Lenore contou-me: "O que percebi é que ele teve durante uma semana o que eu tive na minha infância inteira: poder sair à rua, encontrar amigos e brincar".

Lenore pensou nisso ao voltar para casa: Izzy, seu filho de 9 anos, ainda deveria desfrutar de algum gostinho de liberdade para poder amadurecer. Então, um dia, quando ele pediu que o levassem a algum lugar de Nova York onde nunca tivesse estado antes, e então o deixassem voltar sozinho para casa, isso pareceu a ela uma boa ideia. O marido sentou no tapete com ele e o ajudou a planejar um trajeto para o menino seguir, e em um domingo de sol, ela levou-o à Bloomingdale's, e – com um aperto no coração – separaram-se. Uma hora mais tarde, ele apareceu na porta do apartamento deles. Havia pegado metrô e ônibus, sozinho. "Estava feliz da vida – eu diria que estava levitando", ela lembra. Pareceu uma coisa tão sensata de fazer que Lenore – que é jornalista – escreveu um artigo contando sua história, para que outros pais criassem coragem e fizessem o mesmo.

Então algo estranho aconteceu. O artigo de Lenore foi recebido com horror e repulsa. Ela foi denunciada em vários dos noticiários de TV dos Estados Unidos como "a pior mãe do país". Foi malhada como uma mãe vergonhosamente negligente, que colocara o próprio filho em um risco terrível. Convidaram-na a participar de programas de TV e em um deles foi colocada junto a um pai cujo filho havia sido sequestrado e morto, como se a probabilidade de seu filho pegar o metrô em segurança e probabilidade de ele fazer isso e de ser morto fossem idênticas. Todo apresentador fazia a ela alguma variação da pergunta: "Mas Lenore, como você teria se sentido se ele nunca mais voltasse para casa?".

"Eu ficava boquiaberta", Lenore me contou quando sentamos para conversar na casa dela em Jackson Heights, Nova York. E respondia que simplesmente estava dando ao filho o que ela – e todos os adultos que a condenavam – consideravam a coisa mais normal do mundo quando eram crianças, há poucas décadas. Tentou explicar às pessoas que estamos vivendo um dos momentos mais seguros da história humana. A violência contra adultos e crianças caiu dramaticamente, e seus filhos têm agora uma probabilidade três vezes maior de serem atingidos por um raio do que de serem mortos por um estranho. Ela perguntava: você aprisionaria seu filho para evitar que fosse atingido por um raio? Estatisticamente, isso faria mais sentido. As pessoas reagiam com aversão a esse argumento. Outras mães contaram a ela que toda vez que viravam a cabeça, imaginavam que os filhos poderiam estar sendo raptados. Depois de ouvir isso muitas vezes, Lenore entendeu, "Esse foi meu crime. Meu crime foi não pensar igual a elas. Evitara pensar logo de cara na hipótese mais sombria para então decidir, ah, não vale a pena o risco. Ser uma boa mãe norte-americana atualmente é pensar assim". Ela concluiu que de algum modo – em um período muito curto de tempo – acabamos acreditando que só "uma mãe muito ruim tira os olhos de cima de seus filhos".

Ela observou que quando lançaram um DVD com os primeiros episódios de *Vila Sésamo,* veiculados no final da década de 1960, foi colocada uma advertência na tela de abertura. Crianças de 5 anos aparecem andando pelas ruas sozinhas, falando com estranhos e brincando em terrenos baldios. A advertência dizia: "O que vem a seguir é para ser visto apenas por adultos e pode não ser adequado para os nossos espectadores mais jovens". Ela constatou que era uma mudança tão acentuada que equivalia a negar às crianças até mesmo a permissão de ver como era ser livre. Lenore ficou desconcertada com a rapidez com que essa "mudança gigantesca" havia acontecido. A vida das crianças passara a ser dominada por ideias "muito radicais e novas. A ideia de que as crianças não podem brincar fora de casa sem que isso envolva perigo – isso nunca foi assim na história humana. As crianças sempre brincaram juntas, e a maior parte do tempo fizeram isso sem supervisão direta de adultos... Vem sendo assim para a humanidade inteira. Passar de uma hora para outra a dizer 'não, isso é perigoso demais' é como dizer às crianças que elas agora precisam dormir de cabeça para baixo". É uma inversão daquilo que todas as sociedades humanas anteriores pensavam.

Conforme passava mais tempo com Lenore, comecei a acreditar que para compreender os efeitos dessa mudança precisaríamos dividi-la em cinco diferentes componentes e examinar a evidência científica por trás de cada um. O primeiro é o mais óbvio. Ao longo dos anos, os cientistas descobriram um amplo corpo de evidências que mostram que quando as pessoas circulam mais – ou se envolvem em alguma forma de exercício – sua capacidade de prestar atenção melhora.[227] Por exemplo, um estudo que investigava esse ponto descobriu que exercitar-se provê "um impulso excepcional" para a atenção nas crianças.[228] O professor Joel Nigg, que entrevistei em Portland, resumiu a evidência com clareza – segundo ele, "para crianças em desenvolvimento, o exercício aeróbico expande as conexões cerebrais, o córtex frontal e a química cerebral que apoia a autorregulação e o funcionamento executivo".[229] O exercício traz mudanças que "fazem o cérebro crescer mais e ficar mais eficiente". A evidência a respeito disto é tão ampla que esses achados devem ser encarados, escreve ele, como "definitivos".[230] A evidência não poderia ser mais clara: se impede crianças de agirem a partir de seu desejo natural de circular por aí, na média sua atenção e a saúde geral de seu cérebro fica comprometida.

Mas Lenore suspeitava que isso prejudicava as crianças de uma maneira mais profunda ainda. Ela começou a contatar os maiores cientistas que vêm estudando essas questões – como o professor de Psicologia Peter Gray, a primatologista evolucionista dra. Isabel Behncke e o psicólogo social professor Jonathan Haidt. Eles lhe ensinaram que, na realidade, é quando as crianças brincam que aprendem suas aptidões mais importantes, aquelas que precisarão usar a vida toda.

Para compreender esse segundo componente da mudança que ocorreu – a privação de brincar – imagine de novo a cena na rua de

Lenore quando ela era criança, naquele subúrbio de Chicago, ou a cena que vi na Colômbia. Que habilidades as crianças estão aprendendo ali, enquanto brincam livremente umas com as outras? Para começar, se você é criança e está brincando por sua conta com outras crianças, "descobre como fazer algo acontecer", diz Lenore. Precisa usar sua criatividade para inventar uma brincadeira. Então tem que convencer as outras crianças de que a sua brincadeira é a melhor para brincarem. Depois "precisa descobrir como ler as reações das pessoas para levar a brincadeira adiante". Precisa aprender quando é sua vez e quando é a vez do outro – portanto, tem que saber captar as necessidades e desejos dos outros, e saber como atendê-los. Aprende a lidar com o fato de se sentir desapontado ou frustrado. Aprende tudo isso "ao ser excluído, ou sugerir uma nova brincadeira, ou ao se perder, ou ao trepar em uma árvore e ouvir alguém dizer, 'Suba mais alto!', e ficar então na dúvida se sobe mais ou não. Mas acaba subindo, e é uma maravilha, e da próxima vez você vai um pouquinho mais alto ainda – ou sobe mais e aí fica tão assustado que cai no choro... E, no entanto: está lá em cima agora. Todas essas são formas cruciais de atenção".

Um dos mentores intelectuais de Lenore, a dra. Isabel Behncke, especialista chilena em jogos e brincadeiras, contou-me na vez que sentamos para conversar na Escócia que a evidência científica existente até o momento sugere que "há três principais áreas [de desenvolvimento infantil] nas quais o jogo tem grande impacto. Uma delas é a criatividade e a imaginação" – a maneira como aprende a pensar nos problemas e a resolvê-los. A segunda é a área dos "vínculos sociais" – como aprende a interagir com outras pessoas e a socializar. E a terceira é a da "vivacidade" – como aprende a experimentar alegria e prazer. As coisas que aprendemos com jogos não são acréscimos triviais para nos tornarmos funcionais como seres humanos, explica Isabel. São a essência disso. O jogo constrói o alicerce de uma personalidade sólida, e tudo o que os adultos explicam às crianças mais tarde se assenta nessa base.[231] Segundo ela, se você quer ser uma pessoa que presta atenção plena, precisa dessa base de jogo livre.

No entanto, de repente, "tiramos tudo isso da vida das crianças", diz Lenore. Hoje, mesmo quando as crianças finalmente conseguem brincar, em geral é com supervisão de adultos, que estipulam as regras e dizem a elas o que fazer. Na rua de Lenore, quando ela era criança, todo mundo jogava *softball* e estipulava as regras. Hoje, as crianças vão para atividades organizadas, nas quais os adultos intervêm o tempo todo para dizer quais são as regras. O jogo livre foi transformado em jogo supervisionado, portanto – como a comida ultraprocessada – ele foi drenado da maior parte de seu valor. Isso significa que, explica Lenore, "uma criança não está mais tendo isso [a oportunidade de desenvolver essas habilidades] porque está em um carro que é guiado para um jogo no qual alguém lhe diz em que posição deve jogar, e quando deve pegar a bola, e quando é sua vez de bater, e quem vai trazer o lanche, e você não pode trazer uvas porque precisam ser cortadas em quartos e isso é sua mãe que tem que fazer... É uma infância muito diferente, porque você não experimenta o toma lá dá cá da vida, que prepara você para a idade adulta". Consequentemente, as crianças "não estão tendo os problemas e a alegria de conseguir as coisas por si mesmas". Um dia, Barbara Sarnecka, professora-adjunta de Ciências Cognitivas na Universidade da Califórnia, Irvine, disse a Lenore que hoje "os adultos dizem: 'Aqui está o ambiente. Eu já mapeei. Pare de explorar'. Mas isso é o oposto do que a infância é".[232]

Lenore queria saber: Agora que as crianças estão de fato em prisão domiciliar, o que fazem com o tempo que antes gastavam brincando? Um estudo descobriu que esse tempo é gasto principalmente fazendo lição de casa[233] (que explodiu 145% entre 1981 e 1997) ou em telas digitais ou fazendo compras com os pais. Um estudo de 2004 revelou que as crianças dos Estados Unidos gastam hoje 7,5 horas a mais toda semana em atividades escolares do que há vinte anos.[234]

Isabel disse que, ao diminuírem o tempo para brincar, as escolas estão "cometendo um grande erro". Segundo ela: "Primeiro vou perguntar – qual é o objetivo de vocês? O que estão tentando conseguir?" Supõe-se que querem que as crianças aprendam. "Eu só não consigo ver de onde essas pessoas tiram seus achados, porque todas as evidências mostram que é exatamente o oposto: nossos cérebros ficam mais flexíveis, mais maleáveis e mais criativos" quando temos a oportunidade de "aprender brincando. A tecnologia *básica* para aprender é brincar. É brincando que aprende a aprender. E em um mundo em que a informação está sempre mudando, por que você quer tanto encher a cabeça das crianças de informação? Não temos ideia de como será o mundo daqui a vinte anos. Sem dúvida queremos criar cérebros que sejam adaptáveis, e tenham a capacidade de avaliar contextos e de pensar criticamente. Todas essas coisas são treinadas por meio do jogo. Portanto, é muito sem noção, é inacreditável".

Isso levou Lenore a explorar o terceiro componente dessa mudança. O professor Jonathan Haidt, renomado psicólogo social, defende que o grande aumento na ansiedade em crianças e adolescentes deve-se em parte a essa privação do brincar. Quando uma criança brinca, aprende as habilidades que tornam possível lidar com o inesperado. Se você priva as crianças desses desafios, conforme crescem, elas ficam em pânico e boa parte do tempo não se sentem capazes de lidar com as coisas. Acham-se incompetentes, incapazes de fazer as coisas acontecerem quando não há pessoas mais velhas para orientá-las. Haidt argumenta que essa é uma das razões pelas quais a ansiedade cresceu tanto – e há forte evidência científica de que se você é ansioso, sua atenção sofre com isso.

Lenore acredita que também há um quarto fator em ação. Para entender isso, é preciso captar o sentido de uma descoberta feita pelo cientista Ed Deci, o professor de Psicologia que entrevistei em Rochester, no norte do estado de Nova York, e por seu colega Richard Ryan, com quem também conversei. A pesquisa deles revelou que todos os seres humanos têm dois tipos de motivação para fazer qualquer coisa.[235] Imagine uma pessoa que gosta de correr. Se corre de manhã porque adora a sensação – o vento no cabelo, sentir que seu corpo é potente e que a leva em frente – essa é uma motivação "intrínseca". A pessoa não corre para obter nenhuma recompensa por isso; corre porque gosta de correr. Agora imagine que alguém corre não porque gosta, mas porque tem um pai do tipo sargento que o obriga a levantar e correr com ele. Ou imagine que corre para poder postar vídeos no Instagram, sem camisa, a fim de receber de volta coraçõezinhos, *likes* e comentários do tipo "hummm, gostosão". Essa seria uma motivação "extrínseca" para correr. A pessoa não está fazendo isso porque o ato em si lhe dá uma sensação de prazer e plenitude – faz porque é obrigada ou para obter algo além da coisa em si.

Richard e Ed descobriram que é mais fácil focar em algo, e manter o foco, se os seus motivos são intrínsecos – ou seja, se está fazendo aquilo porque tem sentido para você – do que se seus motivos são extrínsecos e você faz porque é obrigado ou para obter algo em um segundo momento. Quanto mais intrínseca sua motivação, mais fácil é sustentar a atenção.

Lenore começou a suspeitar que as crianças nesse modelo novo e radicalmente diferente de infância estão sendo privadas da oportunidade de desenvolver motivações intrínsecas. A maioria das pessoas, segundo ela, "aprende a focar quando faz algo que para elas é ou muito importante ou muito interessante". Você "aprende o hábito de focar ao se interessar por uma coisa o suficiente para perceber o que está acontecendo e processar isso... A maneira pela qual aprende a focar é automática quando a coisa desperta seu interesse... ou quando lhe absorve ou emociona". Mas se você é uma criança hoje, vive quase a vida toda fazendo o que adultos lhe dizem para fazer. Ela me perguntou: "Como é que você pode ver sentido se o seu dia é preenchido, das 7 horas da manhã às 9 horas da noite ao deitar, pela ideia que outras pessoas têm sobre o que é importante?... Se não tem nenhum tempo livre para descobrir o que deixa você ligado [emocionalmente], não tenho muita certeza se conseguirá achar sentido. Acaba não tendo *tempo* pra achar sentido".

Quando Lenore era criança, vagando pelo bairro dela, tinha a liberdade de descobrir o que a deixava empolgada – ler, escrever, experimentar roupas – e podia se dedicar a essas coisas o quanto sentia vontade. Outras crianças aprendiam que gostavam de jogar futebol, ou de escalar árvores ou fazer pequenos experimentos científicos. Essa era pelo menos uma maneira pela qual aprendiam a ter atenção e foco. Só que isso agora ficou em grande medida inviável para as crianças. Ela perguntou: se sua atenção está sempre sendo gerida por outras pessoas, como vai se desenvolver? Como vai descobrir o que deixa você fascinado? Como vai encontrar motivações intrínsecas, essenciais para desenvolver a atenção?

Depois de aprender tudo isso, Lenore ficou tão preocupada com o que estamos fazendo com nossas crianças que começou a viajar pelo país, incentivando os pais a deixarem os filhos brincarem de maneira não estruturada, sem supervisão, pelo menos parte do tempo. Ela montou um grupo chamado Let Grow ["Deixe Crescer"], com a ideia de promover nas crianças a brincadeira livre e a liberdade de explorar. Ela dizia aos pais: "Quero que todo mundo relembre a própria infância" e descreva "algo que você adorava fazer – adorava mesmo –, e que não deixa mais que seu filho faça". Os olhos das pessoas se iluminavam com as memórias. Diziam a ela: "'A gente construía fortes. Brincava de pega-pega'. Outro dia, conheci um homem que jogava bolinha de gude. Eu disse, 'Qual era sua bolinha de gude preferida?' Ele falou, 'Ah, era uma bordô, com um redemoinho'. Dava para você sentir muito bem essa adoração por algo que ficara para trás há muito tempo. Isso o deixou na maior alegria". Os pais reconheciam que "todos andavam de bicicleta. Todos trepavam em árvores. Iam até o centro e comiam doces". Mas depois diziam que agora era muito mais perigoso deixar os filhos fazerem o mesmo.

Lenore explicava o quanto é absolutamente minúsculo esse risco de sequestro – e que a violência é bem menor agora do que quando eram jovens. E acrescentava que não é *porque* estejamos agora escondendo nossas crianças – sabemos disso porque a violência contra os adultos também caiu muito, e nós ainda circulamos por aí livremente. Os pais concordavam, mas ainda assim mantinham os filhos dentro de casa. Ela explicava os benefícios de brincar livremente. Os pais concordavam, e mesmo assim não deixavam os filhos saírem. Nada parecia funcionar. Ela ficou cada vez mais frustrada. Começou a concluir que "mesmo as pessoas que estão do nosso lado, ou que têm noção do que aconteceu... não conseguem mudar". Ele percebeu que "você não consegue ser a única pessoa [que faz isso] – porque então vira o maluco que solta sua criança" sozinha no mundo.

Então ela questionou: e se fizéssemos diferente? E se parássemos de tentar mudar a mentalidade dos pais e começássemos a tentar em vez disso mudar seu comportamento – e se tentássemos mudá-los não como indivíduos isolados, mas como grupo? Com esses pensamentos, Lenore começou a fazer parte de um experimento crucial.

Um dia, a Roanoke Avenue Elementary, uma escola de Long Island, decidiu participar de algo chamado Dia Global do Brincar, um programa no qual, um dia por ano, as crianças tinham permissão de brincar livremente e criar as próprias diversões. Os professores encheram quatro salas de aula com caixas vazias e peças de Lego e alguns brinquedos velhos, e disseram, vão brincar. Vocês escolhem o que fazer. Donna Verbeck, professora da escola havia mais de vinte anos, ficou observando as crianças, imaginando que iria ver alegria e risadas, mas logo notou que havia algo errado. Algumas se dispuseram a brincar na mesma hora, que era o que ela esperava, mas um grande número de crianças simplesmente ficou ali em pé. Ficavam olhando para as caixas, para o Lego e para o punhado de crianças que começavam a improvisar brincadeiras, mas não se mexiam. Ficaram um longo tempo olhando, inertes. Por fim, uma das crianças, desconcertada pela experiência e sem ter certeza do que fazer, deitou em um canto e dormiu.

De repente, Donna percebeu: "Eles não sabiam o que fazer. Não sabiam como se envolver quando viram outra pessoa brincando, nem sabiam começar uma brincadeira qualquer por conta própria. Simplesmente não sabiam como fazer isso". Thomas Payton, que era o diretor, acrescentou: "E não estamos falando de uma ou duas crianças. Havia *um monte* de crianças assim". Donna ficou abalada e triste. Constatou que aquelas crianças nunca haviam sido deixadas à vontade antes para brincarem sozinhas. A atenção delas havia sido sempre gerida pelos adultos, a vida inteira.

Então a Roanoke Avenue Elementary decidiu tornar-se uma das primeiras escolas a aderir ao programa liderado por Lenore. O Let Grow se baseia na ideia de que, para as crianças se tornarem adultos capazes de tomar as próprias decisões e de prestar atenção, precisam experimentar níveis crescentes de liberdade e independência ao longo da infância. Quando uma escola adere, compromete-se a definir que um dia por semana ou uma vez por mês a "lição" da criança será ir para casa e fazer alguma coisa nova, de maneira independente, sem supervisão de adultos e depois reportar o que fez. Elas escolhem a própria missão. Cada criança, nessa hora em que sai para o mundo, recebe um cartão para poder mostrar a qualquer adulto que decidir pará-la na rua e perguntar onde estão seus pais. Diz o cartão: "Não estou perdida nem sendo negligenciada. Se julga que está errado eu andar sozinha, por favor leia *Huckleberry Finn* e visite letgrow.org. Relembre a própria infância. Por acaso, seu pai ficava em cima de você o tempo inteiro? E com a taxa de crimes voltando agora ao nível de 1963, é mais seguro brincar na rua hoje do que quando você tinha minha idade. Deixe-me crescer".

Fui conversar com as crianças que participavam havia um ano desse programa na Roanoke. A escola fica em um bairro pobre, onde vários pais enfrentam dificuldades financeiras, e há muitos imigrantes recentes. O primeiro grupo que conheci era de crianças de 9 anos, e elas brigavam para me contar o que haviam feito como parte do projeto, na maior animação. Uma delas montou uma banca de limonada na rua dela. Uma menina foi andando até o rio perto da sua casa e recolheu o lixo que havia se acumulado ali, porque disse que isso iria "salvar as tartarugas". (Umas três ou quatro crianças do grupo intervieram quando ela disse isso e gritaram, "Vamos salvar as tartarugas, vamos!") Uma garotinha me contou que, antes desse projeto, "bem, eu ficava o dia inteiro na frente da TV. Simplesmente não passava pela cabeça fazer outra coisa". Mas a primeira coisa que ela fez para o projeto da Let Grow foi cozinhar algo, sozinha, para a mãe. Ela agitava as mãozinhas, empolgada, enquanto descrevia. Aquilo parecia ter pirado a cabeça dela – descobrir que era capaz de *fazer* alguma coisa.

Eu também quis falar com as crianças que haviam ficado reticentes em contar suas histórias, então conversei com um garoto pálido, de rosto bem sério. Ele me contou baixinho: "A gente tem uma corda [no nosso quintal dos fundos] que fica presa a uma árvore". Nunca passara pela cabeça dele tentar subir pela corda, "mas uma hora eu disse, bom, eu poderia pelo menos tentar fazer isso". Ele conseguiu subir um trecho curto pela corda. Deu um sorrisinho tímido enquanto contava como se sentiu trepando na árvore pela primeira vez.

Algumas das crianças descobriram novas ambições. Na classe de Donna, havia um menino, vou chamá-lo de L. B., que não era particularmente estudioso e costumava ficar disperso ou entediado nas aulas. A mãe sempre precisava travar uma batalha com ele para fazê-lo ler ou concluir a lição de casa. Ele escolheu como seu projeto na Let Grow construir uma réplica de um barco. Pegou um pedaço de madeira, um recheio de espuma, uma pistola de cola quente e palitos de dente e linha, e sentou-se noite após noite, trabalhando firme nisso. Tentou algumas técnicas, mas o barco desmontava – então tentou de novo, e de novo. Quando conseguiu montar seu pequeno barco e mostrou aos amigos, decidiu construir algo maior – uma carroça em tamanho natural na qual pudesse dormir dentro, no quintal. Pegou uma porta velha que estava na garagem, e mais uma chave-inglesa e várias chaves de fenda, e começou a ler a respeito de como juntar tudo. Convenceu vizinhos a lhe darem uns bambus velhos que tinham espalhados pelo jardim, e usou-os na sua estrutura. Não demorou e L. B. tinha a sua carroça pronta.

Então decidiu que queria fazer algo mais ambicioso ainda – construir uma carroça anfíbia, que pudesse colocar no mar. Começou a ler sobre construção de coisas flutuantes. Quando falei com L. B., ele detalhou o processo de construção. Contou que ia construir outra carroça: "Preciso descobrir o melhor jeito de cortar uns bambolês para fixar em cima dela, e depois vou embrulhar tudo com filme plástico". Perguntei como se sentiu fazendo aquele projeto. "É diferente, porque estou usando minhas mãos nos materiais... Acho legal o simples fato de pôr as mãos em cima de alguma coisa em vez de ver isso em uma tela, sem poder encostar a mão." Fui ver a mãe dele, que trabalhava preenchendo requisições de reembolso de planos de saúde, e ela me contou: "Como mãe, não tinha ideia do quanto ele era capaz de fazer coisas sozinho". Ela viu uma mudança no garoto: "Vi que ficou mais confiante e queria fazer mais e mais, e achar um jeito de resolver as coisas por ele mesmo". Ela estava orgulhosa. Não precisava mais brigar com ele para fazê-lo ler, porque agora ele lia o tempo todo a respeito de como construir coisas.

Fiquei impressionado. Quando L. B. era obrigado a ouvir dos outros o que tinha que fazer – quando tinha que agir a partir de motivações extrínsecas – não conseguia focar, e ficava entediado o tempo todo. Mas quando teve a oportunidade, pelo fato de brincar, de descobrir o que realmente despertava seu interesse – quando desenvolveu uma motivação intrínseca – sua capacidade de focar floresceu, e passou a trabalhar horas seguidas sem interrupção, construindo seus barcos e carroças.

Sua professora, Donna, contou-me que L. B. mudou seu jeito na classe depois disso. Sua leitura melhorou muito, e "ele não considerava mais que isso fosse 'leitura', porque era seu passatempo. Era algo que adorava fazer, de verdade". E começou a ganhar o reconhecimento dos outros meninos; sempre que precisavam construir alguma coisa, procuravam L. B., porque ele sabia como fazer. Donna me contou que – como ocorre com toda aprendizagem sólida – "Ninguém havia lhe ensinado isso. A mãe e o pai simplesmente deixaram que ele fizesse... Ele simplesmente usou a própria cabeça e na realidade ensinou a si mesmo". Gary Karlson, outro professor da escola, contou: "Essa aprendizagem vai fazer mais por esse menino do que qualquer conteúdo escolar que a gente pudesse lhe apresentar aqui na escola".

Enquanto conversava com L. B., pensei em outro aspecto da atenção que os cientistas haviam mencionado – um que, a meu ver, é a quinta maneira pela qual estamos agora estropiando a atenção de nossos filhos. Em Aarhus, na Dinamarca, Jan Tonnesvang, professor de Psicologia, contou-me que todos precisamos ter um senso do que ele denomina "maestria" – sermos bons em alguma coisa. É uma necessidade psicológica humana básica. Quando você sente que é bom em algo, fica bem mais fácil focar naquilo, e se você se sente incompetente, sua atenção se dissolve como um caracol quando bota sal nele. Enquanto ouvia L. B., me dei conta de que temos hoje um sistema escolar tão restrito que faz um monte de crianças (especialmente os meninos, acho eu) sentirem que não são bons em nada. Eles têm uma experiência na escola que os leva a se sentirem sempre incompetentes. Mas quando L. B. começou a ver que podia dominar alguma coisa – que podia se tornar *bom* naquilo – seu foco começou a se formar.

Fui ver outro aspecto do programa, a meia hora de carro dali, em uma escola secundária da parte mais rica de Long Island. A professora Jodi Maurici disse que chegou à conclusão de que seus alunos precisavam de um programa Let Grow quando 39 de seus 200 estudantes – com idade entre 12 e 13 anos – receberam diagnósticos de problemas de ansiedade em um mesmo ano, muito mais do que ela já havia visto antes. Mas quando Jodi explicou que seus alunos de 13 anos deveriam fazer alguma coisa – qualquer coisa – de modo independente, muitos pais foram contra. "Uma menina contou que queria lavar a roupa da casa, e a mãe dizia, 'De jeito nenhum. Não vou deixar, não. Vocês vão acabar estragando toda a roupa'. A criança ficou muito arrasada com isso... Quando eu digo arrasada, é isso, arrasada mesmo". Elas diziam a Jodi: "Eles não confiam nem em deixar a gente tentar". Jodi disse: "As crianças não ganham confiança porque são essas pequenas coisas que dão confiança a elas".

Quando conversei com os alunos de Jodi, foi chocante ouvir o quanto eles haviam ficado em pânico no início do programa. Um garoto de 14 anos, alto e forte, contou que sempre tivera muito medo de andar pela cidade e ser sequestrado, e tinha receio de "todos aqueles pedidos de resgate que são feitos". Na frente da casa onde ele mora, havia uma padaria francesa e do outro lado uma loja de azeites, mas o rapaz tinha níveis de ansiedade que só fariam sentido se ele vivesse em uma zona de guerra. O programa Let Grow deu-lhe um gostinho do que é ter independência, e em pequenas doses. Primeiro, ele lavou a própria roupa. Um mês mais tarde, os pais deixaram que desse uma volta no quarteirão. Em um ano, havia se juntado aos seus amigos e tinham construído um forte em um bosque próximo, onde agora passavam um bom tempo explorando. Ele comentou: "A gente senta lá e conversa, ou faz umas pequenas competições. Lá a mãe da gente não está perto. Não dá para você dizer, 'Ei, mãe, pega tal coisa, por favor?' Não é assim que funciona. É diferente". Enquanto eu conversava com ele, veio à minha mente algo que o escritor Neale Donald Walsch disse: "A vida começa no limite da sua zona de conforto".

Lenore estava junto quando conversei com o garoto, e depois comentou: "Pense na história, e na história pré-humana. A gente precisava caçar para comer. Tinha que se esconder de coisas que queriam comer a gente, e [tínhamos que] procurar. Era preciso construir um abrigo. Todos fizemos isso por milhões de anos, e agora nessa geração, tiramos tudo deles. As crianças não precisam construir abrigos, ou se esconder, ou procurar, junto a outras crianças, nem correr riscos... E esse garoto, quando lhe deram a chance, foi para o bosque e construiu um abrigo".

Um dia, depois de passar um ano crescendo, construindo e focando, L. B. e a mãe desceram a pé até o mar e colocaram a carroça anfíbia que ele havia construído na água. Empurraram-na para o mar. Ela flutuou por um momento e depois afundou. Voltaram para casa.

"Fiquei decepcionado, mas estava determinado a fazer aquilo flutuar. Então passei silicone nela", L. B. contou. Voltaram ao mar. Dessa vez, a carroça flutuou, e L. B. e a mãe a viram deslizar e ir embora. "Senti uma espécie de orgulho", L. B. contou. "Fiquei feliz de vê-la flutuar."

E então foram para casa, e ele focou na próxima coisa que queria construir.

De início, muitos pais ficavam ansiosos ao deixar os filhos participarem do experimento Let Grow. Mas, segundo Lenore, "quando a criança entra pela porta, orgulhosa, feliz e empolgada, e quem sabe um pouco suada ou com fome, porque encontrou um bicho, ou deu de cara com um amigo, ou descobriu uma parte do bairro que não conhecia", os pais veem que "seu filho encarou o desafio". Depois que isso acontece, "as crianças ficam tão orgulhosas que os pais mudam de atitude. Dizem coisas como, 'esse é o meu garoto, olhem para ele'. É o que faz eles mudarem. Não é o fato de eu ficar dizendo que é bom para o filho... A única coisa que de fato muda a cabeça dos pais é ver os próprios filhos fazendo algo sem que estejam olhando e ajudando... As pessoas precisam ver para crer. Ver a criança florescer. E então são capazes de entender por que não confiavam neles antes. Você precisa mudar a cena que está na cabeça das pessoas".

Depois de tudo o que aprendi com Lenore e com os cientistas com os quais ela trabalhou, comecei a achar que nossas crianças estão confinadas não só em casa, mas também na escola. Comecei a me perguntar se a estrutura atual das nossas escolas ajuda as crianças a desenvolverem um sentido saudável de foco, ou será que na verdade impede isso?

Pensei na minha própria educação. Quando tinha 11 anos, eu me sentei em uma carteira de madeira em uma sala de aula gelada, no meu primeiro dia de ginásio, que equivale hoje mais ou menos ao Ensino Fundamental. Um professor colocou uns pedaços de papel diante de cada aluno da classe. Olhei e vi que naquele pedaço de papel havia uma grade cheia de quadradinhos. "Este é o horário de vocês", lembro-me de que ele disse. "Aí diz onde têm que estar, e a que horas, a cada dia." Olhei o papel. Dizia que na quarta-feira, às 9 horas da manhã, eu iria aprender Marcenaria; às 10 horas, História; às 11 horas, Geografia; e assim por diante. Fiquei vermelho de raiva e olhei em volta. Pensei – espera aí, do que se trata? Quem são essas pessoas que estão me dizendo o que vou fazer às 9 horas da manhã de uma quarta-feira? Não cometi nenhum crime. Por que estou sendo tratado como um prisioneiro?

Levantei a mão e perguntei ao professor por que eu tinha que fazer aquelas aulas, em vez de, sei lá, aprender coisas que achasse interessantes. "Porque sim", ele respondeu. Isso não me pareceu uma boa resposta, então perguntei o motivo. "Porque estou mandando", ele respondeu, já irritado. Em cada aula depois dessa, eu perguntei por que precisava aprender aquilo. As respostas eram sempre as mesmas: porque vai cair na prova que você vai fazer; porque tem que aprender e pronto; porque estou mandando. Depois de uma semana, a resposta era "cale a boca e aprenda". Quando eu chegava em casa, escolhia o assunto que me interessava e podia ficar lendo dias e dias. Na escola, mal conseguia ler por cinco minutos. (Isso foi antes que a noção do que é o TDAH se espalhasse no Reino Unido, ou seja, não me deram estimulantes, embora se fosse hoje eu suspeito que acabaria tendo que tomar.)

Sempre gostei de aprender, mas sempre odiei a escola. Por muito tempo, achei isso um paradoxo, até conhecer Lenore. Como minha educação consistia principalmente de aprendizagem mecânica e fragmentada, havia muito pouca coisa nela que fizesse sentido para mim, e como já se passaram vinte e cinco anos desde que saí da escola, acho que hoje a educação está ainda mais desprovida de sentido. Pela maior parte do mundo ocidental, o sistema escolar veio sendo radicalmente reestruturado por políticos a fim de priorizar ainda mais a realização de provas com as crianças. Praticamente todo o resto foi sendo reduzido – os jogos, a música e os intervalos. Nunca houve uma fase áurea na qual a maioria das escolas fosse progressista, mas houve, isso sim, uma guinada em direção a um sistema escolar montado em torno de uma visão estreita de eficiência. Em 2002, George W. Bush decretou a No Child Left Behind Act [Lei Nenhuma Criança Deixada para Trás], que promoveu um aumento massivo dos testes padronizados em todos os Estados Unidos. Nos quatro anos seguintes, o diagnóstico de problemas de atenção severos em crianças aumentou 22%.[236]

Rememorei todos os fatores que havia aprendido que facilitavam o desenvolvimento da atenção nas crianças. Nossas escolas dão menos exercício às crianças. Impedem que brinquem. Geram mais ansiedade, em razão do *frenesi* das provas. Não criam condições nas quais as crianças encontrem motivações intrínsecas. E, no caso de muitas crianças, não damos a elas oportunidades de desenvolver maestria – a sensação de que são boas em alguma coisa. O tempo inteiro, apesar de muitos professores alertarem que é uma má ideia as escolas seguirem nessa direção, os políticos vincularam a isso o apoio financeiro às escolas.

Fiquei pensando se não haveria uma maneira melhor – então decidi visitar lugares que adotam uma abordagem diferente da educação, para ver o que poderia aprender com eles. No final da década de 1960, um grupo de pais de Massachusetts que não estavam satisfeitos com a escolarização de seus filhos decidiram fazer algo que, à primeira vista, parece muito maluco. Abriram uma escola que não teria professores, não teria aulas, nem currículo nem lição de casa ou provas. Um dos fundadores contou-me que seu objetivo era criar um modelo inteiramente novo, a partir do zero, de como uma escola poderia ser. Quase tudo o que consideramos escolarização foi deixado de fora. Mais de cinquenta anos depois, fui visitar o que haviam criado. Chama-se Escola Sudbury Valley, e vista de fora parece mais ou menos o castelo do seriado *Downton Abbey* (mas mais acabadinho): uma mansão antiga, espaçosa e cercada por bosques, celeiros e riozinhos. Dá a sensação de que você entrou em uma clareira da floresta, com aromas de pinho preenchendo cada espaço que percorrer.

Uma aluna de 18 anos, chamada Hannah, ofereceu-se para me mostrar o local e explicar como a escola funciona. Fomos primeiro à sala de piano, com crianças bagunçando à vontade à nossa volta, e ela explicou que antes de ir para lá estudava em uma escola secundária padrão. "Eu simplesmente odiava. Não queria nem me levantar de manhã. Ficava muito ansiosa, e ia à escola e suportava aquilo, e voltava para casa o mais rápido possível", disse ela. "Para mim era realmente difícil ter que ficar quieta e tentar aprender coisas que achava que não iam me ajudar em nada." Portanto, segundo ela, quando chegou ali, quatro anos antes de eu conhecê-la, "foi um choque". Explicaram que não havia estrutura em Sudbury, exceto aquela que a pessoa criasse com os colegas. Não havia horário nem aulas. Você aprende o quer. Decide como vai passar seu tempo. Pode pedir à equipe – que circula por ali e conversa com as crianças – que lhe ensinem as coisas que quiser, mas não há pressão para que faça isso.

Então, perguntei, o que as crianças faziam o dia inteiro? As de 4 a 11 anos, passam a maior parte do tempo jogando jogos muito elaborados que elas criaram e que duram meses e acabam configurando uma mitologia épica, como se fosse uma versão infantil de *Game of Thrones*. Têm clãs e lutas contra *goblins* e dragões, e elas constroem fortes nos amplos terrenos da escola. Acenando em direção às pedras, Hannah diz que por meio desses jogos, "acho que aprendem resolução de problemas, porque ficam construindo esses fortes, e às vezes há um conflito dentro do grupo, e eles têm que resolver. Estão aprendendo a ser criativos e a pensar as coisas de um jeito diferente".

Os alunos mais velhos tendem a formar grupos e pedir para aprender coisas juntos – cozinhar ou fazer cerâmica ou música. As pessoas fazem sessões de aprendizagem, diz ela. "Eu descubro um assunto que realmente me interessa, e então mergulho nele, e pesquiso ou leio a respeito por uma semana, ou alguns dias, e depois passo para outra coisa... Tenho muito interesse por Medicina, então pego uma especialidade de Medicina e fico lendo um monte a respeito e aprendo tudo o que posso. Depois vou estudar lagartos – os lagartos são meus animais preferidos, então leio muito sobre eles. Neste momento, tem uma galera aí fazendo origami o dia inteiro, e é muito legal." Hannah passou o último ano aprendendo hebraico sozinha, com a ajuda de um membro da equipe.

O fato de você mesmo ter que criar ordem não significa que não haja ordem, disse ela, enquanto caminhávamos pelo terreno em volta da mansão. Ao contrário: todas as regras da escola são criadas e votadas em uma reunião diária. Qualquer um pode fazer uma proposta, e todos votam. Todos – de uma criança de 4 anos a um membro da equipe – todos têm a palavra, e podem votar. Há um código de leis, bastante elaborado, que a escola construiu ao longo dos anos. Se é pego burlando as regras, é julgado por um júri no qual está representada toda a gama de idades das crianças da escola, e esse júri decide a punição. Por exemplo, se quebrar o galho de uma árvore, eles podem decidir que não terá permissão de subir em árvores por algumas semanas. A escola é tão democrática que as crianças votam até se membros individuais da equipe deverão ser recontratados no ano seguinte.

Fomos até a sala de dança, a sala dos computadores, todas as paredes sempre cobertas com estantes de livros. Nessa escola, isso ficou claro, as crianças só fazem coisas que tenham sentido para elas. "Acho que se você não consegue usar sua imaginação e ser criativo, então é como se lhe pusessem dentro de uma caixa", Hannah contou. "Eu não sinto tanta pressão de aprender cada um dos fatos isolados, e confio que a ideia principal ou as coisas mais importantes simplesmente vão ficar no meu cérebro; e o fato de não ter que fazer provas também me dá liberdade de aprender as coisas no meu ritmo." Pelo fato de eu – e todo mundo que conheço – ter sido criado em um sistema tão diferente, à primeira vista achei muitíssimo estranho. Será que ao dar liberdade para não fazer nada, a maioria das crianças não vai enlouquecer e ficar preguiçosa? Não há sequer aulas formais de alfabetização em Sudbury, embora as crianças possam pedir à equipe, ou umas às outras, que explique como funciona a leitura. Certamente, pensei de início, isso deve produzir semianalfabetos, não?

Eu quis saber qual era o resultado desse tipo de educação, então fui entrevistar o professor Peter Gray, um psicólogo pesquisador no Boston College que acompanhou os alunos da Sudbury Valley para ver como vinham se saindo. Será que viravam uns desastres indisciplinados, incapazes de funcionar no mundo moderno? A verdade é que mais de 50% deles vão para o Ensino Superior, e quase todos, segundo o que o professor escreveu, têm sido "notavelmente bem-sucedidos em arrumar empregos que despertam seus interesses e rendem um ganha-pão. Foram em frente, bem-sucedidos, e escolheram uma ampla gama de ocupações, nos negócios, nas Artes, na Ciência, na Medicina, em outras profissões e em ramos comerciais especializados".[237] Houve resultados similares no caso de outras crianças educadas como elas em outros lugares. A pesquisa de Peter revelou que crianças que foram "desescolarizadas" desse modo tinham maior probabilidade de seguir adiante até a educação de nível superior do que as demais.[238]

Como é possível isso? Peter me explicou que, na realidade, pela maior parte da história humana as crianças aprenderam do jeito que fazem em Sudbury. Ele estudou a evidência já reunida sobre crianças em sociedades de caçadores-coletores[239] – ou seja, o modo de vida dos humanos até, em termos evolucionários, anteontem. As crianças brincavam, circulavam, imitavam adultos, faziam montes de perguntas e, aos poucos, com o tempo, adquiriam competências, sem que os adultos precisassem instruí-las muito em termos formais. A anomalia não é Sudbury, explicou ele – é a escola moderna, que foi concebida muito recentemente, na década de 1870, para treinar crianças a ficarem sentadas, quietas, sem falar, e a fazer o que era mandado, a fim de prepará-las para trabalhar em fábricas. Ele disse que as crianças evoluem para ser curiosas e explorar seu ambiente. Elas têm o desejo natural de aprender, e farão isso de maneira espontânea ao se dedicaram a coisas que lhes pareçam interessantes. Aprendem basicamente brincando. A pesquisa dele revelou que Sudbury era particularmente eficaz com crianças diagnosticadas com problemas de aprendizagem. Dos onze alunos que estudou, e que antes de entrar em Sudbury haviam sido apontados como tendo "sérias dificuldades de aprendizagem", quatro deles se formaram em faculdade e um quinto estava prestes a se diplomar.

Esses achados são importantes, mas devem ser encarados com cautela. A Sudbury Valley cobra entre 7,5 mil e 10 mil dólares por ano, portanto os pais que enviam os filhos para lá já têm um padrão financeiro melhor que o resto da população. Significa que seus filhos – em quaisquer circunstâncias – já têm maior probabilidade de chegar à Educação Superior, e também é mais provável que os próprios pais ensinem a elas algumas coisas em casa. Portanto, o sucesso das crianças em Sudbury Valley não pode ser atribuído apenas à escola.

Mas Peter argumenta que esse modelo faz uma coisa que melhora de fato a aprendizagem, de uma maneira que a escola convencional não consegue fazer. Para entender por quê, ele diz que devemos olhar para a evidência do que acontece quando animais são privados de brincar.[240] Contou, por exemplo, ter iniciado um estudo sobre esse assunto depois de ficar impressionado com um estudo típico – que posteriormente eu mesmo li – que comparava dois grupos de ratos. No primeiro grupo, os ratos eram impedidos totalmente de brincar entre eles. No segundo grupo, tinham permissão de brincar com outros ratos uma hora por dia. Os cientistas então observaram como cresciam, para ver se surgia alguma diferença. Quando ficavam adultos, os ratos impedidos de brincar experimentavam muito mais medo e ansiedade, e eram muito menos capazes de lidar com eventos inesperados. Os ratos que haviam brincado eram mais corajosos, mais inclinados a explorar e mais capazes de lidar com novas situações.[241] Testaram os dois grupos de ratos quanto à capacidade de resolver novos problemas – o teste exigia que os ratos, para conseguir comida, descobrissem uma nova sequência de passos. Os ratos que haviam tido permissão de brincar quando jovens mostraram ser bem mais espertos.

Em Sudbury, Hannah contou-me que depois de se livrar daquela grade sem sentido da escola padronizada descobriu que "realmente passei a gostar mais de ir à escola, fico animada em aprender e quero buscar coisas diferentes. Pelo fato de não estar sendo obrigada, fico motivada". Isso bate com um corpo mais amplo de evidência científica – quanto mais uma coisa tem sentido, mais fácil é prestar atenção a ela e aprender, tanto para adultos como para crianças. A escolarização padronizada costuma drenar o sentido da aprendizagem, enquanto a escola progressista busca infundir sentido em tudo. É por isso que a melhor pesquisa sobre essa questão indica que as crianças de escolas mais progressistas têm maior probabilidade de reter por mais tempo o que aprendem, e de querer levar adiante a aprendizagem, e são capazes de aplicar o que aprendem a novos problemas. Essas, a meu ver, são as formas mais preciosas de atenção.

Já saindo de Sudbury, Hannah contou que antes ela não via a hora de ouvir o sinal e ir embora da escola, mas agora "nem quero mais voltar para casa". As outras crianças com as quais conversava também diziam ver as coisas mais ou menos assim, mas logo em seguida já saíam correndo para outra atividade coletiva com as demais. Achei surpreendente descobrir que você pode dispensar quase tudo daquilo que consideramos escolarização – todas as provas, as avaliações, até mesmo o ensino formal – e ainda assim produzir pessoas capazes de ler, escrever e de funcionar em sociedade. Isso revela o quanto obrigamos neuroticamente nossas crianças a suportar algo que é (no mínimo) sem sentido.

Pessoalmente, minha intuição é que Sudbury vai um pouco longe demais. Fui visitar outras escolas progressistas para ver se haveria uma maneira de combinar essa liberdade bem maior com alguma orientação mais presente dos adultos. Uma das que gostei mais foi uma escola de Berlim chamada Evangelische Schule Berlin Zentrum. Lá, as crianças decidem coletivamente que assunto querem investigar – quando estive ali, era se os humanos podem viver no espaço. Então, durante um semestre inteiro, metade de todas as suas aulas foram para investigar essa questão – eles pesquisaram a física da construção de foguetes, a história da ida à Lua, a geografia do que poderia ser cultivado em outros planetas. Isso foi virando um grande projeto coletivo – estavam literalmente construindo um foguete na sala de aula. Desse modo, assuntos que parecem áridos e chatos quando são aprendidos de maneira mecânica e fragmentada ganham sentido para essas crianças, e elas querem saber mais a respeito.

Como cresci dentro de um sistema diferente desse, continuei com minhas dúvidas a respeito de todas essas alternativas. Mas sempre voltava a um fato crucial: a Finlândia, país que com frequência é considerado pelas avaliações internacionais como tendo as escolas mais bem-sucedidas do mundo, é mais próxima desses modelos progressistas do que de qualquer coisa que possamos identificar. Lá as crianças não frequentam nenhuma escola até os 7 anos, antes disso só brincam. Entre os 7 e 16 anos, elas chegam à escola às 9 horas e saem às 14 horas. Praticamente não levam lição de casa para fazer, e quase não fazem provas até o final do Fundamental. Brincar livremente é algo essencial na vida das crianças finlandesas: por lei, os professores têm que dar às crianças quinze minutos de brincadeiras livres a cada quarenta e cinco minutos de instrução. Qual o resultado? Apenas 0,1% de suas crianças apresentam problemas de atenção, e os finlandeses estão entre os povos mais letrados, mais hábeis com números e mais felizes do mundo.

Quando eu estava de partida, Hannah relembrou o tempo dela na escola convencional e comentou: "Vejo a mim mesma sentada na carteira, e é tudo cinza. É uma imagem esquisita". Diz estar preocupada com os amigos dela que ainda estão empacados nesse sistema. "Eles odeiam a escola, e me sinto mal por eles não terem a oportunidade de experimentar outra coisa."

Hoje, quando adultos notam que crianças e adolescentes parecem ter dificuldades para focar e prestar atenção, é comum que encarem isso com certo ar de preocupação e superioridade. É como se dissessem – vejam só, coitada dessa geração, como está degradada! Éramos melhores que eles, não? Por que será que não conseguem ser como nós? Mas depois de saber de tudo isso, penso de maneira muito diferente a respeito. As crianças têm necessidades – e é nossa função, como adultos, criar um ambiente que atenda a essas necessidades. Em muitos casos, nessa nossa cultura, não estamos atendendo a essas necessidades. Não deixamos que brinquem à vontade; aprisionamos as crianças em nossas casas, onde pouco podem fazer exceto interagir por meio de telas; e nosso sistema escolar em grande medida deixa-as amortecidas e entediadas. Alimentamos nossas crianças com comida que causa picos e baixas de energia, contendo aditivos que funcionam como drogas capazes de deixá-las hiperativas, mas que não tem os nutrientes de que precisam. Permitimos que fiquem expostas a substâncias químicas na atmosfera que perturbam seu cérebro. Não é culpa delas que, como resultado, tenham dificuldades de aprender a prestar atenção. É culpa do mundo que construímos para elas.

Agora, quando Lenore se dirige aos pais, continua estimulando-os a falar dos momentos felizes da sua infância. Quase sempre foram momentos em que se sentiam livres – construindo um forte, andando pelo bosque com amigos e brincando na rua. Ela diz a esses pais: "A gente aperta o cinto e poupa dinheiro para poder pagar aulas de dança", mas, na verdade, "Vocês não estão dando a eles a coisa que vocês mesmos mais prezavam". Não podemos continuar assim, ela diz a eles. Há uma infância diferente à espera dos nossos filhos, mas temos que assumir, juntos, o compromisso de reconstruí-la – uma infância na qual possam aprender, como L. B. fez aos construir seus barcos, a focar de novo com profundidade.

Conclusão

A rebelião da atenção

Se este fosse um livro de autoajuda, eu poderia redigir uma conclusão agradável e simples para essa história. Esses livros têm uma estrutura que deixa o leitor satisfeito: o autor identifica um problema – geralmente um que tenha enfrentado – e explica como fez para resolvê-lo. Então diz, agora, caro leitor, você pode fazer como eu, e isso o libertará. Mas este não é um livro de autoajuda e o que tenho a dizer é mais complexo, e isso implica uma admissão: eu mesmo não resolvi em mim o problema por completo. Na realidade, nesse momento, escrevendo no isolamento da pandemia, a minha atenção nunca esteve pior.

No meu caso, o colapso veio no mês que vivi em uma sombria atmosfera de sonho. Em fevereiro de 2020, cheguei ao aeroporto de Heathrow para pegar um voo para Moscou. Ia entrevistar James Williams, o antigo estrategista do Google que você viu ser citado nestas páginas. Enquanto me apressava pela alucinante luz amarela do aeroporto indo para o meu portão, notei algo estranho. Alguns funcionários do aeroporto usavam máscaras faciais. Claro, eu havia lido o noticiário sobre o novo vírus que surgira em Wuhan, na China, mas imaginei – como muitos de nós – que o problema seria contido na fonte antes de virar uma pandemia, como ocorreu nas crises da gripe suína ou do Ebola anos antes. Senti uma ponta de irritação com aquilo, interpretei como paranoia deles, e embarquei no meu voo.

Pousei em um inverno russo estranhamente quente. Não havia neve no chão, e as pessoas andavam de camiseta e vendiam seus casacos de pele por uma ninharia. Andando por aquelas ruas inusitadamente sem gelo, senti-me minúsculo e desorientado. Tudo em Moscou é vasto – as pessoas vivem em imensos blocos de apartamentos de concreto e trabalham em fortalezas horrorosas, e se arrastam por avenidas de oito faixas. A cidade é projetada para que o coletivo pareça imenso e faça você, o indivíduo, se sentir como um cisco ao vento. James estava morando em um bloco de apartamentos do século 19, e quando sentamos junto a uma imensa estante de livros cheia de clássicos russos, senti como se tivesse caído em algum romance de Tolstói. James vivia ali em parte porque sua esposa trabalhava na Organização Mundial da Saúde, e em parte por seu amor pela cultura e filosofia russas.

Ele disse que após anos estudando a questão do foco chegara à conclusão de que a atenção assume três formas diferentes – todas elas sendo roubadas agora. Ao examiná-las, ficou claro para mim muito do que havia aprendido até então.

Segundo James, a primeira camada de nossa atenção é a *luz direta*. É quando você foca em "ações imediatas", como "Vou entrar na cozinha e fazer um café". Você está procurando seus óculos? Quer saber o que tem na geladeira? Quer terminar de ler este capítulo do meu livro? É chamado de *luz direta* porque – como expliquei antes – envolve concentrar nosso foco. Se sua luz direta é dispersada ou perturbada, você fica impedido de realizar ações de curto prazo como essas.

A segunda camada de atenção é sua *luz estelar*. Diz ele que é o foco que aplica às suas "metas de longo prazo – projetos que se estendem no tempo". Você quer escrever um livro. Quer montar um negócio. Você quer ser um bom pai. É chamada de *luz estelar* porque quando se sente perdido, você olha as estrelas e se lembra de qual é a direção em que está viajando. Se você se dispersa da sua luz estelar, disse ele, "perde de vista as metas de longo prazo". Começa a esquecer para onde está indo.

A terceira camada da atenção é sua *luz diurna*. Essa é a forma de foco que lhe permite saber antes de mais nada as razões de suas metas de longo prazo. O que o leva a querer escrever um livro? O que o leva a querer montar um negócio? Qual é sua visão do que significa ser um bom pai? Se não for capaz de refletir e pensar com clareza, não conseguirá conceber essas coisas. Ele deu esse nome porque só quando uma cena é iluminada por luz diurna é que conseguirá ver as coisas ao seu redor com mais clareza. Se você se dispersa a ponto de perder sua noção de luz diurna, diz James, "de muitas maneiras talvez não seja capaz sequer de saber quem você é, o que quer fazer, [ou] para onde deseja ir".

Ele acredita que perder a luz diurna é "a mais profunda forma de dispersão", e você pode até começar a "ser incoerente", o que ocorre quando você para de fazer sentido para você mesmo, por não dispor de espaço mental para criar uma história a respeito de quem você é. Começa a ter obsessão por metas ínfimas, ou fica dependente de sinais simplistas do mundo exterior como *likes* e retuítes. Fica perdido em uma cascata de dispersões. Só é possível encontrar sua luz diurna e sua luz estelar se tiver períodos sustentados de reflexão, de divagação e de pensamento profundo. James acredita que nossa crise de atenção está privando todos nós dessas três formas de foco. Estamos perdendo nossa luz.

James sugere outra metáfora que talvez ajude a entender isso. Às vezes, *hackers* decidem atacar um site de maneira bem específica. Colocam um número enorme de computadores tentando se conectar a ele, todos ao mesmo tempo – e com isso "extrapolam sua capacidade de lidar com tráfego, a ponto de deixá-lo vulnerável a ser acessado por qualquer um, quando então cai". O site desaba. É o chamado "ataque por negação de serviço". James acha que estamos todos passando por algo parecido com um ataque por negação de serviço que está sendo dirigido à nossa mente. "Somos esse servidor, e há todas essas coisas tentando captar nossa atenção, jogando informação em cima de nós... Isso sabota nossa capacidade de reagir seja lá ao que for. Deixa todo mundo em um estado de dispersão ou paralisia." Somos inundados a tal ponto "que isso preenche nosso mundo, e não conseguimos achar um lugar para ter uma visão do todo e perceber nosso grau de dispersão e tentar descobrir o que fazer a respeito. Isso simplesmente coloniza todo o seu mundo", disse ele. Você fica tão esvaziado que "não consegue espaço para se contrapor a isso".

Saí do apartamento de James e caminhei pelas ruas da capital russa, ponderando se existe de fato uma quarta forma de atenção, que eu chamaria de nossa *luz do estádio* – nossa capacidade de ver o outro, de ouvirmos uns aos outros e trabalharmos juntos para formular e lutar por metas coletivas. Eu podia ver desdobrar-se ao meu redor um exemplo terrível do que acontece quando isso se perde. Estava em Moscou em pleno inverno, e as pessoas circulavam de camiseta porque estava quente demais. Uma onda de calor tivera início na Sibéria – uma frase que eu jamais imaginaria escrever um dia. A crise climática não poderia ser mais evidente – a própria Moscou, dez anos antes, havia sido sufocada pela fumaça de graves incêndios florestais. Mas existe pouquíssimo ativismo climático na Rússia, como – em comparação com a escala da crise – em qualquer outro lugar do mundo. Nossa atenção é ocupada por outras coisas menos importantes. Eu sabia que era mais culpado disso do que a maioria – pensei nas minhas horrorosas emissões de carbono.

No voo de volta a Londres, constatei que nessa longa jornada havia aprendido um volume imenso de coisas sobre a atenção – e que poderia corrigir a minha um pouco, gradualmente. Ao aterrissar, notei que agora todo mundo no aeroporto usava máscara, e as bancas de jornais estavam cheias de imagens de hospitais na Itália com pessoas morrendo pelo chão ou pelos corredores. Eu não sabia disso naquele momento, mas eram os últimos dias antes da interdição de viagens aéreas ao redor do mundo. Não demoraria para que aeroporto de Heathrow ficasse vazio.

Poucos dias antes disso, eu voltava a pé para casa quando notei que batia os dentes. Era um inverno leve também em Londres, e imaginei que havia sido pego por uma corrente de ar frio, mas quando cheguei em casa meia hora mais tarde estava tiritando e tremendo inteiro de frio. Arrastei-me até a cama e não levantei mais, por três semanas, a não ser para ir ao banheiro. Minha temperatura subiu, e fiquei febril, quase delirando. Quando comecei a entender o que estava acontecendo, o primeiro-ministro britânico Boris Johnson apareceu na TV dizendo para ninguém sair de casa, e então, logo em seguida, ele mesmo foi parar no hospital, quase morto. Foi como um sonho ruim, daqueles em que as paredes da realidade começam a ruir.

Até aquele momento, havia aplicado de maneira constante o que aprendera nessa jornada, passo a passo, para melhorar minha atenção. Havia introduzido seis grandes mudanças na minha vida.

1) Usava o pré-compromisso para não mudar tanto de uma tarefa para a outra. O pré-compromisso ocorre quando você percebe que para mudar seu comportamento precisa tomar medidas capazes

de bloquear esse desejo de mudar de tarefa e que tornem mais difícil quebrar esse compromisso mais adiante. Para mim, um passo crucial foi comprar um kSafe, que – como expliquei antes, brevemente – é um grande cofre de plástico com uma tampa removível. Você põe seu celular dentro, fecha a tampa e ajusta o dial na parte superior para o tempo que quiser – de quinze minutos a duas semanas – e então ele tranca seu celular pelo tempo que selecionou. Antes de entrar nessa jornada, meu uso do kSafe era eventual. Agora uso diariamente, sem exceção, o que me permite ter longos trechos de foco. Uso também no meu laptop o programa Freedom, que o desconecta da internet pelo tempo que eu selecionar. (Enquanto escrevo esta frase, ele está em uma contagem regressiva de três horas.)

2) Mudei minha maneira de reagir ao meu próprio senso de dispersão. Eu costumava me repreender e dizia – você é um cara preguiçoso mesmo, podia ser melhor, o que há de errado com você? Tentava me fazer sentir vergonha por não conseguir focar. Agora, com base no que Mihaly Csikszentmihalyi me ensinou, tenho em vez disso uma conversa muito diferente comigo. Eu pergunto: O que poderia fazer para entrar em um estado de fluxo, e acessar a capacidade da sua própria mente de focar profundamente? Lembro-me do que Mihaly me ensinou sobre quais são os principais componentes do fluxo, e então digo a mim mesmo: O que seria uma coisa significativa que eu poderia fazer agora? O que estaria no limite da minha capacidade? Como posso fazer algo que atenda a esses critérios? Aprendi que buscar o fluxo é bem mais eficaz do que sentir uma vergonha autopunitiva.

3) Com base no que aprendi a respeito de como as mídias sociais são projetadas para *hackear* nosso espectro de atenção, fico agora seis meses do ano fora delas. (É um período de tempo dividido em lotes, geralmente de algumas semanas). Para garantir que eu consiga manter isso, sempre anuncio publicamente quando estou saindo – mando um tuíte avisando que vou ficar fora por um determinado tempo, assim deixo pendente o risco de fazer papel de idiota se fraquejar e voltar de repente ao Twitter apenas uma semana depois. Também peço à minha amiga Lizzie que mude minhas senhas.

4) Adotei o que aprendi sobre a importância de deixar a mente divagar. Compreendi que deixar a mente divagar não é fazer a atenção

desabar, na realidade, é em si uma forma crucial de atenção. Quando você deixa a mente se afastar de seu entorno imediato, ela começa a pensar sobre o passado e a fazer planos sobre como lidar com o futuro, e cria conexões entre as diversas coisas que aprendeu. Agora. faço sempre um passeio de uma hora por dia sem celular ou qualquer outra coisa que possa me distrair. Deixo os pensamentos flutuando e descubro conexões inesperadas. Vejo que é justamente por dar à minha atenção espaço para vagar à toa que meu pensamento fica mais afiado e tenho melhores ideias.

5) Eu costumava encarar o sono como um luxo, ou – pior – como um inimigo. Agora, sou rigoroso comigo e faço questão de dormir oito horas toda noite. Tenho um pequeno ritual para relaxar: não vejo nenhuma tela durante duas horas antes de deitar, acendo uma vela aromática e tento me desligar das coisas estressantes do dia. Comprei um dispositivo FitBit para medir meu sono, e se durmo menos de oito horas obrigo-me a voltar para a cama. Isso fez realmente uma grande diferença.

6) Não sou pai, mas sou muito envolvido na vida de meus afilhados e parentes mais jovens. Eu passava de propósito bastante tempo com eles fazendo coisas – atividades dinâmicas, educativas, que eu planejava com antecedência. Agora, a maior parte do tempo que passo com eles é simplesmente para brincar livremente, ou deixar que brinquem na deles, sem direcionamento ou supervisão, sem que se sintam aprisionados. Aprendi que, quanto mais brincadeiras espontâneas fizerem, mais saudável será seu alicerce para foco e atenção. Tento dar a eles o máximo possível disso. Gostaria de dizer a você que também faço outras coisas que aprendi que são positivas para melhorar meu foco – evitar comida ultraprocessada, meditar, incorporar outras práticas lentas como a ioga e tirar um dia a mais de folga semanalmente. A verdade é que fico em uma luta com essas coisas – especialmente porque a maneira que tenho de lidar com a ansiedade comum está ligada a comer aquilo que me soa mais confortável e a trabalhar em excesso.

Mas na minha avaliação, ao introduzir essas seis mudanças – o que fiz na época em que fui a Moscou – melhorei meu foco de 15% a 20%, o que é uma bela façanha. Isso fez bastante diferença na minha vida prática. Vale a pena tentar todas essas mudanças, e provavelmente há outros ajustes em sua vida que poderá levar em conta também com base no que leu neste livro. Sou extremamente favorável a que os indivíduos façam as mudanças possíveis em sua vida. E também sou favorável a aceitar honestamente que há limites para o quanto isso pode fazer você avançar.

Enquanto me recuperava da covid-19, vi que a minha condição era uma imagem em espelho daquela que havia vivido ao iniciar essa jornada. Começara passando três meses em Provincetown para fugir da internet e dos celulares. Agora, estava trancado havia três meses no meu apartamento, praticamente sem nada a não ser internet e celulares. Provincetown liberou meu foco e atenção; a crise da covid-19 trouxe ambos para o nível mais baixo que haviam alcançado. Fiquei meses sem conseguir focar em nada. Pulava de um canal de notícias ao outro, vendo o medo e a febre se espalharem pelo mundo. Passava horas assistindo *webcams* ao vivo de todos os lugares em que estivera pesquisando para escrever este livro. Tanto fazia se era Memphis ou Melbourne, Quinta Avenida de Nova York ou Commercial Street em Provincetown – eram todas iguais: ruas quase vazias, exceto por alguma efêmera visão de gente de máscara andando furtivamente. Eu não era o único que achava impossível ter foco. Parte do que experimentei talvez fosse um efeito biológico do vírus – mas muitas pessoas que não haviam sido infectadas reportaram um problema similar. Houve um aumento de 300% nos acessos ao Google de pessoas tentando descobrir "como fazer seu cérebro voltar a focar". Em todas as redes sociais, as pessoas diziam-se incapazes de fazer a mente funcionar direito.

Mas, agora, eu sentia que tinha as ferramentas para compreender por que isso estava acontecendo conosco. Nossos esforços individuais para melhorar a atenção podem revelar-se insignificantes em um ambiente cheio de coisas que acabam com ela. Isso era verdadeiro nos anos que antecederam a covid-19 – e mais verdadeiro ainda na pandemia. O estresse fragmenta a atenção, e estávamos todos mais estressados. Havia um vírus que ninguém conseguia enxergar e não compreendia bem, e ele ameaçava a todos. A economia afundava e, de repente, muitos ficamos ainda mais inseguros em termos financeiros. Coroando tudo, nossos líderes políticos pareciam perigosamente incompetentes, o que aumentava o estresse. Por todas essas razões, muitos de nós ficamos de uma hora para outra hipervigilantes.

E como foi que lidamos com isso? Voltamo-nos com maior intensidade do que nunca para nossas telas controladas pelo Vale do Silício, que estavam ali esperando por nós, oferecendo conexão, ou pelo menos um holograma disso. Conforme íamos usando mais, nossa atenção parecia piorar. Nos Estados Unidos, em abril de 2020, um cidadão comum passava treze horas por dia olhando para uma tela. O número de crianças vidradas em telas por mais de seis horas por dia aumentou seis vezes, e o tráfego de aplicativos infantis triplicou.

Nesse sentido, a pandemia deu a todos nós um vislumbre do futuro em direção ao qual já vínhamos derrapando. Minha amiga Naomi Klein, que escreve sobre política e nos últimos vinte anos fez várias previsões de notável precisão, explicou-me: "Estávamos deslizando aos poucos para um mundo onde cada um de nossos relacionamentos era mediado por plataformas e telas, e com a pandemia esse processo gradual ganhou uma hipervelocidade". As companhias de tecnologia já previam nosso mergulho em seu mundo nesse grau extremo, mas dentro de uma década, não agora. "O plano não era que esse salto fosse dado dessa maneira", disse. "Esse salto é, na realidade, uma oportunidade – porque quando faz uma coisa com essa rapidez, ela causa um choque no seu sistema." Não conseguimos nos acostumar a isso devagar, de maneira a nos habituarmos aos seus padrões crescentes de reforço. Em vez disso, fomos atirados de cabeça em uma visão do futuro – e percebemos que "odiamos isso. Não é bom para o nosso bem-estar. Sentimos falta desesperadamente uns dos outros". Sob a pandemia, mais ainda do que antes, passamos a viver em simulações da vida social, e não na coisa real. Sem dúvida, era melhor isso do que nada – mas dava uma sensação de coisa frágil. E o tempo todo os algoritmos do capitalismo de vigilância iam nos alterando – rastreando e mudando – por muito mais horas por dia.

Pude ver o ambiente mudar na pandemia e constatar como isso destruiu nossa capacidade de focar. Para muitos de nós, não é que a pandemia tenha criado novos fatores para arruinar nossa atenção – ela deu uma supercarga aos fatores que já vinham corroendo nossa atenção há anos. Vi isso ao falar com meu afilhado Adam, aquele que levei a

Memphis. A atenção dele, que já vinha se deteriorando há algum tempo, ficou em frangalhos. Passara praticamente todas as horas de vigília no celular, vendo o mundo principalmente através do TikTok, um novo aplicativo que fez o Snapchat parecer um romance de Henry James.

Naomi diz que era horrível como nos sentíamos passando o dia inteiro de *lockdown* no Zoom e no Facebook, mas "era também uma espécie de presente", porque mostrou com clareza a estrada que estamos trilhando. Mais telas. Mais estresse. Mais colapso da classe média. Mais insegurança para a classe trabalhadora. Mais tecnologia invasiva. Ela chama essa visão do futuro de "New Deal da Tela". Comentou comigo: "O raio de esperança em tudo isso é que tivemos contato com o quanto é desagradável essa visão do futuro que nos foi imposta como teste... Não era para ser um teste. Era para ser uma introdução gradual. Mas fizemos uma imersão profunda".

Uma coisa fica muito clara para mim agora. Se continuarmos sendo uma sociedade de pessoas severamente privadas de sono e com sobrecarga de trabalho; que mudam de tarefa a cada três minutos; que são rastreadas e monitoradas pelos sites de mídias sociais projetados para descobrir nossas vulnerabilidades e manipulá-las para nos fazer rolar, rolar e rolar uma tela; pessoas que ficam tão estressadas que se tornam hipervigilantes; com dietas que fazem nossa energia ter picos e depois uma grande baixa; que respiram todos os dias uma sopa química de toxinas que inflamam o cérebro – então, sim, vamos continuar sendo uma sociedade com graves problemas de atenção. Mas há uma alternativa. Precisamos nos organizar e lutar – para tomar de assalto as forças que estão incendiando nossa atenção e substituí-las por forças voltadas à nossa cura.

Comecei a pensar na necessidade de fazer isso com uma analogia que pareceu amarrar muito do que havia aprendido. Imagine que você compra uma planta e quer ajudá-la a crescer. O que você faz? Vai querer garantir que algumas coisas estejam presentes: luz do sol e água, e terra com os nutrientes certos. E vai protegê-la das coisas que podem causar-lhe dano ou matá-la: vai plantá-la longe de onde poderia ser pisada por outras pessoas, e a salvo de pragas e doenças. Passei a acreditar então que a capacidade de desenvolver um foco profundo é como uma planta. Para que seu foco cresça e floresça com todo o potencial, ele precisa que certas coisas estejam presentes: que haja oportunidades para que as crianças brinquem e os adultos possam ter estados de fluxo, ler livros, descobrir atividades que façam sentido para você e nas quais queira de fato colocar foco, ter espaço para deixar sua mente vagar para que consiga captar o sentido de sua vida, exercitar-se, dormir bem, comer comida nutritiva que lhe permita desenvolver um cérebro saudável e viver com uma sensação de segurança. E há coisas das quais precisa proteger sua atenção, porque elas vão distorcê-la ou impedi-la: velocidade excessiva, mudança excessiva, estímulos demais, tecnologia intrusiva projetada para *hackear* você e viciá-lo, estresse, exaustão, comida processada cheia de corantes para aumentar seu pique e ar poluído.

Por muito tempo, nós achamos que nossa atenção era algo com que podíamos contar sempre, como um cacto que cresceria mesmo nas mais áridas condições de clima. Agora, a gente sabe que ela está mais para uma orquídea, e requer grandes cuidados para não murchar.

Com essa imagem em mente, tenho agora uma noção de como seria um movimento que reivindicasse recuperar nossa atenção. Eu começaria com três metas ambiciosas e ousadas. Primeira: banir o capitalismo de vigilância, porque pessoas que são *hackeadas* e engajadas à força não são capazes de focar. Segunda: introduzir uma semana de quatro dias, porque pessoas cronicamente exaustas não conseguem prestar atenção. Terceira: reconstruir a infância permitindo que as crianças brinquem livremente – nos seus bairros e na escola – porque crianças aprisionadas em casa não são capazes de desenvolver uma aptidão saudável de prestar atenção. Se alcançarmos essas três metas, a capacidade de prestar atenção das pessoas melhorará dramaticamente ao longo do tempo. Então teríamos um núcleo sólido de foco, e poderíamos usá-lo para levar a luta adiante e com maior profundidade.

A ideia de constituir um movimento ainda me parecia muito difícil de visualizar concretamente – então, eu quis conversar com pessoas que tivessem criado movimentos em torno de metas de fato grandes, aparentemente impossíveis, e tivessem conseguido alcançá-las. Meu amigo Ben Stewart foi chefe de comunicação da Greenpeace do Reino Unido durante anos, e quando o conheci, há mais de quinze anos, ele falou-me de um plano que estava criando com outros ativistas do ambientalismo. Explicou que o Reino Unido era o local onde nascera a Revolução Industrial e que essa revolução havia sido fomentada por uma coisa: o carvão. Como o carvão contribui mais que qualquer outro combustível para o aquecimento global, a equipe dele formulou um plano para obrigar o governo a impedir a criação de novas minas de carvão e novas estações termelétricas, e para fazê-lo em seguida deixar intocado todo o carvão existente no país, assegurando que nunca seria queimado. Quando me explicou isso na época, literalmente dei uma gargalhada. Boa sorte, amigo, eu disse, estou do seu lado, mas você está sonhando.

Em cinco anos, todos os projetos de novas minas de carvão e estações termelétricas da Grã-Bretanha haviam sido interditados, e o governo foi obrigado a traçar planos concretos de fechar todas as demais ainda existentes. Como resultado da sua campanha, o país que havia lançado o mundo no caminho do aquecimento global começava a buscar um caminho para superá-lo.

Quis conversar com Ben sobre nossa crise de atenção, e como poderíamos aprender com outros movimentos bem-sucedidos no passado. Ele disse: "Concordo com você que há uma crise. É uma crise da espécie humana. Mas não acho que esteja sendo identificada [assim] da mesma maneira que o racismo estrutural ou a mudança climática [estão sendo]. Não acho que já tenhamos alcançado esse ponto... Não acho que haja compreensão de que se trata de um problema da sociedade, causado por decisões de atores corporativos, e que é possível mudar isso". Então Ben disse que o primeiríssimo passo para articular um movimento é criar "um momento cultural de ruptura e de aumento da consciência, em que as pessoas digam – 'Merda, meu cérebro está sendo exaurido por essa coisa. É por isso que não estou tendo alguns dos prazeres da vida que costumava ter'". Como fazer isso? A ferramenta ideal, disse, é o que chama de "batalha localizada". É definir um lugar que simbolize a luta mais ampla, e começar ali uma luta não violenta. Um exemplo óbvio é Rosa Parks ocupando um lugar em um ônibus em Montgomery, Alabama.

Eu relembro, disse ele, como fizemos isso com o carvão. O aquecimento global produzido pelo homem é um desastre que se estende rapidamente, mas – como a nossa crise de atenção – pode facilmente parecer muito abstrato, distante, difícil de ser controlado. Mesmo depois que você tem uma boa compreensão dele, pode parecer tão imenso e esmagador que muitas vezes você se sente impotente para fazer qualquer coisa. Quando Ben começou a traçar seus planos, havia uma usina termelétrica a carvão na Grã-Bretanha chamada Kingsnorth, e o governo planejava autorizar a construção de outra termelétrica a carvão perto dela. Isso, segundo Ben percebeu, compunha um microcosmo de todo o problema global. Então, após muito planejamento com seus aliados, ele invadiu a usina e desceu de rapel por uma de suas laterais, pintando ali no prédio uma advertência a respeito dos eventos climáticos extremos que o carvão desencadeia ao redor do mundo.

Foram todos detidos e levados a julgamento, o que fazia parte do plano deles. A ideia era usar o processo judicial – como em um golpe de jiu-jitsu – e transformá-lo na oportunidade perfeita de colocar o próprio carvão em julgamento. Chamaram alguns dos maiores cientistas especializados do mundo para testemunhar e explicar o dano que a queima do carvão produzia no ecossistema. No Reino Unido há uma lei segundo a qual você pode romper algumas regras durante uma emergência – por exemplo, você não será acusado de invasão se entrar em um prédio em chamas para salvar pessoas. Ben e sua equipe de advogados argumentaram que aquilo se tratava de uma emergência: estavam tentando evitar que o planeta fosse incendiado. Doze jurados comuns britânicos ponderaram os fatos – e inocentaram Ben e os demais ativistas de todas as acusações. Foi uma história sensacional, noticiada no mundo inteiro. Na esteira de toda essa publicidade negativa em torno do carvão que emergiu desse julgamento, o governo britânico abandonou todos os planos de construir novas estações termelétricas a carvão e começou a fechar as remanescentes.

Ben explicou que uma batalha localizada possibilita "contar a história de um problema maior", e quando você faz isso, "dinamiza o diálogo nacional" e faz um monte de gente despertar para o que está realmente acontecendo. Para esse primeiro estágio, disse Ben, "Você não precisa de milhões de pessoas. Basta um pequeno grupo de pessoas que compreendam quais são os problemas e saibam levar adiante um confronto criativo – criar drama em torno da questão, começar a aumentar a consciência... Você capta a atenção das pessoas, e então um número suficiente delas sente que se trata de uma questão vital à qual se dispõe a dar seu tempo e energia, e que há uma direção clara a seguir".

Então Ben perguntou: será que as pessoas deveriam se juntar diante da sede do Facebook? Do Twitter? Onde situar a batalha localizada nesse caso? Com que problema a gente começa? Isso é algo que os ativistas precisam debater e decidir. Enquanto escrevo, sei que há um grupo pensando em projetar um vídeo dos sobreviventes do Holocausto na lateral do prédio do Facebook, para falar sobre os perigos de dar muito espaço a ideias de extrema-direita. Ben enfatizou que essas batalhas sozinhas não conseguem vitórias – o que fazem é estabelecer claramente a crise na mente do público, e atrair mais pessoas para o movimento, para que comecem a lutar em níveis diferentes e de várias maneiras. No caso da atenção, disse Ben, a batalha localizada é uma oportunidade de explicar às pessoas que essa é uma luta "sobre libertação pessoal" – a respeito de "libertarmo-nos de pessoas que estão controlando nossas mentes sem nosso consentimento". Isso é "algo em torno do qual as pessoas podem se agregar – e é também muito motivador". Então gera um movimento ao qual milhões de pessoas podem se juntar. Depois, a participação delas pode assumir diversas formas. Algumas agirão no interior do sistema político, organizando-se dentro de partidos políticos, ou fazendo *lobby* junto ao governo. Algumas continuarão fora do sistema político, com ação direta e convencendo outros cidadãos. Para ser bem-sucedido você precisa das duas frentes.

Enquanto conversava com Ben, pensei que um movimento voltado a alcançar essas metas poderia ser chamado de Rebelião da Atenção. Ele sorriu quando sugeri. "Trata-se *de fato* de uma rebelião da atenção", ele disse. Compreendi que isso exige mudar a maneira de pensar a respeito de nós mesmos. Não somos camponeses medievais implorando na corte do Rei Zuckerberg por migalhas de atenção. Somos cidadãos livres vivendo em democracias, donos de nossas próprias mentes e de nossa própria sociedade, e juntos podemos resgatá-las.

Às vezes, tinha a impressão de que esse movimento teria dificuldades para decolar, mas então me lembrava de que todos os movimentos que mudaram a sua vida e a minha enfrentaram dificuldades iniciais. Por exemplo, quando pessoas gays começaram a se organizar na década de 1890, podiam ser presas pelo simples fato de dizer quem amavam. Quando manifestantes de sindicatos começaram a reivindicar uma folga no fim de semana, foram trucidados pela polícia e seus líderes fuzilados ou enforcados. O que enfrentamos é, sob muitos aspectos, muito menos desafiador que o rochedo que eles tiveram que escalar. E não desistiram. É comum rotular uma pessoa que reivindica uma mudança social de "ingênua". Na realidade, a verdade é exatamente o oposto. É ingênuo pensar que como cidadãos não somos capazes de fazer nada e que temos que deixar os poderosos fazerem o que quiserem, e que de algum modo nossa atenção vai sobreviver. Não há nada de ingênuo em acreditar que campanhas articuladas democraticamente podem mudar o mundo. Como disse a antropóloga Margaret Mead, elas são a única coisa que sempre tornou isso possível.

Concluí que é preciso tomarmos uma decisão: vamos valorizar a atenção e o foco? É importante sermos capazes de pensar em profundidade? Queremos isso para nossos filhos? Nesse caso, precisamos lutar por isso. Como disse um político – você não consegue aquilo pelo qual não luta.

Mesmo quando ficou claro para mim o que temos que fazer agora, havia alguns pensamentos não resolvidos que continuavam a me incomodar. Por trás das diversas causas dessa crise, a respeito das quais eu havia aprendido, parecia haver um grande causa, mas relutava em reconhecê-la por ela ser muito grande, e, para ser honesto, até hesitei em escrever a respeito, imaginando que talvez pudesse também deixá-lo intimidado. Quando estive na Dinamarca, Sune Lehmann me mostrou a evidência de que o mundo está acelerando, e que esse processo encolhe nosso espectro coletivo de atenção. Mostrou que as mídias sociais são um grande acelerador. Mas deixou claro que isso vem acontecendo há muito tempo. Seu estudo começou analisando dados a partir da década de 1880, e mostrou que desde então, a cada década, a maneira pela qual experimentamos o mundo fica mais rápida, e cada vez estamos focando menos em cada tópico individual.

Fiquei intrigado com essa questão. Por quê? Por que isso vem acontecendo há tanto tempo? Essa tendência é muito anterior ao

Facebook, ou à maioria dos aspectos sobre os quais escrevi aqui. Qual a causa subjacente que remonta à década de 1880? Discuti isso com várias pessoas, e a resposta mais convincente foi a do cientista norueguês Thomas Hylland Eriksen, professor de Antropologia Social. Desde a Revolução Industrial, diz ele, nossas economias foram construídas em torno de uma ideia nova e radical – o crescimento econômico. É a crença de que todo ano a economia – e cada empresa individual dentro dela – precisa ficar maior. É desse modo que definimos agora o sucesso. Se a economia de um país cresce, seus políticos provavelmente serão reeleitos. Se uma empresa cresce, seus CEOs com certeza serão prestigiados. Se a economia de um país ou as ações de uma companhia encolhem, os políticos e os CEOs correm maior risco de ser despachados. O crescimento econômico é o princípio organizador central de nossa sociedade. Está na essência de como enxergamos o mundo.

Thomas explicou que o crescimento pode acontecer de duas maneiras. A primeira é quando uma corporação descobre novos mercados – por ter inventado algo novo ou por exportar algo a uma parte do mundo que não tem aquilo ainda. A segunda é quando uma corporação consegue convencer os consumidores existentes a consumirem mais. Se conseguir fazer as pessoas comerem mais, ou dormirem menos, é sinal de que encontrou uma fonte de crescimento econômico. Em especial, acredita ele, conseguimos crescimento hoje basicamente por meio dessa segunda opção. As corporações estão sempre encontrando maneiras de enfiar mais coisas no mesmo intervalo de tempo. Para dar um exemplo: elas querem que você assista TV *e* acompanhe o programa nas redes sociais. Com isso, você vê o dobro de anúncios. Isso inevitavelmente acelera a vida. Se a economia precisa crescer todo ano, na ausência de novos mercados ela tem que levar você e eu a fazermos mais e mais coisas dentro do mesmo intervalo de tempo.

Conforme fui me aprofundando na obra de Thomas, percebi que essa é uma das razões cruciais pelas quais a vida veio acelerando a cada década a partir da de 1880: estamos vivendo em uma máquina econômica que exige maior velocidade para continuar funcionando – e isso inevitavelmente degrada nossa atenção ao longo do tempo. Na realidade, ao refletir sobre a questão, essa necessidade de crescimento econômico me pareceu ser a força subjacente que move muitas das causas da diminuição da atenção sobre as quais eu havia aprendido – nosso estresse crescente, o aumento de nossas horas de trabalho, nossas tecnologias mais invasivas, nossa privação de sono e nossas dietas ruins.

Pensei no que o dr. Charles Czeisler disse na Escola de Medicina de Harvard. Se todos voltássemos a dormir o tanto que nosso cérebro e corpo precisam, disse ele, "seria um terremoto para nosso sistema econômico, porque ele ficou dependente de pessoas com privação de sono. As falhas de atenção são como acidentes inevitáveis e previstos. São o custo de fazer negócios". Isso vale para o sono – e vale para muito mais coisas.

Foi intimidante entender que algo tão profundamente arraigado no nosso modo de vida corrói – ao longo do tempo – como um ácido, a nossa atenção. Mas eu já sabia que não temos que viver assim. Meu amigo dr. Jason Hickel, antropólogo econômico na Universidade de Londres, é talvez o principal crítico do conceito de crescimento econômico do mundo – e vem há tempos explicando que há uma alternativa. Quando fui vê-lo, ele me explicou que precisamos ir além da ideia de crescimento para algo chamado "economia de estado estacionário". Deveríamos abandonar o crescimento econômico como princípio motor da economia e adotar outro conjunto de metas. No presente momento, achamos que prosperidade é você se matar de trabalhar para poder comprar coisas – a maioria das quais nem sequer lhe faz feliz. Ele disse que poderíamos redefinir prosperidade para significar que temos tempo para passar com a família e os amigos, ou estar junto à natureza, ou dormir, ou sonhar ou ter segurança no emprego. A maioria das pessoas não deseja uma vida acelerada – deseja ter uma vida boa. Ninguém deita em seu leito de morte e fica pensando em como contribuiu com o crescimento econômico. Uma economia de estado estacionário pode nos permitir escolher metas que não comprometam nossa atenção, e não devastem os recursos do planeta.

Enquanto Jason e eu conversávamos, em um parque público de Londres no auge da pandemia da covid-19, olhei em volta de nós, para as pessoas sentadas no horário comercial de um dia de semana sob as árvores, curtindo a natureza. Aquela época estava sendo, percebi, a única da minha vida em que o mundo desacelerara de fato. Uma tragédia terrível nos obrigara a isso – mas havia também, para muitos de nós, uma ponta de alívio. Era a primeira vez em séculos que o mundo, todos ao mesmo tempo, escolhia parar de correr e fazer uma pausa. Decidimos como sociedade valorizar algo que não fosse a velocidade e o crescimento. Literalmente erguemos os olhos para ver as árvores.

Suspeito que no longo prazo não será possível, em última instância, resgatar a atenção e o foco em um mundo dominado pela crença de que precisamos continuar crescendo e acelerando anualmente. Não vou lhe dizer que tenho todas as respostas a respeito de como fazer isso – mas acredito que se promovermos uma Rebelião da Atenção, cedo ou tarde precisaremos tratar dessa questão muito profunda: a da própria máquina do crescimento.

Mas teremos que fazê-lo independentemente das circunstâncias – por outra razão. A máquina do crescimento pressionou os humanos além dos limites da mente – mas ela também está pressionando o planeta além de seus limites ecológicos. E essas duas crises, eu começava a crer, estão interligadas.

Há uma razão particularmente forte para a necessidade de promovermos hoje uma Rebelião da Atenção. E é uma razão gritante. Os seres humanos nunca precisaram tanto dessa nossa capacidade de focar – desse nosso superpoder como espécie – do que no momento atual, pois vivemos uma crise sem precedentes.

Enquanto escrevo estas palavras, observo uma *webcam* de São Francisco, mostrando as ruas pelas quais caminhei com Tristan Harris. Ele me contou ali – apenas um ano antes – que sua preocupação maior em relação à destruição de nossa atenção é que ela nos impedirá de lidar com o aquecimento global. Nesse instante, naquelas ruas, é meio-dia, mas você não consegue ver o sol – ele foi ocultado pelas cinzas dos enormes incêndios florestais que estão devastando a Califórnia. Cerca de 14% dos hectares florestais do estado queimaram. A casa onde Tristan cresceu, próxima dali, foi consumida pelas chamas, e a maioria de seus pertences, destruída. As ruas nas quais tive essa conversa com ele sobre a crise climática estão cheias de cinzas, e o céu brilha em uma cor opaca, laranja-escuro.

Os três anos em que trabalhei neste livro foram anos de fogo. Várias das cidades nas quais passei algum tempo têm sido sufocadas pela fumaça de grandes incêndios florestais sem precedentes – Sydney, São Paulo e São Francisco. Como muitas pessoas, li a respeito desses incêndios, mas muito pouco – logo começava a me sentir oprimido. A hora em que isso se tornou real para mim – quando senti isso nas minhas tripas – foi um momento que talvez se mostre menos impactante pela insuficiência da minha descrição.

A partir de 2019, a Austrália experimentou o que ficou conhecido como o seu Verão Negro, uma série de incêndios florestais tão vastos que é difícil descrevê-los. Três bilhões de animais tiveram que fugir ou morreram queimados, e foram perdidas tantas espécies que o professor Kingsley Dixon, um botânico, chamou o evento de "Armagedom biológico".[242] Alguns australianos precisaram se proteger junto às praias, rodeados por um anel de chamas, e ficaram na dúvida se seria o caso de se enfiarem em barcos para sobreviver. Podiam ouvir o fogo se aproximando. Soava como uma cachoeira furiosa, disseram testemunhas, pontuada apenas pelo som de garrafas sendo estilhaçadas conforme suas casas ardiam em chamas, uma a uma. A fumaça desses incêndios era visível a dois mil quilômetros, na Nova Zelândia, onde o céu da Ilha Sul ficou todo alaranjado.

Depois de umas três semanas de incêndios, eu estava ao telefone com um amigo que mora em Sydney, quando ouvi um som estridente e bem alto. Era o alarme de fogo do apartamento dele. Por toda a cidade, em escritórios e casas, esses alarmes começaram a disparar, pois havia tanta fumaça no ar em razão dos incêndios que os alarmes entendiam que cada edificação individual estava se incendiando. Isso queria dizer que muitas pessoas em Sydney, uma por uma, desligaram seus alarmes de fogo e ficaram sentadas no meio do silêncio e da fumaça. Só entendi por que achei isso tão perturbador no dia em que o relatei ao meu amigo Bruno Giussani, um escritor suíço. Ele disse que as pessoas estavam desligando os sistemas de alerta em suas casas, que têm a função de proteger-nos, porque os sistemas de alerta maiores não estavam funcionando, aqueles destinados a proteger a todos nós – isto é, a capacidade de nossa sociedade de focar no que os cientistas estão nos dizendo e de agir a partir disso.

A crise climática pode ser resolvida. Precisamos fazer uma transição rápida, abandonar nossos combustíveis fósseis e passar a alimentar nossas sociedades com fontes de energia limpa, verde. Mas, para isso, nós precisamos ter foco, ter conversas sadias uns com os outros e pensar com clareza. Essas soluções não podem ser alcançadas por uma população aturdida, que muda de tarefa a cada três minutos e cujas pessoas gritam umas com as outras o tempo inteiro em uma fúria turbinada por algoritmos. Só podemos resolver a crise climática se resolvermos nossa crise de atenção. Enquanto refletia sobre isso, eu comecei a pensar de novo em algo que James Williams escreveu: "Eu costumava achar que não restavam mais grandes lutas políticas... Como estava errado! Libertar a atenção humana pode ser a luta moral e política definidora de nosso tempo. Seu sucesso é o pré-requisito para o sucesso de praticamente todas as demais lutas".[243]

Quando olho as imagens granuladas dessa *webcam*, para os céus alaranjados com vestígios de fogo sobre São Francisco, fico pensando na luz de Provincetown naquele verão que passei ali sem celular nem internet, e o quanto parecia puro e perfeito. James Williams estava certo: nossa atenção é uma espécie de luz, uma luz que esclarece o mundo e o torna visível para nós. Em Provincetown, eu conseguia enxergar com maior clareza do que em qualquer outro momento da minha vida inteira – os próprios pensamentos, minhas metas e meus próprios sonhos. Quero viver nessa luz – a luz do conhecimento, a luz de alcançar nossas ambições, de estar plenamente vivo – e não na ameaçadora luz laranja de tudo sendo incendiado.

Quando desliguei a chamada com meu amigo em Sydney, para ele ir correndo desparafusar seu alarme de fogo e desligá-lo, pensei – se nossa atenção continuar a ser destruída desse jeito, o ecossistema não esperará pacientemente que recuperemos nosso foco. Entrará em colapso e arderá em chamas. No início da Segunda Guerra Mundial, o poeta inglês W. H. Auden – refletindo sobre as novas tecnologias de destruição criadas pelos humanos – e advertiu: "Devemos amar-nos uns aos outros, ou morrer". Acho que agora é hora de focarmos juntos – ou de enfrentar os incêndios sozinhos.

Grupos que já lutam para melhorar a atenção

A luta para curar e restaurar nossa atenção já começou. A lista a seguir é de grupos que já começaram a trabalhar e aos quais pode se juntar. É uma relação inicial e provisória – acredito que mais grupos serão formados tão logo nos tornemos mais bem informados a respeito da crise da atenção. Se não conhecer nenhum grupo que esteja fazendo o que você acredita que precisa ser feito, monte um e mande-me um e-mail para chasingthescream@gmail.com, e vou adicioná-lo ao site deste livro e às suas futuras edições.

Luta para mudar o funcionamento da internet

- Center for Humane Technology: https://www.humanetech.com
- A campanha da Avaaz para eliminar a toxicidade dos algoritmos: https://secure.avaaz.org/campaign/en/detox_the_algorithm_loc/
- Stop Hate For Profit: https://www.stophateforprofit.org/ backup--week-of-action-toolkit

Luta pela semana de quatro dias

- Andrew Barnes e Charlotte Lockhart fundaram este grupo: www.4dayweek.com
- Na Europa, a New Economics Foundation está lutando por isso: https:// neweconomics.org/campaigns/euro-working-time
- Four Day Week Ireland: https://fourdayweek.ie

Sobre dar permissão às crianças para brincar

- Let Grow: https://letgrow.org
- Let Our Kids Be Kids: letthekidsbekids.wordpress.com
- The Daily Mile: www.thedailymile.co.uk
- The Less Testing, More Learning Campaign [Campanha para menos provas e mais aprendizagem]: https://www. citizensforpublicschools. org/less-testing-more-learning-macampaign/sign-the-less-testing-more-learning-petition-today/
- More Than A Score (oposição ao excesso de provas no Reino Unido): www.morethanascore.org.uk e www.facebook.com/ parentssupportteachers/
- Keeping Early Years Unique [Manter os primeiros anos como excepcionais]: https://www.keyu.co.uk
- Upstart Scotland: www.upstart.scot

Sobre proteger as crianças de se engajarem demais em tecnologia quando novas

- Turning Life On: https://www.turninglifeon.org

Sobre mudar nosso suprimento de comida

- Alliance for a Healthier Generation: www.healthiergeneration.org
- Healthy Food America: www.healthyfoodamerica.org
- Healthy Schools Campaign: https://healthyschoolscampaign.org/issues/school-food/Better Food Britain e Children's Food Campaign: https://www. sustainweb.org/projectsandcampaigns/ e https://www. sustainweb. org/childrensfoodcampaign/
- School Food Matters: https://www.schoolfoodmatters.org/campaigns
- Henry: www.henry.org.uk

Poluentes resistentes que podem prejudicar a atenção

- Little Things Matter: https://littlethingsmatter.ca

- Client Earth: https://www.clientearth.org
- Campanha The BreatheLife: https://www.ccacoalition.org/en/activity/ breathelife-campaign ou https://breathelife2030.org
- HealthyAir: https://www.healthyair.org.uk
- Endocrine Society (ES): https://www.endocrine.org
- European Society of Endocrinology (ESE): https://www.esehormones.org
- Health and Environmental Alliance (HEAL): https://www.envhealth.org

Sobre renda básica universal

- Citizen's Basic Income Trust: https://citizensincome.org
- Basic Income: https://www.basicincome.org.uk

Se quiser manter-se atualizado por mim (muito ocasionalmente) sobre o andamento do movimento de reivindicação de nossa atenção, inscreva-se no meu *mailing*: www.stolenfocusbook.com/mailinglist

AGRADECIMENTOS

Só fui capaz de escrever este livro graças à ajuda e apoio de um grande número de pessoas. Primeiro e principalmente, quero agradecer à brilhante Sarah Punshon, que me ajudou com a pesquisa adicional e a checagem de fatos, mas muito mais do que isso – seus achados e pensamentos foram centrais para dar forma ao que você acabou de ler. Tenho uma imensa dívida com ela.

Devo muitíssimo aos cientistas sociais e aos outros especialistas que disponibilizaram muito de seu tempo para me explicar suas pesquisas. As Ciências Sociais têm passado por maus momentos ultimamente, mas são uma ferramenta essencial para entendermos o mundo, e sou realmente grato a todos eles.

Meus extremamente brilhantes editores, Kevin Doughten, na Crown, e Alexis Kirschbaum, na Bloomsbury, conseguiram tornar este livro muito melhor, assim como meus agentes, Natasha Fairweather, na Rogers, Coleridge & White (RCW), em Londres, e Richard Pine, na Inkwell, em Nova York. Lydia Morgan, na Crown. também deu sugestões realmente úteis que reformataram o texto. Obrigado também a Tristan Kendrick, Matthew Marland, Sam Coates, Laurence Laluyaux, Stephen Edwards e Katharina Volckmer, na RCW.

Conversas com Naomi Klein e V., antes conhecida como Eve Ensler, realmente transformaram este livro e devo muito a elas, por isso e por muito mais. Minha amiga Lizzie Davidson ajudou-me a localizar muitas das pessoas com as quais falei, usando seus misteriosos poderes de detetive.

Em Provincetown, sou muito grato a Andrew Sullivan, James Barraford, Dave Grossman, Stefan Piscateli, Denise Gaylord, Chris Bodenner, Doug Belford, Pat Schultz, Jeff Peters e a todos do Café Heaven. Se quiser ter aulas de ioga com Stefan, acesse www.outermostyoga.com

Nas minhas viagens, fui ajudado por várias pessoas: Jake Hess em Washington D.C.; Anthony Bansie, Jeremy Heimans, Kasia Malinowska e Sarah Evans em Nova York; Colleen Haikes e Christopher Rogers em São Francisco; Elizabeth Flood e Mario Burrell em Los Angeles; Stephen Hollis em Ohio; Jim Cates em Indiana; Sam Loetscher e John Holder em Miami; Hermione Davis (a rainha das relações-públicas) e Andy Leonard na Austrália; Alex Romain, Ben Birks Ang e todos na NZ Drug Foundation da Nova Zelândia; Sarah Kay, Adam Biles, Katy Lee e todos na Shakespeare and Company de Paris; Rosanne Kropman na Holanda; Christian Lerch, Kate McNaughton e Jacinda Nandi em Berlim; Halldor Arnason e todos em Snarotin na Islândia; Sturla Haugsgyerd e Oda Bergli na Noruega; Kim Norager na Dinamarca; Rebekah Lehrer, Ricardo Teperman, Julita Lemgruber e Stefano Nunes no Brasil; Alnoor Lahda na Costa Rica; e Joe Daniels e Beatriz Vejarano na Colômbia.

Agradeço a James Brown por me explicar sobre magia. Se quiser contratá-lo no Reino Unido, acesse www.powa.academy. Obrigado à Ayesha Lyn-Birkets na YouGov, e a todos no Conselho para Psiquiatria Baseada em Evidências, em particular dr. James Davies. Obrigado à Kate Quarry por seu copidesque.

Minhas transcrições foram todas feitas pela equipe da CLK Transcription – obrigado à Carol Lee e a todos ali. Se precisar de boas transcrições, contate-os em CLKtranscripts@gmail.com

E obrigado às pessoas que discutiram esse assunto comigo durante anos: Decca Aitkenhead, Stephen Grosz, Dorothy Byrne, Alex Higgins, Lucy Johnstone, Jess Luxembourg, Ronan McCrea, Patrick Strudwick, Jacquie Grice, Jay Johnson, Barbara Bateman, Jemima Khan, Tom Costello, Rob Blackhurst, Amy Pollard, Harry Woodlock, Andrew Gow, Josepha Jacobson, Natalie Carpenter, Deborah Friedell, Imtiaz Shams, Bruno Guissani, Felicity McMahon, Patricia Clark, Ammie al-Whatey, Jake e Joe Wilkinson, Max Jeffrey, Peter Marshall, Anna Powell-Smith, Ben Stewart, Joss Garman, Joe Ferris, Tim Dixon, Ben Ramm, Harry Quilter-Pinner, Jamie Janson e Elisa Hari.

A referência à W. H. Auden, no final deste livro, foi possível graças a David Kinder, meu brilhante ex-professor que me ensinou a amar sua poesia. Obrigado também aos dois outros brilhantes professores de Literatura que tive: Sue Roach e Sidney McMinn.

Sou realmente grato a todos os meus apoiadores do Patreon, particularmente Pam Roy, Robert King, Martin Mander, Lewis Black, Lynn McFarland, Deandra Christianson, Fiona Houslip, Roby Abeles, Rachel Bomgaar, Roger Cox e Susie Robinson. Para saber mais sobre meu Patreon – e conseguir atualizações regulares sobre os projetos em que estou trabalhando – acesse https:// www.patreon.com/johannhari

Quaisquer erros neste livro são inteiramente meus. Se localizar algo que considera errado, por favor entre em contato comigo para que possa corrigi-lo no website e em futuras edições: chasingthescream@gmail.com. Para ver as correções que já foram feitas acesse www.stolenfocusbook.com/corrections.

NOTAS

Por favor, considere estas notas como parciais. Há mais referências, históricos e material explicativo adicional – além de áudios de citações do livro – em www.stolenfocusbook.com/endnotes.

Introdução (p. 11 a 25)

[1] Jill Twenge, *iGen: Why Today's SuperConnected Kids Are Growing Up Less Rebellious, More Tolerant, Less Happy – and Completely Unprepared for Adulthood – and What That Means for the Rest of Us* (Nova York: Atria Books, 2017), p. 64, citando L. Yeykelis, J. J. Cummings e B. Reeves, "Multitasking on a Single Device: Arousal and the Frequency, Anticipation, and Prediction of Switching Between Media Content on a Computer", *Journal of Communications*, 64, 2014, pp. 167–92. DOI:10.1111/jcom.12070

Ver também Adam Gazzaley e Harry D. Rosen, *The Distracted Mind: Ancient Brains in a High-Tech World* (Cambridge: MIT Press, 2017), pp. 165–7.

[2] V. M. Gonzalez e G. Mark, "Constant, constant, multitasking craziness: Managing multiple working spheres", in *Proceedings of CHI 2004*, Viena, Áustria, pp. 113–120. A professora Marks descreve isso com mais detalhe nessa entrevista, e elucidou ainda mais na minha entrevista com ela. "Too Many Interruptions At Work?", *Business Journal*, 8 de junho de 2006. https://news.gallup.com/businessjournal/23146/too-manyinterruptions-work.aspx

Ver também C. Marci, "A (biometric) day in the life: Engaging across media", artigo apresentado em Re:Think 2012, Nova York, NY, 28 de março de 2012.

Para um estudo com resultados similares (não idênticos), ver: L. D. Rosen et al., "Facebook and texting made me do it: Media-induced taskswitching while studying", *Computers in Human Behaviour*, 29 (3), 2013, pp. 948–58.

[3] G. Mark, S. Iqbal, M. Czerwinski e P. Johns, "Focused, Aroused, but so Distractible", in *The 18th ACM Conference*, 2015, pp. 903–16.

DOI:10.1145/2675133.2675221; James Williams, *Stand Out Of Our Light* (Cambridge: Cambridge University Press, 2018), p. 51. [Ed. bras. *Liberdade e resistência na economia da atenção: Como evitar que as tecnologias digitais nos distraiam dos nossos verdadeiros propósitos*. Porto Alegre: Arquipélago, 2021.]

Ver também L. Dabbish, G. Mark e V. Gonzalez, "Why do I keep interrupting myself? Environment, habit and self-interruption", in *Proceedings of the 2011 annual conference on human factors in computing systems*, pp. 3,127–30.

Ver também K. Pattison, "Worker, Interrupted: The Cost of TaskSwitching", *Fast Company*, 28 de julho de 2008. https://www.fastcompany.com/944128/worker-interrupted-cost-task-switching

[4] J. MacKay, "The Myth of Multitasking: The ultimate guide to getting more done by doing less", *RescueTime* (blog), 17 de janeiro de 2019. https://blog.rescuetime. com/multitasking/#at-work; e J. MacKay, "Communication overload: our research shows most workers can't go 6 minutes without checking email or IM", *RescueTime* (blog), 11 de julho de 2018. https://blog. rescuetime.com/communication-multitasking-switches

[5] D. Charles William, *Forever a Father, Always a Son* (Nova York: Victor Books, 1991), p. 112.

Força nº 1 (p. 27 a 52)

[6] MacKay, "Screen time stats 2019: here's how much you use your phone during the work day", *RescueTime* (blog), 21 de março de 2019. https://blog.rescuetime.com/screen-time-stats-2018/

[7] J. Naftulin, "Here's how many times we touch our phones every day", *Insider*, 13 de julho de 2016. https://www.businessinsider.com/ dscout-research-people-touch-cell-phones-2617-times-a-day2016-7?r=US&IR=T.

[8] Original: "*La vida no puede esperar a que las ciencias expliquen científicamente el Universo. No se puede vivir ad kalendas graecas. El atributo más esencial de la existencia es su perentoriedad: la vida es siempre urgente. Se vive aquí y ahora sin posible demora ni traspaso. La vida nos es disparada a quemarropa. Ya la cultura, que no es sino su interpretación, no puede tampoco esperar.*" J. Ortega y Gasset, *Mission of the University* (*Misión de la Universidad*), 1930, traduzido para o inglês por H. L. Nostrand (Princeton, Princeton University Press, 1944), p. 73.

[9] Molly J. Crockett et al., "Restricting Temptations: Neural Mechanisms of Precommitment", *Neuron*, 2013, 79 (2), 391. DOI: 10.1016/j.neuron. 2013.05.028

Este artigo de 2012 é um bom resumo da questão e do pensamento atual: Z. Kurth-Nelson e A. D. Redish, "Don't let me do that! – models of precommitment", *Frontiers in Neuroscience*, 6 (2012), p. 138.

[10] T. Dubowitz et al., "Using a Grocery List Is Associated With a Healthier Diet and Lower BMI Among Very High-Risk Adults", *Journal of Nutrition,*

Education and Behavior, 47 (3), 2015, pp. 259– 64; J. Schwartz et al., "Healthier by Precommitment", *Psychological Science*, 25 (2), 2015, pp. 538–46. DOI:10.1177/0956797613510950; R. Ladouceur, A. Blaszczynski e D. R. Lalande, "Pre-commitment in gambling: a review of the empirical evidence", *International Gambling Studies*, 12 (2), 2012, pp. 215–30.

[11] P. Lorenz-Spreen, B. Mørch Mønsted, P. Hövel e S. Lehmann, "Accelerating dynamics of collective attention", *Nature Communications*, 10 (1), 2019. DOI: 10.1038/s41467-019-09311-w

[12] M. Hilbert e P. López, "The World's Technological Capacity to Store, Communicate and Compute Information", *Science*, 332, 2011, pp. 60–5.

[13] M. E. J. Masson, "Cognitive processes in skimming stories", *Journal of Experimental Psychology: Learning, Memory, and Cognition*, 8, 1982, pp. 400–17.

Ver também M. L. Slowiaczek e C. Clifton, "Subvocalization and reading for meaning", *Journal of Verbal Learning and Verbal Behavior*, 19 (5), 1980, pp. 573–82; T. Calef, M. Pieper eB. Coffey, "Comparisons of eye movements before and after a speedreading course", *Journal of the American Optometric Association*, 70, 1999, pp. 171–81; M. Just, M. Masson e P. Carpenter, "The differences between speed reading and skimming", *Bulletin of the Psychonomic Society*, 16, 1980, p. 171; M. C. Dysonand M. Haselgrove, "The effects of reading speed and reading patterns on the understanding of text read from screen", *Journal of Research in Reading*, 23, 2000, pp. 210–23.

[14] K. Rayner et al., "So Much to Read, So Little Time: How Do We Read, and Can Speed Reading Help?", *Psychological Science in the Public Interest*, 17 (1), 2016, pp. 4–34.

[15] S. C. Wilkinson, W. Reader e S. J. Payne, "Adaptive browsing: Sensitivity to time pressure and task difficulty", *International Journal of Human-Computer Studies*, 70, 2012, pp. 14–25; G. B. Duggan e S. J. Payne, "Text skimming: the process and effectiveness of foraging through text under time pressure", *Journal of Experimental Psychology: Applied*, 15 (3), 2009, pp. 228–42.

[16] T. H. Eriksen, *Tyranny of the Moment* (Londres: Pluto Press, 2001), p. 71, citando a pesquisa de Ulf Torgersen, "Taletempo", *Nytt norsk tidsskrift*, 16, 1999, pp. 3–5.

Ver também M. Toft, "Med eit muntert blikk på styre og stell", *Uni Forum*, 29 de junho de 2005. https://www.uniforum.uio.no/nyheter/2005/06/med-eit-muntert-blikk-paa-styre-og-stell.html

Ver ainda essa discussão interessante: M. Liberman, "Norwegian Speed: Fact or Factoid?", *Language Log* (blog), 13 de setembro de 2010. https://languagelog.ldc.upenn.edu/nll/?p=2628

[17] R. Colville, *The Great Acceleration: How the World is Getting Faster, Faster* (Londres: Bloomsbury, 2016), pp. 2–3, citando R. Levine, *A Geography of Time* (Nova York: Basic Books, 1997), and Richard Wiseman, www.richardwiseman.com/quirkology/pace_home.htm

[18] Colville, *The Great Acceleration*, p. 11.

[19] Ibid., p. 20.

Ele tem analisado o que acontece com o foco de uma pessoa se ela se engaja em práticas deliberadamente lentas: G. Claxton, *Intelligence in the Flesh* (New Haven: Yale University Press, 2016), pp. 260–1.

Ver também P. Wayne et al., "Effects of tai chi on cognitive performance in older adults: systematic review and meta-analysis", *Journal of the American Geriatric Society*, 62 (1), 2014, pp. 25–39; N. Gothe et al., "The effect of acute yoga on executive function", *Journal of Physical Activity and Health*, 10 (4), 2013, pp. 488–95; P. Lovatt, "Dance psychology", *Psychology Review*, 2013, pp. 18–21; C. Lewis e P. Lovatt, "Breaking away from set patterns of thinking: improvisation and divergent thinking", *Thinking Skills and Creativity*, 9, 2013, pp. 46–58.

[20] Essa é uma boa primeira leitura sobre suas posições sobre este assunto: E. Miller, "Multitasking: Why Your Brain Can't Do It and What You Should Do About It" (gravação de seminário e apresentação de slides), *Radius*, 11 de abril de 2017. https://radius.mit.edu/programs/multitasking-why-your-brain-cant-doit-and-what-you-should-do-about-it

[21] Os custos dessas mudanças estão estabelecidos de maneira muito firme na literatura acadêmica. Eis um exemplo típico: R. D. Rogers e S. Monsell, "The cost of a predictable switch between simple cognitive tasks", *Journal of Experimental Psychology: General*, 124, 1995, pp. 207–31. Esse também é um bom resumo: "Multitasking: Switching costs", *American Psychological Association*, 20 de março de 2006. https://www.apa.org/research/action/multitask [não consta o autor]

[22] James Williams, *Stand Out Of Our Light* (Cambridge: Cambridge University Press, 2018), p. 69. [Ed. bras. *Liberdade e resistência na economia da atenção: Como evitar que as tecnologias digitais nos distraiam dos nossos verdadeiros propósitos*. Porto Alegre: Arquipélago, 2021.] Esse estudo é do dr. Glenn Wilson. Não foi publicado, por ter sido encomendado por uma empresa privada. Você pode ler o dr. Wilson discutindo o estudo neste *link*, se selecionar a seção marcada como "Infomania": http://drglennwilson.com/links.html.

Ver também P. Hemp, "Death By Information Overload", *Harvard Business Review*, setembro de 2009. https://hbr.org/2009/09/death-by-information-overload

O dr. Wilson tem ficado desconfortável com a maneira em que alguns jornalistas escreveram a respeito de seu estudo, e tentei absorver as críticas dele nesse texto. Ele diz que a comparação com a *cannabis* só é verdadeira a curto prazo – no longo prazo, a *cannabis* pode trazer mais danos ao seu QI. Reescrevi a frase aqui para refletir esse fato.

[23] E. Hoffman, *Time* (Londres: Profile Books, 2010), pp. 80–1; W. Kirn, "The Autumn of the Multitaskers", *The Atlantic*, novembro de 2017.

[24] V. M. Gonzalez e G. Mark, "Constant, constant, multitasking craziness: Managing multiple working spheres", in *Proceedings of CHI 2004*, Viena, Áustria, pp. 113–20.

Ver também L. Dabbish, G. Mark e V. Gonzalez, "Why do I keep interrupting myself? Environment, habit and selfinterruption", in *Proceedings of the 2011 annual conference on human factors in computing systems*, pp. 3,127–30; T.

Klingberg, *The Overflowing Brain*, (Oxford, OUP, 2009), p. 4; Colville, *The Great Acceleration*, p. 47.

[25] T. Harris, "Episode 7: Pardon the Interruptions", *Your Undivided Attention Podcast*, 14 de agosto de 2019. https://www.humanetech.com/ podcast; C. Thompson, "Meet The Life Hackers", *New York Times Magazine*, 16 de outubro de 2005.

[26] J. MacKay, "The Myth of Multitasking: The ultimate guide to getting more done by doing less", *RescueTime* (blog), 17 de janeiro de 2019. https://blog.rescuetime.com/multitasking/#atwork; e J. MacKay, "Communication overload: our research shows most workers can't go 6 minutes without checking email or IM", *RescueTime* (blog), 11 July 2018. https://blog.rescuetime.com/communication-multitasking-switches/

[27] Colville, *The Great Acceleration*, p. 47.

[28] B. Sullivan, "Students can't resist distraction for two minutes... and neither can you", *NBC News*, 18 de maio de 2013. https://www.nbcnews.com/technolog/students-cant-resist-distraction-two-minutes-neither-can-you-1C9984270. Esse estudo não foi publicado.

[29] Gazzaley e Rosen, *The Distracted Mind*, p. 127.

[30] D. L. Strayer, "Is the Technology in Your Car Driving You to Distraction?", *Policy Insights from the Behavioral and Brain Sciences*, 2 (1), 2015, pp. 157–65. A expressão "muito similar" foi usada por ele aqui: K. Ferebee, "Drivers on Cell Phones Are As Bad As Drunks", *UNews Archive*, Universidade de Utah, 25 de março de 2011. https://archive.unews.utah.edu/news_releases/drivers-on-cell-phones-are-as-bad-as-drunks/

[31] S. P. McEvoy et al., "The impact of driver distraction on road safety: results from a representative survey in two Australian states", *Injury prevention: Journal of the International Society for Child and Adolescent Injury Prevention*, vol. 12, 4, 2006, pp. 242–7.

[32] Gazzaley e Rosen, *The Distracted Mind*, p. 11; L. M. Carrier et al., "Multitasking Across Generations: Multitasking Choices and Difficulty Ratings in Three Generations of Americans", *Computers in Human Behavior*, 25, 2009, pp. 483–9.

[33] A. Kahkashan eV. Shivakumar, "Effects of traffic noise around schools on attention and memory in primary school children", *International Journal of Clinical and Experimental Physiology*, 2 (3), 2015, pp. 176–9.

Força nº 2 (p. 53 a 68)

[34] K. S. Beard, "Theoretically Speaking: An Interview with Mihaly Csikszentmihalyi on Flow Theory Development and Its Usefulness in Addressing Contemporary Challenges in Education", *Educational Psychology Review*, 27, 2015, pp. 353–64.

[35] Ver B. F. Skinner, "'Superstition' in the pigeon", *Journal of Experimental Psychology*, 38 (2), 1948, pp. 168–72.

[36] Beard, "Theoretically Speaking", pp. 353–64.

[37] R. Kegan, *The Evolving Self: Problem and Process in Human Development* (Cambridge: Harvard University Press, 1983), p. xii.

[38] M. Csikszentmihalyi, *Flow: the psychology of optimal experience* (Nova York: Harper, 2008), p. 40. [Ed. bras. *Flow: A psicologia do alto desempenho e da felicidade*. São Paulo: Objetiva, 2020.]

[39] Ibid., p. 54.

[40] Ibid., pp. 158–9.

[41] Ibid., p. 7. Ver também Brigid Schulte, *Overwhelmed: Work, Love and Play When No One Has the Time* (Londres: Bloomsbury Press, 2014), pp. 66–7. [Ed. bras. *Sobrecarregados: Trabalho, amor e lazer quando ninguém tem tempo*. Porto Alegre: Figurati, 2017.]

[42] R. Kubey e M. Csikszentmihalyi, *Television and the Quality of Life: How Viewing Shapes Everyday Experience* (Abingdon-onThames: Routledge, 1990).

[43] Csikszentmihalyi, *Flow*, p. 83.

[44] Csikszentmihalyi, *Creativity*, p. 11.

Força nº 3 (p. 69 a 84)

[45] L. Matricciani, T. Olds e J. Petkov, "In search of lost sleep: secular trends in the sleep time of school-aged children and adolescents", *Sleep Medicine Reviews*, 16 (3), 2012, pp. 203–11.

[46] H. G. Lund et al., "Sleep patterns and predictors of disturbed sleep in a large population of college students", *Journal of Adolescent Health*, 46 (2), 2010, pp. 124–32.

[47] J. E. Gangwisch, "A review of evidence for the link between sleep duration and hypertension", *American Journal of Hypertension*, 27 (10), 2014, pp. 1,235–42.

[48] E. C. Hanlon e E. Van Cauter, "Quantification of sleep behavior and of its impact on the cross-talk between the brain and peripheral metabolism", *Proceedings of the National Academy of Sciences of the United States of America*, 108, suppl. 3, 2011, pp. 15,609–16; M. Walker, *Why We Sleep* (Londres: Penguin, 2018), p. 3.

[49] J. Hamzelou, "People with narcolepsy may be more creative because of how they sleep", *New Scientist*, 18 de junho de 2019.

[50] O sono duplica sua probabilidade de lembrar de material previamente esquecido. Ver estudo da Universidade de Essex: N. Dumay, "Sleep not just protects memories against forgetting, it also makes them more accessible", *Cortex*, 74, 2016, pp. 289–96.

[51] O estudo de referência é de K. Louie e M. A. Wilson, "Temporally Structured Replay of Awake Hippocampal Ensemble Activity during Rapid Eye Movement Sleep", *Neuron*, 29, 2001, pp. 145–56.

[52] A. Hvolby, "Associations of sleep disturbance with ADHD: implications for treatment", *Attention deficit and hyperactivity disorders*, 7 (1), 2015, pp. 1–18; E. J. Paavonen et al., "Short sleep duration and behavioral symptoms of atten-

tion-deficit/ hyperactivity disorder in healthy 7to 8-year-old children", *Pediatrics*, 2009, 123 (5):e857–64; A. Pesonen et al., "Sleep duration and regularity are associated with behavioral problems in 8-yearold children", *International Journal of Behavioral Medicine*, 17 (4), 2010, pp. 298–305; R. Gruber et al., "Short sleep duration is associated with teacher-reported inattention and cognitive problems in healthy school-aged children", *Nature and Science of Sleep*, 4, 2012, pp. 33–40.

[53] A. Huffington, *The Sleep Revolution: Transforming Your Life, One Night At A Time* (Nova York: Penguin Random House, 2016), pp. 103–4.

[54] K. Janto, J. R. Prichard e S. Pusalavidyasagar, "An Update on Dual Orexin Receptor Antagonists and Their Potential Role in Insomnia Therapeutics", *Journal of clinical sleep medicine (JCSM: publicação oficial da Academia Americana de Medicina do Sono)*, 14 (8), 2018, pp. 1,399–1408.

[55] S. R. D. Morales, "Dreaming with the Zeitgeber, Part I: A Lecture on Moderns and Their Night", *The Wayward School*, https://journals. uvic.ca/index.php/peninsula/article/view/11518/3217

[56] T. Farragher, "Sleep, the final frontier. This guy studies it. Here's what he has to say", *Boston Globe*, 18 de agosto 2018. https://www. bostonglobe.com/metro/2018/08/17/sleep-final-frontier-this-guystudies-here-what-has-say/MCII-4NnJyK6tbOHpvdLgQN/story.html

Força nº 4 (p. 85 a 96)

[57] C. Ingraham, "Leisure reading in the U.S. is at an all-time low", *Washington Post*, 29 de junho de 2018. https://www.washingtonpost.com/news/wonk/wp/2018/06/29/leisure-reading-in-the-u-s-is-at-an-all-time-low/ https://www.bls.gov/tus/

[58] D. W. Moore, "About Half Of Americans Reading A Book", *Gallup News Service*, 3 de junho de 2005. https://news.gallup.com/poll/16582/about-half-americansreading-book.aspx

C. Ingraham, "The long, steady decline of literary Reading", *Washington Post*, 7 de setembro de 2016.

https://www.washingtonpost.com/news/wonk/wp/2016/09/07/the-long-steady-decline-ofliterary-reading/?utm_term=.f9d5fec802ad&itid=lk_inline_manual_12;

A Pew descobriu que era um pouco maior: A. Perrin, "Who doesn't read books in America?", *Pew Research Center*, 26 de setembro de 2019. https://www.pewresearch.org/fact-tank/2019/09/26/who-doesnt-read-books-in-america/

[59] Ingraham, "Leisure reading in the U.S. is at an alltime low".

[60] E. Brown, "Americans spend far more time on their *smartphones* than they think", *ZDnet*, 28 de abril de 2019. https://www.zdnet.com/article/americans-spend-far-more-time-on-their-*smartphones*-than-they-think/

[61] *Reading at Risk*, National Endowment for the Arts, 2002. https://www.arts.gov/sites/default/files/RaRExec_0.pdf

[62] A. Flood "Literary fiction in crisis as sales drop dramatically, Arts Council England reports", *Guardian*, 15 de dezembro de 2017. https://www.theguardian.com/books/2017/dec/15/literary-fiction-in-crisis-as-sale-dropdramatically-arts-council-england-reports.

[63] W. Self, "The printed word in peril", *Harpers*, outubro de 2018. https://harpers.org/archive/2018/10/the-printed-word-in-peril/.

[64] A. Mangen, G. Olivier e J. Velay, "Comparing Comprehension of a Long Text Read in Print Book and on Kindle: Where in the Text and When in the Story?", *Frontiers in Psychology*, 10, 2019, p. 38.

[65] P. Delgado et al., "Don't throw away your printed books: a meta-analysis on the effects of reading media on reading comprehension", *Educational Research and Reviews*, 25, 2018, pp. 23–38.

[66] Delgado et al., "Don't throw away your printed books".

[67] N. Carr, *The Shallows: How the Internet Is Changing the Way We Think, Read and Remember* (Londres: Atlantic Books, 2010), p. 6. [Ed. bras. *A geração superficial: o que a internet está fazendo com os nossos cérebros*. Rio de Janeiro: Agir, 2019.]

[68] Gerald Emanuel Stern (ed.), *McLuhan Hot & Cool: A primer for the understanding of and a critical symposium with a rebuttal* (Nova York: Dial Press, 1967), pp. 20, 23, 65, 212–13, 215.

[69] R. A. Mar et al., "Exposure to media and theory-of-mind development in preschoolers", *Cognitive Development*, 25 (1), 2010, pp. 69–78.

[70] Mar et al., "Exposure to media and theory-of-mind development in preschoolers".

Força nº 5 (p. 97 a 109)

[71] W. James, *The Principles of Psychology*, 1890, capítulo XI: disponível on-line. https://psychclassics.yorku.ca/James/Principles/prin11.htm

[72] M. E. Raichle et al., "A default mode of brain function", *Proceedings of the National Academy of Sciences*, 98 (2), 2001, pp. 676–82. Eu soube de seu trabalho pelo excelente livro de Leonard Mlodinow, *Elastic: Flexible Thinking in a Constantly Changing World* (Londres: Penguin, 2018), pp. 110–21. [Ed. bras. *Elástico: Como o pensamento flexível pode mudar nossas vidas*. Rio de Janeito: Zahar, 2018.]

Ver também G. Watson, *Attention: Beyond Mindfulness* (Londres: Reaktion Books, 2017), p. 90.

[73] J. Smallwood, D. Fishman e J. Schooler, "Counting the Cost of an Absent Mind", *Psychonomic Bulletin & Review*, 14, 2007. Aprendi a respeito disso em W. Gallagher, *Rapt: Attention and the Focused Life* (Londres: Penguin, 2009), p. 149.

[74] Y. Citton, *The Ecology of Attention* (Cambridge: Polity, 2016), pp. 116–17.

[75] B. Medea et al., "How do we decide what to do? Resting-state connectivity patterns and components of self-generated thought linked to the development of more concrete personal goals", *Experimental Brain Research*, 236, 2018, pp. 2,469–81.

[76] B. Baird et al., "Inspired by Distraction: Mind Wandering Facilitates Creative Incubation", *Psychological Science*, 23 (10), outubro de 2012, pp. 1,117–22.

[77] J. Smallwood, F. J. M. Ruby, T. Singer, "Letting go of the present: Mind-wandering is associated with reduced delay discounting", *Consciousness and Cognition*, 22 (1), 2013, pp. 1–7.

Jonathan acrescentou via e-mail: "Talvez também seja importante observar que muitos desses aspectos podem ser muito óbvios em pessoas que conseguem controlar quando sua mente vagueia (isso é, que conseguem evitar isso quando o mundo externo demanda sua atenção)".

[78] M. Killingsworth e D. Gilbert, "A Wandering Mind is an Unhappy Mind", *Science*, 12 de novembro de 2010. Ver também Watson, *Attention*, pp. 15, 70.

Força nº 6 (Parte Um) (p. 111 a 129)

[79] T. Ferris, "The Tim Ferris Show Transcripts – Fighting Skynet and Firewalling Attention", *Tim.Blog* (blog), 24 de setembro de 2019. https://tim.blog/2019/09/24/the-tim-ferriss-show-transcripts-tristan-harris-fighting-skynetand-firewalling-attention-387/

[80] Ferris, "The Tim Ferris Show Transcripts".

[81] B. J. Fogg, *Persuasive Technology* (Morgan Kaufman, 2003), pp. 7–8.

[82] Fogg, *Persuasive Technology*, p. ix.

[83] I. Leslie, "The scientists who make apps addictive", *1843 Magazine*, 20 de outubro de 2016. https://www.1843magazine.com/features/the-scientists-who-make-apps-addictive

[84] Ferris, "The Tim Ferris Show Transcripts".

[85] T. Harris, "How a handful of tech companies control billions of minds every day", palestra TED, *TED2017*. https://www.ted.com/talks/tristan_harris_how_a_handful_of_tech_companies_control_billions_of_minds_every_day?language=em

[86] C. Newton, "Google's new focus on wellbeing started five years ago with this presentation", *The Verge*, 10 de maio de 2018. https://www.theverge.com/2018/5/10/17333574/google-android-p-update-tristan-harris-design-ethics

[87] A. Marantz, "Silicon Valley's Crisis of Conscience", *New Yorker*, 19 de agosto de 2019.

[88] Você pode também ler a apresentação inteira em minimizedistraction.com

[89] N. Thompson, Tristan Harris: Tech Is Downgrading Humans", *Wired*, 23 de abril de 2019; N. Hiltzik, "Ex-Google Manager Leads A Drive To Rein in Pernicious Impact of Social Media", *Los Angeles Times*, 10 de maio de 2019.

[90] Ferris, "The Tim Ferris Show Transcripts".

[91] T. Harris, depoimento à Comissão do Comércio do Senado, 25 de junho de 2019. https://www.commerce.senate.gov/services/files/96E3A739-DC8D-45F-1-87D7-EC70A368371D

[92] P. Marsden, "Humane: A New Agenda for Tech", *Digital Wellbeing*, 25 de abril de 2019. https://digitalwellbeing. org/humane-a-new-agenda-for-tech-speed-summary-and-video/

[93] Isso é relembrado por Aza em sua entrevista comigo.

[94] Há um debate quanto aos números precisos disso, porque é inerentemente difícil de medir. Uma das maneiras de medição é chamada de "taxa de rejeição" (ou *bounce rate,* isto é, o número de pessoas que entram em um site e saem dele imediatamente sem ir a nenhuma outra página). Por exemplo, a taxa de rejeição do time.com ao que parece caiu 15% quando introduziram a rolagem infinita em 2014; Com a rolagem infinita, os leitores de Quartz viram cerca de 50% mais histórias. Esses dados vêm ambos de S. Kirkland, "Time.com's bounce rate down 15 percentage points since adopting continuous scroll"; *Poynter*, 20 July 2014. https://web.archive.org/web/20150507024326/http://www.poynter.org:80/news/mediawire/257466/time-coms-bounce-rate-down15-percentage-points-since-adopting-continuous-scroll/

[95] T. Ong, "Sean Parker on Facebook", *The Verge*, 9 de novembro de 2017. https://www.theverge.com/2017/11/9/16627724/sean-parker-facebook-childrens-brains-feedback-loop. Para mais citações como essa a respeito de números referentes à tecnologia, ver A. Alter, *Irresistible: The Rise of Addictive Technology and the Business of Keeping Us Hooked* (Londres: Penguin, 2017), p. 1.

[96] Roger McNamee, *Zucked: Waking up to the Facebook Catastrophe* (HarperCollins, 2019), pp. 146–7; R. Seymour, *The Twittering Machine* (Londres: Indigo Press, 2019), pp. 26–7.

[97] James Williams, *Stand Out of Our Light* (Cambridge: Cambridge University Press, 2018), p. 102. [Ed. bras. *Liberdade e resistência na economia da atenção: Como evitar que as tecnologias digitais nos distraiam dos nossos verdadeiros propósitos*. Porto Alegre: Arquipélago, 2021.]

[98] Nir Eyal, *Hooked: How to Build Habit-Forming Products* (Londres: Penguin, 2014), p. 11 [Ed. bras. *Hooked (Engajado): Como construir produtos e serviços formadores de hábitos*. São Paulo: Alfacon, 2020.]; P. Graham, "The Acceleration of Addictiveness", *Paul Graham* (blog), julho de 2010. http://www.paulgraham.com/addiction.html?viewfullsite=1

Força nº 6 (Parte Dois) (p. 131 a 148)

[99] S. Zuboff, *The Age of Surveillance Capitalism* (Nova York: Public Affairs, 2019). [Ed. bras. *A era do capitalismo de vigilância: a luta por um futuro humano na nova fronteira do poder*. Rio de Janeiro: Intrínseca, 2021.] Acesse www.shoshanazuboff.com para saber mais a respeito da luta da professora Zuboff por um "futuro humano".

[100] P. M. Litvak, J. S. Lerner, L. Z. Tiedens e K. Shonk, "Fuel in the Fire: How anger affects decision-making", *International Handbook of Anger*, 2010, pp. 287–310, citando C. H. Hansen e R. D. Hansen, "Finding the face in the crowd: An anger superiority effect", *Journal of Personality and Social Psychology*, 54 (6), 1988, pp. 917–24.

Ver também R. C. Solomon, *A Passion for Justice* (Reading, MA: Addison-Wesley Publishing Company, 1990); C. Tavris, *Anger: The misunderstood emotion* (Nova York: Touchstone Books/ Simon & Schuster, 1989).

[101] Litvak et al., "Fuel in the Fire", citando J. M. Haviland e M. Lelwica, "The induced affect response: 10-week-old infants' responses to three emotion expressions", *Developmental Psychology*, 23 (1), 1987, pp. 97–104.

[102] Para um bom resumo, ver M. Jaworski, "The Negativity Bias: why the bad stuff sticks}", *PsyCom*, 19 de fevereiro de 2020. https://www.psycom.net/negativity-bias

[103] Ver algotransparency.org – esse site rastreia palavras que viraram tendência no YouTube.

[104] William J. Brady et al., "Emotion shapes the diffusion of moralised content in social networks", *Proceedings of the National Academy of Sciences*, 114, 28, 2017, pp. 7,313–18.

[105] "Partisan Conflict and Congressional Outreach", Pew Research Center, 23 de fevereiro de 2017. https://www.pewresearch.org/politics/2017/02/23/partisan-conflict-and-congressional-outreach/pdl-02-23-17_antipathynew-00-02/

[106] John Major fez esses comentários em 1993 em uma entrevista ao *Mail on Sunday* que foi amplamente repercutida.

[107] Nolen Gertz, *Nihilism and Technology*, (Rowman & Littlefield, 2018), p. 97; A. Madrigal, "Many many Facebook users still don't know that their feed is filtered by an algorithm", *Splinter*, 27 de março de 2015. https://splinternews.com/many-many-facebook-users-still-dontknow-that-their-ne-1793846682; Motahhare Eslami et al., "'I always assumed that I wasn't really that close to [her]': Reasoning about Invisible Algorithms in News Feeds", *Proceedings of the 33rd Annual ACM Conference on Human Factors in Computing Systems* (CHI '15) (Nova York: Association for Computing Machinery, 2015), pp. 153–162. Disponível na íntegra em http://www-personal.umich.edu/~csandvig/research/Eslami_Algorithms_CHI15.pdf

[108] Tristan declarou isso para Decca Aitkenhead, a principal entrevistadora do *Sunday Times*. Ele me passou a transcrição não publicada de toda a conversa, que ajudou a compor essa parte do livro.

[109] Litvak et al., "Fuel in the Fire", citando G. V. Bodenhausen et al., "Happiness and stereotypic thinking in social judgement", *Journal of Personality and Social Psychology*, 66 (4), 1994, pp. 621–36; D. DeSteno et al., "Beyond valence in the perception of likelihood: the role of emotion specificity", *Journal of Personality and Social Psychology*, 78 (3), 2000, pp. 397–416.

[110] Litvak et al., "Fuel in the Fire", p. 299.

[111] S. Vosoughi, D. Roy, D. e S. Aral, "The spread of true and false news on-line", *Science*, 359, 2018, pp. 1,146–51.

[112] C. Silverman, "This Analysis Shows How Viral Fake Election News Stories Outperformed Real News On Facebook", *BuzzFeed*, 16 de novembro de 2016. https://www.buzzfeednews.com/article/craigsilverman/viral-fake-election-news-outperformed-real-news-on-facebook

[113] Tristan declarou isso para Decca Aitkenhead. O *Guardian* teve cerca de 286 milhões de visitas nos seis meses anteriores a setembro de 2020; o *New York Times* perto de 354 milhões; o *Washington Post* pouco mais de 185 milhões, segundo o SimilarWeb.com. A cifra de 15 bilhões vem daqui:

https://www.latimes.com/business/hiltzik/la-fi-hiltzik-tristan-tech-20190510-story.html.

[114] A. Jones, 'From Memes to Infowars: how 75 Fascist activists were "RedPilled"', *Bellingcat*, 11 de outubro de 2018.

https://www.bellingcat.com/news/americas/2018/10/11/memes-infowars-75-fascistactivists-red-pilled/

[115] J. M. Berger, "The Alt-Right Twitter Census: defining and describing the audience for Alt-Right content on Twitter", *VOX-Pol Network of Excellence*, 2018. https://www.voxpol.eu/download/vox-pol_publication/AltRightTwitterCensus.pdf

[116] Tristan declarou isso para Decca Aitkenhead.

[117] C. Alter, 'Brazilian Politician tells Congresswoman she's "not worthy" of sexual assault', *Time*, 11 de dezembro de 2014. https://time.com/3630922/brazil-politicscongresswoman-rape-comments/

[118] https://www.independent.co.uk/news/world/americas/jair-bolsonaro-who-is-quotes-brazilpresident-election-run-off-latest-a8573901.html

[119] C. Doctorow, 'Fans of Brazil's new Fascist President chant "Facebook! Facebook! Whatsapp! Whatsapp!" At inauguration', *BoingBoing*, 3 de janeiro de 2019. https://boingboing.net/2019/01/03/ world-more-connected.html

[120] Tristan declarou isso para Decca Aitkenhead.

[121] T. Harris, depoimento à Comissão do Comércio do Senado, 25 de junho de 2019. https://www.commerce.senate.gov/services/files/96E3A739-DC8D-45F1-87D-7-EC70A368371D

Força nº 7 (p. 149 a 161)

[122] Nir Eyal, *Indistractable: How to Control Your Attention and Choose Your Life* (Londres: Bloomsbury Publishing, 2020), p. 213. [Ed. bras. *Indistraível: como dominar sua atenção e assumir o controle de sua vida*. São Paulo: Alfacon, 2019.]

[123] Ibid., pp. 41–2.

[124] Ibid., p. 62.

[125] Ibid., p. 113.

[126] Ibid., p. 1.

[127] N. Eyal, *Hooked: How to Build Habit-Forming Products* (Londres: Penguin, 2014), p. 164. [Ed. bras. *Hooked (Engajado): Como construir produtos e serviços formadores de hábitos*. São Paulo: Alfacon, 2020.]

Quando, mais tarde, li essa citação para Nir, ele disse: "Bem, você precisa ler o livro, certo? Porque se simplesmente tirar isso do contexto e colocar apenas essa única frase, é claro que pode me fazer dizer o que você quiser que eu diga". Mas, de fato, eu li a frase no contexto e pedi que outras pessoas o fizessem. Nada no contexto em que a frase se situa ou no livro em geral mitiga o sentido claro da frase.

[128] Ibid., p. 2.

[129] N. Eyal, "Want to Hook Your Users? Drive Them Crazy", *TechCrunch* (blog), 26 de março de 2012. https://techcrunch.com/2012/03/25/want-to-hook-your-users-drive-them-crazy/

[130] Eyal, *Hooked*, p. 47.

[131] Ibid., p. 57.

[132] Ibid., p. 18.

[133] Ibid., p. 25.

[134] Ibid., p. 17.

[135] Ele relaciona alguns usos saudáveis dessas técnicas – por exemplo, para projetar aplicativos de *fitness* que incentivem as pessoas a frequentarem a academia ou aplicativos que ajudem você a aprender outra língua.

[136] Ronald Purser, *McMindfulness* (Repeater Books, 2019), p. 138.

[137] Ibid., p. 139, citando Dana Becker, *One Nation Under Stress: The Trouble With Stress As An Idea* (Oxford: Oxford University Press, 2013).

[138] https://www.nytimes.com/2021/01/09/opinion/diet-resolution-new-years.html, último acesso em 12 de janeiro de 2020.

[139] O achado do estudo original de que 95% das dietas falham foi feito com uma centena de pacientes obesos: A. J. Stunkard e M. McLaren-Hume, "The results of treatment for obesity", *AMAArchives of Internal Medicine*, 103, 1959, pp. 79–85. Outros estudos mais recentes revelaram resultados muito similares – neste, apenas 2% das pessoas mantiveram uma perda de peso maior do que 20 quilos dois anos depois: J. Kassirer e M. Angell, "Losing weight — an illfated New Year's resolution", *New England Journal of Medicine*, 338, 1998, pp. 52–4.

Alguns cientistas argumentam que isso é pessimista demais ou definir sucesso de maneira muito rigorosa. Ver, por exemplo, R. R. Wing e S. Phelan, "Long-term weight loss maintenance", *The American Journal of Clinical Nutrition*, vol. 82, edição 1, 2005, pp. 222S–225S. Eles argumentam que devemos considerar sucesso quando alguém mantém 10% de perda de peso um ano após a dieta. Mas mesmo que você use essa redefinição, apenas cerca de 20% das pessoas que fazem dieta obtêm resultados com ela, e 80% falham.

Este artigo cobre o estudo de 1959 e considera que é negativo demais: https://www.nytimes.com/1999/05/25/health/95-regain-lost-weight-or-do-they.html

Ver também T. Mann, *Secrets from the Eating Lab* (Nova York: Harper Wave, 2017). O autor revisou sessenta anos de literatura sobre dietas e concluiu que na média as pessoas que fazem dieta perdem 10% de seu peso inicial, e no prazo de dois anos elas na média recuperam tudo, exceto cerca de um quilo.

[140] Mais de 42% dos adultos e 18,5% das crianças dos Estados Unidos eram obesos em 2018. Houve vinte anos de crescimento constante: "Overweight & Obesity Data & Statistics", Centre for Disease Control and Prevention. https://www.cdc.gov/obesity/data/index.html

Em 2018, 15% dos adultos holandeses eram obesos – muito menos, mas eles ainda consideram (com razão) que seja uma crise de saúde pública importante. Ver C. Stewart, "Share of the population with overweight in the Netherlands", *Statista*, 16 de novembro de 2020. https://www.statista.com/statistics/544060/share-of-the-population-with-overweight-in-the-netherlands/

Os primeiros vislumbres... (p. 163 a 177)

[141] D. Marshall, "BBC most trusted news source 2020", *Ipsos Mori*, 22 de maio de 2020. https://www.ipsos.com/ipsos-mori/en-uk/bbc-most-trusted-news-source-2020; W. Turvill, "Survey: Americans trust the BBC more than the New York Times, Wall Street Journal, ABC or CBS", *Press Gazette*, 16 de junho de 2020. https://www.pressgazette.co.uk/survey-americans-trust-the-bbc- more-than-new-york-times-wall-street-journal-abc-or-cbs/

[142] Tristan declarou isso para Decca Aitkenhead.

[143] G. Linden, "Marissa Mayer at Web.20", *Glinden* (blog), 9 de novembro de 2006. http://glinden.blogspot.com/2006/11/marissa-mayer-at-web-20.html

Ver também http://loadstorm.com/2014/04/infographic-web- performance-impacts-conversion-rates/.

Ver também R. Colville, *The Great Acceleration: How the World is Getting Faster, Faster* (Londres: Bloomsbury, 2016), p. 27.

[144] M. Ledwich e A. Zaitsev, "Algorithmic Extremism: Examining YouTube's Rabbit Hole of Radicalisation", arXiv:1912.11211 [cs.SI], Universidade Cornell, 2019. https://arxiv.org/abs/1912.11211

Ver também A. Kantrowitz, "Does YouTube Radicalize?", *OneZero*, 7 de janeiro de 2020. https://onezero.medium.com/does-youtuberadicalize-a-debate-between-kevin-roose-and-mark-ledwich1b99651c7bb; W. Feuer, "Critics slam study claiming YouTube's algorithm doesn't lead to radicalisation", *CNBC*, 30 de dezembro de 2019, atualizado em 31 de dezembro de 2019. https://www.cnbc.com/2019/12/30/critics-slam-youtube-study-showing-no-ties-to-radicalisation.html

[145] A. Narayanan, *post* no Twitter de 29 de dezembro de 2019, 12.34pm.https://twitter.com/random_walker/ status/1211264254109765634?lang=en

[146] J. Horwitz e D. Seetharaman, "Facebook Executives Shut Down Efforts to Make the Site Less Divisive", *Wall Street Journal*, 26 de maio de 2020. https://www.wsj.com/articles/facebook-knows-it-encourages-division-top-executivesnixed-solutions-11590507499

[147] A. Dworkin, *Life and Death: Unapologetic Writings on the Continuing War Against Women* (Londres: Simon & Schuster, 1997), p. 210.

Força nº 8 (p. 179 a 192)

[148] N. Burke Harris, *The Deepest Well: Healing the Long-Term Effects of Childhood Adversity* (Londres: Bluebird, 2018), p. 215.

[149] V. J. Felitti et al., "Relationship of childhood abuse and household dysfunction to many of the leading causes of death in adults: The Adverse Childhood Experiences (ACE) study", *American Journal of Preventive Medicine*, 14 (4), 1998, pp. 245–58.

Também colhi informações de minhas entrevistas com os médicos Vincent Felitti, Robet Anda e Gabor Maté. Ver o livro de Gabor Maté *In the Realm of Hungry Ghosts: Close Encounters With Addiction* (Londres: Vermilion, 2018).

[150] Harris, *The Deepest Well*, p. 59.

[151] R. Ruiz, "How Childhood Trauma Could Be Mistaken For ADHD", *The Atlantic*, 7 de julho de 2014.

Ver também N. M. Brown et al., "Associations Between Adverse Childhood Experiences and ADHD Diagnosis and Severity", *Academic paediatrics*, 17 (4), 2017, pp. 349–55; Newsroom, "Researchers Link ADHD With Childhood Trauma", *Children's Hospitals Today*, Children's Hospital Association, 9 de agosto de 2017. https://www.childrenshospitals.org/Newsroom/Childrens-Hospitals-Today/Articles/2017/08/Researchers-Link-ADHD-with-Childhood-Trauma; K. Szymanski, L. Sapanski e F. Conway, "Trauma and ADHD – Association or Diagnostic Confusion? A Clinical Perspective", *Journal of Infant, Child, and Adolescent Psychotherapy*, 10 (1), 2011, pp. 51–59; R.C. Kessler et al., "The prevalence and correlates of adult ADHD in the United States: results from the National Comorbidity Survey Replication", *The American Journal of Psychiatry*, 163, 4, 2006, pp. 716–23.

Constatou-se que crianças que cresceram em orfanatos romenos (nos quais foram severamente negligenciadas) tinham quatro vezes maior probabilidade de desenvolver graves problemas de atenção no futuro. Ver M. Kennedy et al., "Early severe institutional deprivation is associated with a persistent variant of adult-deficit hyperactivity disorder", *Journal of Child Psychology and Psychiatry*, 57 (10), 2016, pp. 1,113–25.

Ver também o livro de Joel Nigg, *Getting Ahead of ADHD: What Next-Generation Science Says About Treatments That Work* (Nova York: Guilford Press, 2017), pp. 161–2.

Ver ainda W. Gallagher, *Rapt: Attention and the Focused Life* (Londres: Penguin, 2009), p. 167; R. C. Herrenkohl, B. P. Egolf e E. C. Herrenkohl, "Pre-school Antecedents of Adolescent Assaultive Behaviour: A Longitudinal Study", *American Journal of Orthopsychiatry*, 67, 1997, pp. 422–32.

[152] H. Green et al., *Mental Health of Children and Young People in Great Britain, 2004I*, Office of National Statistics, Department of Health and the Scottish Executive (Basingstoke: Palgrave Macmillan, 2005). As estatísticas estão na p. 161, e resumidas nas tabelas 7.20 e 7.21.

Minha atenção para essas estatísticas foi despertada por N. Hart e L. Benassaya, "Social Deprivation or Brain Dysfunction? Data and the Discourse of ADHD in Britain and North America", in S. Timimi e J. Leo (eds.), *Rethinking ADHD: From Brain to Culture* (Londres: Palgrave Macmillan, 2009), pp. 218–51.

[153] S. N. Merry e L. K. Andrews, "Psychiatric status of sexually abused children 12 months after disclosure of abuse", *Journal of the American Academy of Child and Adolescent Psychiatry*, 33 (7), 1994, pp. 939–44.

Ver também T. Endo, T. Sugiyama e T. Someya, "Attention-deficit/hyperactivity disorder and dissociative disorder among abused children", *Psychiatry and Clinical Neurosciences*, 60 (4), 2006, pp. 434–8. https://doi.org/10.1111/j.1440-1819.2006.01528.x

[154] Um guia útil sobre as melhores pesquisas a respeito – e que me direcionou a muitos dos estudos em que me baseei para escrever vários dos parágrafos a seguir – é a tese de Charissa Andreotti, "Effects of Acute and Chronic Stress on Attention and Psychobiological Stress Reactivity in Women", dissertação de mestrado (Universidade Vanderbilt, 2013).

Ver também E. Chajut e D. Algom, "Selective attention improves under stress: Implications for theories of social cognition", *Journal of Personality and Social Psychology*, 85, 2003, pp. 231–48; e P. D. Skosnik et al., "Modulation of attentional inhibition by norepinephrine and cortisol after psychological stress", *International Journal of Psychophysiology*, 36, 2000, pp. 59–68.

[155] Skosnik et al., "Modulation of attentional inhibition by norepinephrine and cortisol after psychological stress"; Ver também C. Liston, B. S. McEwen e B. J. Casey, "Psychosocial stress reversibly disrupts prefrontal processing and attentional control", *Proceedings of the National Academy of Sciences of the United States of America*, 106 (3), 2009, pp. 912–17.

[156] H. Yaribeygi et al., "The impact of stress on body function: A review", *EXCLI Journal*, 16, 2017, pp. 1,057–72.

[157] C. Nunn et al., "Shining evolutionary light on human sleep and sleep disorders", *Evolution, Medicine and Public Health*, 2016 (1), 2016, pp. 234, 238.

[158] Z. Heller, "Why We Sleep – and Why We Often Can't", *New Yorker*, 3 de dezembro de 2018.

[159] S. Mullainathan et al., "Poverty impedes cognitive function", *Science*, 30, 2013, pp. 976–80.

Ver também R. Putnam, *Our Kids: The American Dream in Crisis* (Nova York: Simon & Schuster, 2015), p. 130.

[160] Mullainathan et al., "Poverty impedes cognitive function". Esta é uma ótima entrevista com o professor Mullainathan: C.Feinberg,

"The science of scarcity: a behavioural economist's fresh perspectives on poverty", *Harvard Magazine*, maio-junho de 2015. https://www.harvardmagazine.com/2015/05/the-science-of-scarcity; o livro de Sendhil Mullainathan e Eldar Shafir, *Scarcity: Why Having Too Little Means So Much* (Londres: Penguin, 2014), examina essas questões com grande detalhamento.

[161] J. Howego, "Universal income study finds money for nothing won't make us work less", *New Scientist*, 8 de fevereiro de 2019. https://www.newscientist.com/article/2193136-universal-income-study-findsmoney-for-nothing-wont-make-us-work-less/

[162] G. Maté, *Scattered Minds: The Origins and Healing of Attention Deficit Disorder* (Londres: Vermilion, 2019), p. 175; E. Deci, *Why We Do What We Do: Understanding Self-Motivation* (Londres: Penguin, 1996), p. 28; W. C. Dement, *The Promise of Sleep: A Pioneer in Sleep Medicine Explores the Vital Connection Between Health, Happiness, and a Good Night's Sleep* (Nova York: Bantam Doubleday Dell, 1999), p. 218.

[163] Colville, *The Great Acceleration*, p. 59.

[164] Schulte, *Overwhelmed*, p. 22, citando L. Duxbury e C. Higgins, *WorkLife Conflict in Canada in the New Millennium: Key Findings and Recommendations from the 2001 National Work-Life Conflict Study*, Report 6 (Health Canada, janeiro de 2009); L. Duxbury e C. Higgins, *Work-Life Conflict in Canada in the New Millennium: A Status Report*, Final Report (Health Canada, outubro de 2003). http://publications.gc.ca/collections/Collection/H72-21-186-2003E.pdf. Ver Tabela F1 sobre estatística de sobrecarga de funções.

Os lugares que descobriram... (p. 193 a 203)

[165] B. Cotton, "British employees work for just three hours a day", *Business Leader*, 6 de fevereiro de 2019. https://www.businessleader.co.uk/british-employees-work-for-just-three-hours-a-day/59742/

[166] A professora Helen Delaney da Universidade de Auckland também me cedeu gentilmente seu próximo artigo sobre o assunto, que ainda estava sob revisão de pares, e tenho me valido das evidências que apresenta.

[167] A. Harper, A. Stirling e A. Coote, *The Case For a Four Day Week* (Londres: Polity, 2020), p. 6.

[168] K. Paul, "Microsoft Japan tested a four day work week and productivity jumped by 40%", *Guardian*, 4 de novembro de 2019. https://www.theguardian.com/technology/2019/nov/04/microsoft-japan-fourday-work-week-productivity; Harper et al., *The Case For a Four Day Week*, p. 89.

[169] Harper et al., *The Case For a Four Day Week*, pp. 68-71.

[170] Ibid., pp. 17-18.

[171] K. Onstad, *The Weekend Effect* (Nova York: HarperOne, 2017), p. 49.

[172] M. F. Davis e J. Green, "Three hours longer, the pandemic workday has obliterated work-life balance", *Bloomberg*, 23 de abril de 2020. https://www.bloomberg.com/news/articles/2020-04-23/working-from-home-in-covid-era-means-three-more-hours-on-the-job

[173] A. Webber, "Working at home has led to longer hours", *Personnel Today*, 13 de agosto de 2020 https://www.personneltoday.com/hr/longer-hours-and-loss-

of-creative-discussions-among-home-workingside-effects/; "People are working longer hours during the pandemic", *The Economist*, 24 de novembro de 2020. https://www.economist.com/graphic-detail/2020/11/24/people-are-workin-glonger-hours-during-the-pandemic; A. Friedman, "Proof our work-life balance is in danger (but there's hope)", *Atlassian*, 5 de novembro de 2020. https://www.atlassian.com/blog/teamwork/data-analysis-length-of-workday-covid

[174] F. Jaureñguiberry, "Déconnexion volontaire aux technologies de l'information et de la communication", Rapport de recherche, Agence Nationale de la Recherche, 2014, hal-00925309. https://hal.archives-ouvertes.fr/hal-00925309/document

[175] R. Haridy, "The right to disconnect: the new laws banning after-hours work emails", *New Atlas*, 14 de agosto de 2018. https://newatlas.com/right-to-disconnectafter-hours-work-emails/55879/, citando W. J. Becker, L. Belkin e S. Tuskey, "Killing me softly: Electronic communications monitoring and employee and spouse well-being", *Academy of Management Annual Meeting Proceedings*, 2018 (1), 2018.

Forças nº 9 e 10 (p. 205 a 221)

[176] "Sleep and tiredness", NHS web-page. https://www.nhs.uk/live-well/sleep-and-tiredness/eight-energy-stealers/

[177] M. Pollan, *In Defence of Food* (Londres: Penguin, 2008), pp. 85-9. [Ed. bras. *Em defesa da comida: um manifesto*. Rio de Janeiro: Intrínseca, 2008.]

[178] L. Pelsser et al., "Effect of a restricted elimination diet on the behaviour of children with attention-deficit hyperactivity disorder (INCA study): a randomised controlled trial", *Lancet*, 377, 2011, pp. 494–503; J. K. Ghuman, "Restricted elimination diet for ADHD: the INCA study", *Lancet*, 377, 2011, pp. 446–8.

Ver também Joel Nigg, *Getting Ahead of ADHD: What Next Generation Science Says About Treatments That Work* (Nova York: Guilford Press, 2017), pp. 79–82.

[179] Donna McCann et al., "Food additives and hyperactive behaviour in 3-year-old and 8/9-year-old children in the community: a randomised, double-blinded, placebocontrolled trial", *Lancet*, 370, 2007, pp. 1,560–67; B. Bateman et al., "The effects of a double blind, placebo controlled, artificial food colourings and benzoate preservative challenge on hyperactivity in a general population sample of preschool children", *Archives of Disease in Childhood*, 89, 2004, pp. 506–11.

Ver também M. Wedge, *A Disease Called Childhood: Why ADHD Became an American Epidemic* (Nova York: Avery, 2016), pp. 148–59.

[180] Joel Nigg, *Getting Ahead of ADHD*, p. 59.

[181] B. A. Maher, "Airborne Magnetite and Iron-Rich Pollution Nanoparticles: Potential Neurotoxicants and Environmental Risk Factors for Neurodegenerative Disease, Including Alzheimer's Disease", *Journal of Alzheimer's Disease*, 71, 2, 2019, pp. 361–75; B. A. Maher et al., "Magnetite pollution nanoparticles in the

human brain", *Proceedings of the National Academy of Sciences of the United States of America*, 113, 39, 2016, pp. 10,797–801.

[182] F. Perera et al., "Benefits of Reducing Prenatal Exposure to Coal-Burning Pollutants to Children's Neurodevelopment in China", *Environmental Health Perspectives*, 116 (10), 2008, pp. 1,396–400; M. Guxens et al., "Air Pollution During Pregnancy and Childhood Cognitive and Psychomotor Development: Six European Birth Cohorts", *Epidemiology*, 25, 2014, pp. 636–47; P. Wang et al., "Socioeconomic disparities and sexual dimorphism in neurotoxic effects of ambient fine particles on youth IQ: A longitudinal analysis", *PLoS One*, 12, 12, 2017, e0188731; Xin Zhanga et al., "The impact of exposure to air pollution on cognitive performance", *Procedures of the National Academy of Science*, USA, 115 (37), 2018, pp. 9,193–7; F. Perera et al., "Polycyclic aromatic hydrocarbons-aromatic DNA adducts in cord blood and behavior scores in New York city children", *Environmental Health Perspectives*, 119, 8, 2011, pp. 1,176–81; N. Newman et al., "Traffic-Related Air Pollution Exposure in the First Year of Life and Behavioral Scores at 7 Years of Age", *Environmental Health Perspectives*, 121 (6), 2013, pp. 731–6.

[183] Weiran Yuchi et al., "Road proximity, air pollution, noise, green space and neurologic disease incidence: a population based cohort study", *Environmental Health*, 19, artigo n. 8, 2020.

[184] N. Rees, "Danger in the Air: How air pollution can affect brain development in young children", *UNICEF Division of Data, Research and Policy Working Paper* (Nova York: United Nations Children's Fund (UNICEF), 2017); Y-H. M. Chiu et al., "Associations between traffic-related black carbon exposure and attention in a prospective birth cohort of urban children", *Environmental Health Perspectives*, 121 (7), 2013, pp. 859–64.

[185] L. Calderón Garcidueñas et al., "Exposure to severe urban air pollution influences cognitive outcomes, brain volume and systemic inflammation in clinically healthy children", *Brain and Cognition*, 77, 3, 2011, pp. 345–55.

[186] J. Sunyer et al., "Traffic-related air pollution and attention in primary school children: short-term association", *Epidemiology*, 28 (2), 2017, pp. 181–9.

[187] T. Harford, "Why did we use leaded petrol for so long?", *BBC News*, 28 de agosto de 2017. https://www.bbc.co.uk/news/business-40593353

[188] M. V. Maffini et al., "No Brainer: the impact of chemicals on children's brain development: a cause for concern and a need for action", CHEMTrust report, março de 2017. https://www.chemtrust.org/wp-content/uploads/chemtrust-nobrainer-mar17.pdf; House of Commons Environmental Audit Committee, "Toxic Chemicals in Everyday Life", Twentieth Report of Session 2017–2019. (Londres: House of Commons, 2019). https://publications.parliament.uk/pa/cm201719/cmselect/cmenvaud/1805/1805.pdf.

[189] T. E. Froehlich et al., "Association of Tobacco and Lead Exposures With Attention-Deficit/Hyperactivity Disorder", *Pediatrics*, 124, 2009, e1054.

Essa metanálise de dezoito estudos revelou que dezesseis deles mostravam que o chumbo teve um papel no TDAH nas crianças que eles estudaram: M.

Daneshparvar et al., "The Role of Lead Exposure on Attention Deficit/Hyperactivity Disorder in Children: A Systematic Review", *Iranian Journal of Psychiatry*, 11 (1), 2016, pp. 1–14. Bruce discute isso aqui: https://vimeo.com/154266125

[190] D. Rosner e G. Markowitz, "Why It Took Decades of Blaming Parents Before We Banned Lead Paint", *The Atlantic*, 22 de abril de 2013. https://www.theatlantic.com/health/archive/2013/04/why-it-took-decades-ofblaming-parents-before-we-banned-lead-paint/275169/

Para mais sobre o racismo dessa política, ver este excelente texto: L. Bliss, "The long, ugly history of the politics of lead poisoning", *Bloomberg City Lab*, 9 de fevereiro de 2016. https://www.bloomberg.com/news/articles/2016-02-09/ the-politics-of-lead-poisoning-a-long-ugly-history

Ver também M. Segarra, "Lead Poisoning: A Doctor's Lifelong Crusade to Save Children From It", *NPR*, 5 de junho de 2016. https://www.npr.org/2016/06/05/480595028/lead-poisoning-a-doctors-lifelong-crusade-to-save-children-from-it?t=1615379691329

[191] B. Yeoh et al., "Household interventions for preventing domestic lead exposure in children", *Cochrane Database of Systematic Reviews*, 4, 2012.

https://core.ac.uk/download/pdf/143864237.pdf

[192] S. D. Grosse, T. D. Matte, J. Schwartz e R. J. Jackson, "Economic gains resulting from the reduction in children's exposure to lead in the United States", *Environmental Health Perspectives*, 110 (6), 2002, pp. 563–9.

[193] Joel Nigg, *Getting Ahead of ADHD: What Next-Generation Science Says About Treatments That Work* (Londres: Guilford Press, 2017), pp. 152–3.

Para um resumo assustador dos experimentos animais, ver H. J. K. Sable e S. L. Schantz, "Executive Function following Developmental Exposure to Polychlorinated Biphenyls (PCBs): What Animal Models Have Told Us", in E. D. Levin e J. J. Buccafusco (eds.), *Animal Models of Cognitive Impairment* (Boca Raton, Flórida: CRC Press/Taylor & Francis, 2006), Capítulo 8. Disponível em https://www.ncbi.nlm.nih.gov/books/ NBK2531/ Barbara Demeneix discute os PCBs e a evidência em torno deles no livro dela *Toxic Cocktail* (OUP, 2017), pp. 55–6.

[194] Joel Nigg, *Getting Ahead of ADHD*, pp. 146, 155; News Desk, "BPA rules in European Union now in force: limit strengthened 12 fold", *Food Safety News*, 16 de setembro de 2018. https://www.foodsafetynews.com/2018/09/bpa-rules-in-european-union-now-in-force-limit-strengthened-12fold/

[195] B. Demeneix, "Endrocrine Disruptors: From Scientific Evidence to Human Health Protection", Policy Department for Citizens' Rights and Constitutional Affairs Directorate General for Internal Policies of the Union, PE 608.866, 2019. https://www.europarl.europa.eu/thinktank/en/document.html?reference=IPOL_STU%282019%29608866

[196] B. Demeneix, "Letter: Chemical pollution is another 'asteroid threat'", *Financial Times*, 11 de janeiro de 2020; B. Demeneix, "Environmental factors contribute to loss of IQ", *Financial Times*, 18 de julho de 2017.

Ver também Demeneix, *Toxic Cocktail*, p. 5.

[197] A. Kroll e J. Schulman, "Leaked Documents Reveal The Secret Finances of a Pro-Industry Science Group", *Mother Jones*, 28 de outubro de 2013. https://www.motherjones.com/politics/2013/10/american-council-science-health-leaked-documents-fundraising/

Força nº 11 (p. 223 a 246)

[198] Quando lhe pedi uma referência a respeito disso, ele respondeu: "Uma autoridade é S. Faraone e H. Larsson, "Genetics of attention deficit hyperactivity disorder", *Molecular Psychiatry*, 2018. Eles estimam a herdabilidade em 74%, levemente mais conservadora que 75–80 % ". S. V. Faraone e H. Larsson, "Genetics of attention deficit hyperactivity disorder", *Molecular Psychiatry*, 24, 2018, pp. 562–75.

[199] L. Braitman, *Animal Madness: Inside Their Minds* (Nova York: Simon & Schuster, 2015), p. 211.

[200] Ibid., p. 196.

[201] Um imenso número de estudos emergiu dessa pesquisa. Os mais destacados são D. Jacobvitz e L. A. Sroufe, "The early caregiver-child relationship and attention deficit disorder with hyperactivity in kindergarten: A prospective study", *Child Development*, 58, 1987, pp. 1,496–504; E. Carlson, D. Jacobvitz e L. A. Sroufe, "A developmental investigation of inattentiveness and hyperactivity", *Child Development*, 66, 1995, pp. 37–54.

Ver também A. Sroufe, "Ritalin Gone Wrong", *New York Times*, 28 de janeiro de 2012.

[202] Ver o brilhante livro de Alan Sroufe, *A Compelling Idea: How We Become the Persons We Are* (Brandon, Vermont: Safer Society Press, 2020), pp. 60–5. Ver também de Sroufe *The Development of the Person: The Minnesota Study of Risk and Adaptation From Birth to Adulthood* (Nova York: Guilford Press, 2009).

[203] Sroufe, *A Compelling Idea*, p. 63.

[204] Ibid., p. 64.

[205] L. Furman, "ADHD: What Do We Really Know?' in S. Timimi e J. Leo (eds.), *Rethinking ADHD: From Brain to Culture* (Londres: Palgrave Macmillan, 2009), p. 57.

[206] N. Ezard et al., "LiMA: a study protocol for a randomised, double-blind, placebo controlled trial of lisdexamfetamine for the treatment of methamphetamine dependence", *BMJ Open*, 2018, 8:e020723.

[207] M. G. Kirkpatrick et al., "Comparison of intranasal methamphetamine and d-amphetamine selfadministration by humans", *Addiction*, 107, 4, 2012, pp. 783–91.

[208] A pesquisa clássica foi realizada por Judith Rapoport: J. L. Rapoport et al., "Dextroamphetamine: Its cognitive and behavioural effects in normal prepubertal

boys", *Science*, 199, 1978, pp. 560–3; J. L. Rapoport et al., "Dextroamphetamine: Its Cognitive and Behavioral Effects in Normal and Hyperactive Boys and Normal Men", *Archives of General Psychiatry*, 37, 8, 1980, pp. 933– 43; M. Donnelly e J. Rapoport, "Attention Deficit Disorders", in J. M. Wiener (ed.), *Diagnosis and Psychopharmacology of Childhood and Adolescent Disorders* (Nova York: Wiley, 1985).

Ver também S. W. Garber, *Beyond Ritalin: Facts About Medication and other Strategies for Helping Children* (Nova York: Harper Perennial, 1996).

[209] D. Rabiner, "Consistent use of ADHD medication may stunt growth by 2 inches, large study finds", *Sharp Brains* (blog), 16 de março de 2013. https://sharpbrains.com/blog/2018/03/16/consistent-useof-adhd-medication-may-stun-growth-by-2-inches-large-studyfinds/; A. Poulton, "Growth on stimulant medication; clarifying the confusion: a review", *Archives of Disease in Childhood*, 90, 2005, pp. 801–6.

Ver também G. E. Jackson, "The Case against Stimulants", in Timimi e Leo, *Rethinking ADHD*, pp. 255–86.

[210] J. Moncrieff, *The Myth of the Chemical Cure: A Critique of Psychiatric Drug Treatment* (Londres: Palgrave Macmillan, 2009), p. 217, citando J. M. Swanson et al., "Effects of stimulant medication on growth rates across 3 years in the MTA follow-up", *Journal of the American Academy of Child and Adolescent Psychiatry*, 46, 8, 2007, pp. 1,015–27.

[211] A. Sinha et al., "Adult ADHD Medications and Their Cardiovascular Implications", *Case Reports in Cardiology*, 2016, 2343691; J.-Y. Shin et al., "Cardiovascular safety of methylphenidate among children and young people with attention-deficit/hyperactivity disorder (ADHD): nationwide self-controlled case series study', *British Medical Journal*, 2016, p. 353.

[212] K. van der Marel et al., "Long-Term Oral Methylphenidate Treatment in Adolescent and Adult Rats: Differential Effects on Brain Morphology and Function", *Neuropsychopharmacology*, 39, 2014, pp. 263–73. Curiosamente, o mesmo estudo descobriu que em adultos, o *striatum* havia crescido.

[213] A. Schrantee et al., "Age-Dependent Effects of Methylphenidate on the Human Dopaminergic System in Young vs Adult Patients With Attention-Deficit/Hyperactivity Disorder: A Randomised Clinical Trial", *JAMA Psychiatry*, 73, 9, 2016, pp. 955–62.

[214] Ver Tabela 4 aqui: The MTA Cooperative Group, "A 14-Month Randomised Clinical Trial of Treatment Strategies for Attention-Deficit/Hyperactivity Disorder", *Archives of General Psychiatry*, 56, 12, 1999, pp. 1,073–86.

[215] J. Joseph, *The Trouble With Twin Studies: A Reassessment of Twin Research in the Social and Behavioral Sciences* (Abingdonon-Thames: Routledge, 2016), pp. 153–78.

[216] Ver, por exemplo: P. Heiser et al., "Twin study on heritability of activity, attention, and impulsivity and assessed by objective measures", *Journal of Attention Disorders*,

9, 2006, pp. 575–81; R. E. Lopez, "Hyperactivity in twins", *Canadian Psychiatric Association Journal*, 10, 1965, pp. 421–6; D. K. Sherman et al., "Attention-deficit hyperactivity disorder dimensions: A twin study of inattention and impulsivity--hyperactivity", *Journal of the American Academy of Child and Adolescent Psychiatry*, 36, 1997, pp. 745–53; A. Thapar et al., "Genetic basis of attention-deficit and hyperactivity", *British Journal of Psychiatry*, 174, 1999, pp. 105–11.

[217] Joseph, *The Trouble With Twin Studies*, pp. 153–78.

Jay compilou todos os estudos que mostram isso: J. Joseph, "Levels of Identity Confusion and Attachment Among Reared-Together MZ and DZ Twin Pairs", *The Gene Illusion* (blog), 21 de abril de 2020.

https://thegeneillusion.blogspot.com/2020/04/levels-of-identityconfusion-and_21.html.

Para um exemplo típico, ver A. Morris-Yates et al, "Twins: a test of the equal environments assumption", *Acta Psychiatrica Scandinavica*, 81, 1990, pp. 322–6.

Ver também J. Joseph, "Not in Their Genes: A Critical View of the Genetics of Attention-Deficit Hyperactivity Disorder", *Developmental Review*, 20, no. 4 (2000), pp. 539–67.

[218] Há um longo debate a respeito disso. A resposta de Jay às defesas mais comuns dos estudos de gêmeos, e suas refutações, estão aqui – eu considero-as convincentes: "It's Time To Abandon the 'Classical Twin Method' in Behavioral Research", *The Gene Illusion* (blog), 21 de junho de 2020. https://thegeneillusion. blogspot. com/2020/06/its-time-to-abandon-classical-twin_21.html

[219] D. Demontis et al., "Discovery of the first genome-wide significant risk loci for attention deficit/hyperactivity disorder", *Nature Genetics*, 51, 2019, pp. 63–75.

[220] C. Mercogliano, "Canaries in the Coal Mine", in Timimi e Leo (eds.), *Rethinking ADHD*, pp. 382–97.

[221] Nigg, *Getting Ahead of ADHD*, pp. 6–7.

[222] Ibid., p. 45.

[223] Ibid., p. 41.

[224] Ibid., p. 39.

[225] Ibid., p. 2.

Força nº 12 (p. 247 a 272)

[226] S. L. Hofferth, "Changes in American children's time – 1997 to 2003", *Electronic International Journal of Time-use Research*, 6 (1), 2009, pp. 26–47. Ver também B. Schulte, *Overwhelmed: Work, Love and Play When No One Has the Time* (Londres: Bloomsbury, 2014), pp. 207–8; P. Gray, "The decline of play and the rise of psychopathology in children and adolescents", *American Journal of Play*, 3 (4), 2011, pp. 443– 63; R. Clements, "An Investigation of the Status of Outdoor Play", *Contemporary Issues in Early Childhood*, 5 (1), 2004, pp. 68–80.

Para outros números de impacto mostrando aspecto similar, ver C. Steiner-Adair, *The Big Disconnect: Protecting Childhood and Family Relationships in the Digital Age* (Nova York: HarperCollins, 2013), p. 88: "Nos Estados Unidos, metade das crianças iam a pé ou de bicicleta à escola em 1969, e apenas 12% dirigiam; em 2009, essas proporções haviam sido exatamente invertidas. Na Grã-Bretanha, a proporção de crianças de sete ou oito anos indo a pé à escola caiu de 80% em 1971 para apenas 9% em 1990".

Ver também L. Skenazy, *Free Range Kids: How to Raise Safe, SelfReliant Children (Without Going Nuts with Worry)* (Hoboken, New Jersey: Jossey-Bass, 2010), p. 126.

[227] L. Verburgh et al., "Physical exercise and executive functions in preadolescent children, adolescents and young adults: a meta-analysis", *British Journal of Sports Medicine*, 48, 2014, pp. 973– 9; Y. K. Chang et al., "The effects of acute exercise on cognitive performance: a meta-analysis", *Brain Research*, 1,453, 2012, pp. 87–101; S. Colcombe e A. F. Kramer, "Fitness effects on the cognitive function of older adults: a meta-analytic study", *Psychological Science*, 14, 2, 2003, pp. 125–30; P. D. Tomporowski et al., "Exercise and Children's Intelligence, Cognition, and Academic Achievement", *Educational Psychology Review*, 20, 2, 2008, pp. 111–31.

[228] M. T. Tine e A. G. Butler, "Acute aerobic exercise impacts selective attention: an exceptional boost in lower-income children", *Educational Psychology*, 32, 7, 2012, pp. 821–34. Esse estudo particular examinou crianças de baixa renda que tinham problemas de atenção, mas como o professor Nigg explica, esse efeito pode ser visto mais disseminado.

[229] Nigg, *Getting Ahead of ADHD*, p. 90.

[230] Ibid., p. 92.

[231] Para evidência adicional sobre os argumentos que Isabel expõe aqui, ver A. Pellegrini et al., "A short-term longitudinal study of children's playground games across the first year of school: implications for social competence and adjustment to school", *American Educational Research Journal*, 39, 4, 2002, pp. 991–1,015.

Ver também C. L. Ramstetter, R. Murray e A. S. Garner, "The crucial role of recess in schools", *Journal of School Health*, 80, 11, 2010, pp. 517–26, pmid:21039550; National Association of Early Childhood Specialists in State Departments of Education [Associação Nacional de Especialistas na Primeira Infância em Departamentos de Educação Estaduais], *Recess and the Importance of Play: A Position Statement on Young Children and Recess*, Washington, DC, 2002, disponível em: www.naecs-sde. org/recessplay.pdf; O. Jarrett, "Recess in elementary school: what does the research say?", *ERIC Digest*, ERIC Clearinghouse on Elementary and Early Childhood Education, 1 de julho de 2002, available at: www.eric.ed.gov/PDFS/ED466331.pdf

[232] L. Skenazy, "To Help Kids Find Their Passion, Give Them Free Time", *Reason*, dezembro de 2020. https://reason.com/2020/11/26/ to-help-kids-find-their-passion-give-them-free-time/.

[233] S. L. Hofferth e J. F. Sandberg, "Changes in American Children's Time, 1981–1997", in T. Owens e S. L. Hofferth (eds.), *Children at the Millennium: Where Have*

We Come From? Where Are We Going? Advances in Life Course Research, 6, 2001, pp. 193–229, citado em P. Gray, "The Decline of Play and the Rise of Psychopathology in Children and Adolescents", *American Journal of Play*, Spring 2011.

[234] Skenazy, "To Help Kids Find Their Passion, Give Them Free Time"; F. T. Juster, H. Ono e F. P. Stafford, "Changing Times of American Youth, 1981–2003", *Child Development Supplement* (University of Michigan, novembro de 2004). http://ns.umich.edu/ Releases/2004/Nov04/teen_time_report.pdf

[235] R. J. Vallerand et al., "The Academic Motivation Scale: A Measure of Intrinsic, Extrinsic, and Amotivation in Education", *Educational and Psychological Measurement*, 52, 4, 1992, pp. 1,003–17.

[236] M. Wedge, *A Disease Called Childhood: Why ADHD Became an American Epidemic* (Nova York: Avery, 2016), p. 144. Ver também J. Henley et al., "Robbing elementary students of their childhood: the perils of No Child Left Behind", *Education*, 128, 1, 2007, pp. 56–63.

[237] P. Gray, *Free to Learn: Why Unleashing the Instinct to Play Will Make Our Children Happier, More Self-Reliant and Better Students For Life* (Nova York: Basic Books, 2013), p. 93; P. Gray e D. Chanoff, "Democratic Schooling: What Happens to Young People Who Have Charge of Their Own Education?", *American Journal of Education*, 94, 2, 1986, pp. 182–213.

[238] G. Riley e P. Gray, "Grown unschoolers' experiences with higher education and employment: Report II on a survey of 75 unschooled adults", *Other Education*, 4, 2, 2015, pp. 33–53; M. F. Cogan, "Exploring academic outcomes of homeschooled students", *Journal of College Admission*, 2010; G. W.Gloeckner e P. Jones, "Reflections on a decade of changes in homeschooling", *Peabody Journal of Education*, 88 (3), 2013.

[239] P. Gray, "Play as a Foundation for Hunter-Gatherer Social Existence", *American Journal of Play*, 1, 4, 2009, pp. 476–522.

Ver também P. Gray, "The value of a play-filled childhood in development of the huntergatherer individual", in D. Narvaez, J. Panksepp, A. Schore e T. Gleason (eds.), *Evolution, early experience and human development: From research to practice and policy* (Nova York: Oxford University Press, 2012), pp. 352–70.

[240] P. Gray, "Evolutionary Functions of Play: Practice, Resilience, Innovation, and Cooperation", in P. K. Smith e J. Roopnarine (eds), *The Cambridge Handbook of Play: Developmental and Disciplinary Perspectives* (Cambridge, UK: Cambridge University Press, 2019), pp. 84–102.

[241] D. Einon, M. J. Morgan **e** C. C. Kibbler, "Brief periods of socialisation and later behavior in the rat", *Developmental Psychobiology*, 11, 1978, pp. 213–25.

Conclusão (p. 273 a 291)

[242] L. Albeck-Ripka, "Koala Mittens and Baby Bottles: Saving Australia's Animals After Fires", *New York Times*, 7 de janeiro de 2020. Para estimativas mais caute-

losas, ver, por exemplo, "Australia's fires killed or harmed three billion animals", *BBC News*, 28 de julho de 2020. https://www.bbc.co.uk/news/world-australia-53549936

[243] James Williams, *Stand Out Of Our Light* (Cambridge, Reino Unido: Cambridge University Press, 2018), p. xii. [Ed. bras. *Liberdade e resistência na economia da atenção: Como evitar que as tecnologias digitais nos distraiam dos nossos verdadeiros propósitos*. Porto Alegre: Arquipélago, 2021.]

Este livro foi composto com tipografia Adobe Garamond Pro e
impresso em papel Off-White 70g/m² na Formato Artes Gráficas.